城镇供水行业职业技能培训系列丛书

供水客户服务员
基础知识与专业实务

南京水务集团有限公司　主编

中国建筑工业出版社

图书在版编目（CIP）数据

供水客户服务员基础知识与专业实务/南京水务集团有限公司
主编. —北京：中国建筑工业出版社，2019.7（2024.6重印）
（城镇供水行业职业技能培训系列丛书）
ISBN 978-7-112-23746-3

Ⅰ.①供…　Ⅱ.①南…　Ⅲ.①城市供水-用水管理-技术培训-
教材　Ⅳ.①TU991

中国版本图书馆 CIP 数据核字(2019)第 092730 号

本书为丛书之一，以供水客户服务员本岗位应掌握的知识为指导，坚持理论
联系实际的原则，从基本知识入手，系统地阐述了本岗位应该掌握的基础理论与
基本知识、专业知识与操作技能以及安全生产知识，为了更好地贯彻实施《城镇
供水行业职业技能标准》，进一步提高供水行业从业人员职业技能，南京水务集团
有限公司主编了《城镇供水行业职业技能培训系列丛书》。
　　本书可供城镇供水行业从业人员参考。

责任编辑：何玮珂　李玲洁　杜　洁
责任校对：王　瑞

城镇供水行业职业技能培训系列丛书
供水客户服务员基础知识与专业实务
南京水务集团有限公司　主编

*

中国建筑工业出版社出版、发行（北京海淀三里河路 9 号）
各地新华书店、建筑书店经销
北京科地亚盟排版公司制版
建工社（河北）印刷有限公司印刷

*

开本：787×1092 毫米　1/16　印张：16½　字数：407 千字
2019 年 8 月第一版　2024 年 6 月第七次印刷
定价：59.00 元
ISBN 978-7-112-23746-3
（34041）

《城镇供水行业职业技能培训系列丛书》
编 委 会

主　　编：单国平

副 主 编：周克梅

主　　审：张林生　许红梅

委　　员：周卫东　陈振海　陈志平　竺稽声　金　陵　祖振权

黄元芬　戎大胜　陆聪文　孙晓杰　宋久生　臧千里

李晓龙　吴红波　孙立超　汪　菲　刘　煜　周　杨

主编单位：南京水务集团有限公司

参编单位：东南大学

江苏省城镇供水排水协会

本书编委会

主　　编：金　陵

参　　编：宁作韧　马海坚　杨永辉　杨　牧　刘　媛　邓　倩

季蓓蓓

《城镇供水行业职业技能培训系列丛书》
序　言

城镇供水，是保障人民生活和社会发展必不可少的物质基础，是城镇建设的重要组成部分，而供水行业从业人员的职业技能水平又是供水安全和质量的重要保障。1996 年，中国城镇供水协会组织编制了《供水行业职业技能标准》，随后又编写了配套培训丛书，对推进城镇供水行业从业人员队伍建设具有重要意义。随着我国城市化进程的加快，居民生活水平不断提升，生态环境保护要求日益提高，城镇供水行业的发展迎来新机遇、面临更大挑战，同时也对行业从业人员提出了更高的要求。我们必须坚持以人为本，不断提高行业从业人员综合素质，以推动供水行业的进步，从而使供水行业能适应整个城市化发展的进程。

2007 年，根据原建设部修订有关工程建设标准的要求，由南京水务集团有限公司主要承担《城镇供水行业职业技能标准》的编制工作。南京水务集团有限公司，有近百年供水历史，一直秉承"优质供水、奉献社会"的企业精神，职工专业技能培训工作也坚持走在行业前端，多年来为江苏省内供水行业培养专业技术人员数千名。因在供水行业职业技能培训和鉴定方面的突出贡献，南京水务集团有限公司曾多次受省、市级表彰，并于 2008 年被人社部评为"国家高技能人才培养示范基地"。2012 年 7 月，由南京水务集团有限公司主编，东南大学、南京工业大学等参编的《城镇供水行业职业技能标准》完成编制，并于 2016 年 3 月 23 日由住房和城乡建设部正式批准为行业标准，编号为 CJJ/T 225—2016，自 2016 年 10 月 1 日起实施。该《标准》的颁布，引起了行业内广泛关注，国内多家供水公司对《标准》给予了高度评价，并呼吁尽快出版《标准》配套培训教材。

为更好地贯彻实施《城镇供水行业职业技能标准》，进一步提高供水行业从业人员职业技能，自 2016 年 12 月起，南京水务集团有限公司又启动了《标准》配套培训系列丛书的编写工作。考虑到培训系列教材应对整个供水行业具有适用性，中国城镇供水排水协会对编写工作提出了较为全面且具有针对性的调研建议，也多次组织专家会审，为提升培训教材的准确性和实用性提供技术指导。历经两年时间，通过广泛调查研究，认真总结实践经验，参考国内外先进技术和设备，《标准》配套培训系列丛书终于顺利完成编制，即将陆续出版。

该系列丛书围绕《城镇供水行业职业技能标准》中全部工种的职业技能要求展开，结合我国供水行业现状、存在问题及发展趋势，以岗位知识为基础，以岗位技能为主线，坚持理论与生产实际相结合，系统阐述了各工种的专业知识和岗位技能知识，可作为全国供水行业职工岗位技能培训的指导用书，也能作为相关专业人员的参考资料。《城镇供水行业职业技能标准》配套培训教材的出版，可以填补供水行业职业技能鉴定中新工艺、新技术、新设备的应用空白，为提高供水行业从业人员综合素质提供了重要保障，必将对整个供水行业的蓬勃发展起到极大的促进作用。

中国城镇供水排水协会

2018 年 11 月 20 日

《城镇供水行业职业技能培训系列丛书》
前　言

　　城镇供水行业是城镇公用事业的有机组成部分，对提高居民生活质量、保障社会经济发展起着至关重要的作用，而从业人员的职业技能水平又是城镇供水质量和供水设施安全运行的重要保障。1996 年，按照国务院和劳动部先后颁发的《中共中央关于建立社会主义市场经济体制若干规定》和《职业技能鉴定规定》有关建立职业资格标准的要求，建设部颁布了《供水行业职业技能标准》，旨在着力推进供水行业技能型人才的职业培训和资格鉴定工作。通过该标准的实施和相应培训教材的陆续出版，供水行业职业技能鉴定工作日趋完善，行业从业人员的理论知识和实践技能都得到了显著提高。随着国民经济的持续、高速发展，城镇化水平不断提高，科技发展日新月异，供水行业在净水工艺、自动化控制、水质仪表、水泵设备、管道安装及对外服务等方面都发展迅速，企业生产运营管理水平也显著提升，这就使得职业技能培训和鉴定工作逐渐滞后于整个供水行业的发展和需求。因此，为了适应新形势的发展，2007 年原建设部制定了《2007 年工程建设标准规范制订、修订计划（第一批）》，经有关部门推荐和行业考察，委托南京水务集团有限公司主编《城镇供水行业职业技能标准》，以替代 96 版《供水行业职业技能标准》。

　　2007 年 8 月，南京水务集团精心挑选 50 名具备多年基层工作经验的技术骨干，并联合东南大学、南京工业大学等高校和省住建系统的 14 位专家学者，成立了《城镇供水行业职业技能标准》编制组。通过实地考察调研和广泛征求意见，编制组于 2012 年 7 月完成了《标准》的编制，后根据住房和城乡建设部标准司、人事司及市政给水排水标准化技术委员会等的意见，进行修改完善，并于 2015 年 10 月将《标准》中所涉工种与《中华人民共和国执业分类大典》（2015 版）进行了协调。2016 年 3 月 23 日，《城镇供水行业职业技能标准》由住建部正式批准为行业标准，编号为 CJJ/T 225—2016，自 2016 年 10 月 1日起实施。

　　《标准》颁布后，引起供水行业的广泛关注，不少供水企业针对《标准》的实际应用提出了问题：如何与生产实际密切结合，如何正确理解把握新工艺、新技术，如何准确应对具体计算方法的选择，如何避免因传统观念陷入故障诊断误区，等等。为了配合《城镇供水行业职业技能标准》在全国范围内的顺利实施，2016 年 12 月，南京水务集团启动《城镇供水行业职业技能培训系列丛书》的编写工作。编写组在综合国内供水行业调研成果以及企业内部多年实践经验的基础上，针对目前供水行业理论和工艺、技术的发展趋势，充分考虑职业技能培训的针对性和实用性，历时两年多，完成了《城镇供水行业职业技能培训系列丛书》的编写。

　　《城镇供水行业职业技能培训系列丛书》一共包含了 10 个工种，除《中华人民共和国执业分类大典》（2015 版）中所涉及的 8 个工种，即自来水生产工、化学检验员（供水）、供水泵站运行工、水表装修工、供水调度工、供水客户服务员、仪器仪表维修工（供水）、供水管道工之外，还有《大典》中未涉及但在供水行业中较为重要的泵站机电设备维修工、变配电运行工 2 个工种。

本系列《丛书》在内容设计和编排上具有以下特点：（1）整体分为基础理论与基本知识、专业知识与操作技能、安全生产知识三大部分，各部分占比约为 3∶6∶1；（2）重点介绍国内供水行业主流工艺、技术、设备，对已经过时和应用较少的技术及设备只作简单说明；（3）重点突出岗位专业技能和实际操作，对理论知识只讲应用，不作深入推导；（4）重视信息和计算机技术在各生产岗位的应用，为智慧水务的发展奠定基础。《丛书》既可作为全国供水行业职工岗位技能培训的指导用书，也能作为相关专业人员的参考资料。

《城镇供水行业职业技能培训系列丛书》在编写过程中，得到了中国城镇供水排水协会的指导和帮助，刘志琪秘书长对编写工作提出了全面且具有针对性的调研建议，也多次组织专家会审，为提升培训教材的准确性和实用性提供了技术指导；东南大学张林生教授全程指导丛书编写，对每个分册的参考资料选取、体量结构、理论深度、写作风格等提出大量宝贵的意见，并作为主要审稿人对全书进行数次详尽的审阅；中国生态城市研究院智慧水务中心高雪晴主任协助编写组广泛征集意见，提升教材适用性；深圳水务集团，广州水投集团，长沙水业集团，重庆水务集团，北京市自来水集团、太原供水集团等国内多家供水企业对编写及调研工作提供了大力支持，值此《丛书》付梓之际，编写组一并在此表示最真挚的感谢！

《丛书》编写组水平有限，书中难免存在错误和疏漏，恳请同行专家和广大读者批评指正。

南京水务集团有限公司

2019 年 1 月 2 日

7

前　言

随着社会和供水行业的不断发展，现代供水企业对员工综合业务素质和职业技能提出了更高的要求。供水客户服务员是根据供水水质水量，运用供水计量仪表、现代信息技术和销售方法，完成自来水使用量的发行、销售和账务处理，完成供水计量动态分析及其服务的重要岗位。如今供水行业在水费计价、智能抄表、对外服务和水量管理等方面技术不断推陈出新，如何提升客户服务人员的理论知识和实际操作技能，已成为行业关注的焦点和迫切需要。为此，编写组根据行业标准《城镇供水行业职业技能标准》CJJ/T 225—2016 中"供水客户服务员职业技能标准"要求，编写了本教材。

本教材根据供水客户服务员的岗位要求，广泛调研了供水行业客户服务和供水营销管理现状，扩充了行业新技术和新设备的应用知识，在广泛征求意见以及认真总结编者们多年工作实践经验的基础上编写而成。本书主要内容有数据统计管理基础知识、客户服务与营销业务管理、表具管理与水量预测、水费账务处理及重要经营指标的分析预测、分区管理（DMA）的分析及决策等。

本书编写组水平有限，难免存在疏漏和错误，敬请广大读者和同行专家们批评指正。

供水客户服务员编写组

2019 年 3 月

目　　录

第一篇 基础理论与基本知识

第1章　城市供水行业的概述

1.1　城市供水系统基本组成和布置

城市供水系统由相互联系的一系列构筑物和输配水管网组成。它的任务是从水源取水，按照用户对水质的要求进行处理，然后将水输送到给水区，并向用户配水。供水系统的组成大致分为取水工程、水处理工程和输配水工程三个部分，所组成的单元通常由下列工程设施组成：

1）取水构筑物。用以从选定的水源（包括地表水和地下水）取水。

2）水处理构筑物。是将取水构筑物的来水进行处理，以期符合用户对水质的要求。这些构筑物常集中布置在水厂范围内。

3）泵站。用以将所需水量提升到要求的高度，可分为抽取原水的一级泵站、输送清水的二级泵站和设于管网中的增压泵站等。

4）输水管渠和管网。输水管渠是将原水送到水厂或将水厂的水送到管网的管渠，其主要特点是沿线无流量分出。管网则是将处理后的水送到各个给水区的全部管道。

5）调节构筑物。它包括各种类型的贮水构筑物，例如高地水池、水塔、清水池等，用以贮存和调节水量。高地水池和水塔兼有保证水压的作用。大城市通常不用水塔。中小城市或企业为了贮备水量和保证水压，常设置水塔。根据城市地形特点，水塔可设在管网起端、中间或末端，分别构成网前水塔、网中水塔和对置水塔的供水系统。

泵站、输水管渠、管网和调节构筑物等总称为输配水系统，从供水系统整体来说，它是投资和运行费用最大的子系统。

图1-1为最常见的以地表水为水源的供水系统。该供水系统中的取水构筑物1从江河取水，经一级泵房2送往水处理构筑物3，处理后的清水贮存在清水池4中。二级泵房5从清水池取水，经管网6供应用户。有时，为了调节水量和保持管网的水压，可根据需要建造水库泵站、高地水池或水塔7。一般情况下，从取水构筑物到二级泵房都属于水厂的范围。当水源远离城市时，须由输水管渠将水源水引到水厂。

供水管网遍布整个给水区内，根据管道的功能，可划分为干管和分配管。前者主要用以输水，管径较大，后者用于配水到用户，管径较小。干管和分配管的管径

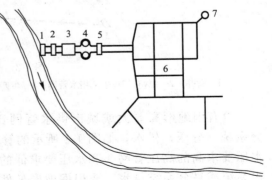

图1-1　地表水源供水系统

1—取水构筑物；2—一级泵房；3—水处理构筑物；
4—清水池；5—二级泵房；6—管网；7—调节构筑物

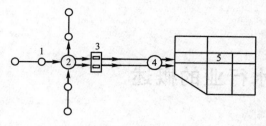

图1-2 地下水源给水系统

1—管井群；2—集水池；3—泵站；4—水塔；5—管网

并无明确的界限，须视管网规模而定。

供水系统并不一定要包括其全部7个主要组成部分，根据不同状况可以有不同的布置方式。以地下水为水源的供水系统，常凿井取水，如水源水质良好，一般可省去水处理构筑物而只需消毒处理，供水系统大为简化，如图1-2所示。图中水塔4并非必需，视供水区域规模大小而定。

图1-1和图1-2所示的系统为统一供水系统，即用同一系统供应生活、生产和消防等各种用水，绝大多数城市采用这种系统。

在城市供水中，工业用水量往往占较大的比例，可是工业用水的水质和水压要求却有其特殊性。在工业用水的水质和水压要求与生活用水不同的情况下，有时可根据具体条件，除考虑统一供水系统外，还可考虑分质、分压等供水系统。若城市内工厂位置分散，工业用水量在总供水量中所占比例又小，即使水质要求和生活用水稍有差别，仍可按一种水质和水压统一供水，采用统一供水系统。

对城市中个别用水量大，水质要求较低的工业用水或生态补水等，可考虑按水质要求分系统（分质）供水。分系统供水，可以是同一水源，经过不同的水处理过程和管网，将不同水质的水供给各类用户；也可以是不同水源，例如地表水经简单沉淀后，供工业生产用水或生态补水，如图1-3中实线所示，地下水经消毒后供生活用水等。

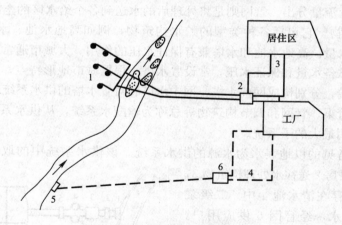

图1-3 分质给水系统

1—管井；2—泵站；3—生活用水管网；4—生产用水管网；5—取水构筑物；6—工业用水处理构筑物

也有因地形高差大或城市供水管网比较庞大，各区相隔较远，水压要求不同而分系统（分压）供水，如图1-4所示的管网，由同一泵站3内的不同水泵分别供水到水压要求高的高压管网4和水压要求低的低压管网5，以节约能量消耗。采用统一供水系统或是分系统供水，要根据地形条件、水源情况、城市和工业企业的规划、水量水质和水压要求，并考虑原有供水工程设施条件，从全局出发，通过技术经济比较决定。

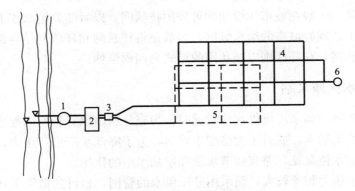

图 1-4 分压给水系统

1—取水构筑物；2—水处理构筑物；3—泵站；4—高压管网；5—低压管网；6—水塔

1.1.1 城市供水管网

给水管网有各种各样的布置形式，但其基本布置形式只有两种：枝状网（图 1-5）和环状网（图 1-6）。

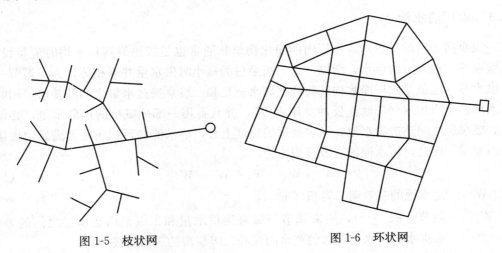

图 1-5 枝状网   图 1-6 环状网

枝状网是干管和支管分明的管网布置形式。枝状网一般适用于小城市和小型工矿企业。枝状网的供水可靠性较差，因为管网中任一管段损坏时，在该管段以后的所有管段就会断水。另外，在枝状网的末端，因用水量已经很小，管中的水流缓慢，甚至停滞不流动，因此水质容易变坏，有出现浑水和"红水"的可能。从经济上考虑，枝状网投资较省。

环状网是管道纵横相互连通的管网布置形式。这类管网当任一段管线损坏时，可以关闭附近的阀门使其与其他管线隔断，进行检修。这时，仍可以从另外的管线供应给用户用水，断水的影响范围可以缩小，从而提高了供水可靠性。另外，环状网还可以减轻因水锤作用产生的危害，而在枝状网中，则往往因此而使管线损坏。从供水安全考虑，环状网明显高于枝状网。

城镇配水管网宜布置成环状，当允许间断供水时，可以布置成枝状，但应考虑将来连成环状管网的可能。一般在城市建设初期可采用枝状网，以后随着给水事业的发展逐步连成环状网。实际上，现有城市的给水管网，多数是将枝状网和环状网结合起来，在城市中心地区布置成环状网，在郊区则以枝状网的形式向四周延伸。

1.1.2　城市供水区域泵站

当城市不断扩展，如水厂离供水区较远时，为充分利用原有管网的配水能力，同时使出厂输水干管较均匀输水，或对于大型配水管网，为了降低水厂出厂压力，均可在管网的适当位置建造调节水池泵站，兼起调节水量和增加水压的作用。

对于要求供水压力相差较大，而采用分压供水的管网，也可建造调节水池泵站，由低压区进水，经调节水池并加压后供应高压区。对于供水管网末梢的延伸地区，如为了满足要求水压需提高水厂出厂水压时，经过经济比较也可设置调节水池泵站。

调节（水池）泵站主要由调节水池和加压泵房组成。晚间用水低峰时，在不影响管网要求压力条件下，调节水池进水；白天高峰用水时，根据城市用水曲线，除净水厂及其他调节设施供水外，由调节水池向管网供水。调节水池容量应根据需要并结合配水管网进行计算确定。

1.1.3　水厂清水池

一级泵房通常均匀供水，水厂内的净化构筑物通常也是按照最高日平均时流量设计，而二级泵房一般为分级供水，所以一、二级泵房的每小时供水量并不相等。为了调节一级泵房供水量（也就是水厂净水构筑物的处理水量）和二级泵房送水量之间的差值，同时还储存水厂的生产用水（如滤池反冲洗用水等），并且备用一部分城市的消防水量，必须在一、二级泵房之间建造清水池。从水处理的角度上看，清水池的容积还应当满足消毒接触时间的要求。因此，清水池的有效容积应为：

$$W = W_1 + W_2 + W_3 + W_4 \qquad\qquad (1\text{-}1)$$

式中　W——清水池的有效调节容积（m^3）；

　　　W_1——调节容积（m^3），用来调节一级泵房供水量和二级泵房送水量之间的差值。根据水厂净水构筑物的产水曲线和二级泵房的送水曲线计算；

　　　W_2——消防储备水量（m^3），按 2h 火灾延续时间计算；

　　　W_3——水厂冲洗滤池和沉淀池排泥等生产用水（m^3），可取最高日用水量的 5%～10%；

　　　W_4——安全贮量（m^3）。

在缺乏供水数据资料的情况下，当水厂外没有调节构筑物的时候，城市水厂的清水池调节容积，可凭运转经验，按最高日用水量的 10%～20% 估算。供水量大的城市，因 24h 的用水量变化较小，可取较低百分数，以免清水池过大，小规模的水厂采用较大的数值。至于生产用水的清水池调节容积，应按工业生产的调度、事故和消防等要求确定。

清水池的个数或分格数量不得少于两个，并能单独工作和分别泄空。当某座清水池清洗或检修时还能保持水厂的正常生产。如有特殊措施能保证供水要求时，清水池也可以只建 1 座。

1.1.4 水塔（高位水池）

水塔（高位水池）的主要作用是调节二级泵房供水量和用户用水量之间的差值，同时储备一部分消防水量。一般水塔的有效容积为：

$$W = W_1 + W_2 \tag{1-2}$$

式中　W——水塔有效调节容积（m^3）；

W_1——调节容积（m^3），根据水厂二级泵房的送水曲线和用户的用水曲线计算；

W_2——消防储备水量（m^3），按 10min 室内消防用水量计算。

缺乏资料时，水塔调节容积也可凭运转经验确定。当水厂二级泵房分级工作时，可按最高日用水量的 2.5%～3%至 5%～6%计算，城市用水量大时取低值。工业用水可按生产上的要求（调度、事故和消防等）确定水塔的调节容积。

给水系统中，水塔（或高位水池）和清水池二者有着密切的联系。清水池的调节容积由水厂一、二级泵房供水量曲线确定；水塔容积由二级泵站供水线和用水量曲线确定。如果二级泵房每小时供水量等于用水量，即流量无需调节时，管网中可不设水塔，成为无水塔的管网系统。大中城市的用水量比较均匀，通常用水泵调节流量，多数可不设水塔。当一级泵房和二级泵房每小时供水量相接近时，清水池的调节容积可以减小，但是为了调节二级泵站供水量和用水量之间的差额，水塔的容积将会增大。如果二级泵房每小时供水量越接近用水量，水塔的容积越小，但清水池的容积将增加。

1.2 城市供水的要求与目标

1.2.1 城市供水管网压力

给水系统应保证一定的水压，使能供给足够的生活用水或生产用水。用户在用水接管地点的地面上测出的测压管水柱高度常称为该用水点的自由水压，也称为用水点的服务水头。由于供水区域内各个用水点的地面标高不一定相同，因此在比较各个用水点的水压时，有必要采用一个统一的基准水平面，从该基准水平面算起，量测的测压管水柱所到达的高度称为该用水点的总水头。水总是从总水头较高的点流向总水头较低的点。

当建筑物由城市给水管网直接供水时，给水管网需保持的最小服务水头一般按照建筑物的层数来确定，从地面算起 1 层为 10m，2 层为 12m，2 层以上每层增加 4m。例如，当地房屋按 6 层楼考虑，则最小服务水头应为 28m。至于城市内个别高层建筑，或建在城市高地上的建筑物，可单独设置局部加压装置来解决供水压力问题，不宜按照这些建筑的水压需求来控制供水管网的服务压力。

如果采用统一供水系统的形式给地形高差较大的区域供水，则为了满足所有用户的用水压力，必定会使相当一部分管网的供水压力过高，造成不必要的能量损失，并还会使管道承受高压，给管网的安全运行带来威胁。因此，这样的给水系统宜采用分压供水，在系统中设置加压泵站供不同压力的供水区域，有助于节约能耗，有利于供水安全。

泵站、水塔或高位水池是给水系统中保证水压的构筑物，需了解水泵扬程和水塔（或高位水池）高度的确定方法，以满足水压要求。

水泵（泵站）的扬程主要由以下几部分组成：

1）几何高差，又称静扬程，指从水泵的吸水池（井）最低水位到用水点处的高程差值。

2）水头损失，包括从水泵吸水管路、压水管路到用水点处所有管道和管件的水头损失之和。

3）用水点处的服务水头（自由水压）。

水泵扬程 H_p 等于静扬程、水头损失和自由水头之和：

$$H_p = H_0 + \sum h + H_c \tag{1-3}$$

式中　H_p——水泵扬程（m）；

　　　H_0——静扬程（m）；

　　　$\sum h$——水头损失（m）；

　　　H_c——控制点自由水头（m）。

静扬程 H_0 需根据抽水条件确定。一级泵站静扬程是指水泵吸水井最低水位与水厂的前端处理构筑物（一般为混合絮凝池）最高水位的高程差。在工业企业的循环给水系统中，水从冷却池（或冷却塔）的集水井直接送到车间的冷却设备，这时静扬程等于车间所需水头（车间地面标高加所需服务水压）与集水井最低水位的高程差。

水头损失 $\sum h$ 包括水泵吸水管、压水管和泵站连接管线的水头损失。

一级泵房的扬程为（图 1-7）：

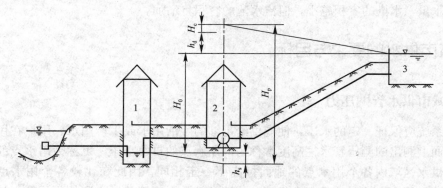

图 1-7　一级泵房扬程计算

1—吸水井；2—一级泵房；3—水处理构筑物

$$H_p = H_0 + h_s + h_d + H_c \tag{1-4}$$

式中　H_p——一级泵房扬程（m）；

　　　H_0——静扬程（m），指泵房吸水井最低水位与水厂前端处理构筑物最高水位的高程差；

　　　h_s——水泵吸水管、压水管和泵房内的水头损失（m）；

　　　h_d——泵房到水厂前端处理构筑物输水管水头损失（m）；

　　　H_c——富裕水头（m），不宜过大，一般为 1~2m。

二级泵房是从清水池取水直接送向用户或先送入水塔，而后流进用户。

无水塔的管网（图 1-8）由泵房直接输水到用户时，静扬程等于清水池最低水位与管网控制点地面标高的高程差。所谓控制点是指管网中控制水压的点。这一点往往位于离二级泵站最远或地形最高的点，只要该点的压力在最高用水量时可以达到最小服务水头的要求，整个管网就不会存在低水压区。

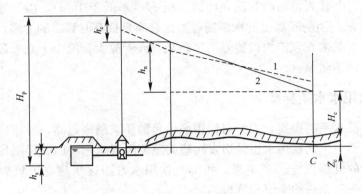

图 1-8 无水塔管网的水压线
1—最小用水时；2—最高用水时

水头损失包括吸水管、压水管、输水管和管网等水头损失之和。无水塔时二级泵房的扬程为：

$$H_p = Z_c + H_c + h_s + h_c + h_n \tag{1-5}$$

式中　H_p——二级泵房扬程（m）；

　　　Z_c——管网控制点 C 的地面标高和清水池最低水位的高程差（m）；

　　　H_c——管网控制点 C 所需的最小服务水头（m）；

　　　h_s——吸水管中的水头损失（m）；

h_c、h_n——输水管和管网中的水头损失（m）。

h_s、h_c 和 h_n 都应按水泵最高时供水量确定。

在工矿企业和中小城市水厂，有时建造水塔，这时二级泵房只需供水到水塔，而由水塔高度来保证管网控制点的最小服务水头（图 1-9），这时静扬程等于清水池最低水位和水塔最高水位的高程差，水头损失为吸水管、泵房到水塔的管网水头损失之和。

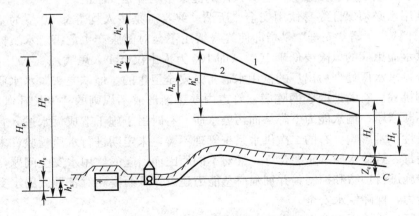

图 1-9 泵站供水时的水压线
1—消防时；2—最高用水时

　　二级泵房扬程除了满足最高用水时的水压外，还应满足消防流量时的水压要求（图1-9）。在消防时，管网中额外增加了消防流量，因而增加了管网的水头损失。控制点应选在设计时假设的着火点，并代入消防时管网允许的水压 H（不低于10m），以及通过消防流量时的管网水头损失 h_c。消防时算出的水泵扬程如比最高日最高时算出的为高，则根据两种扬程的差别大小，有时需在泵房内设置专用消防泵，或者放大管网中个别管段直径以减小水头损失而不设专用消防泵。

1.2.2　生活饮用水水质标准

　　随着人民生活水平的提高，人们对饮用水质量的要求越来越高，城市供水水质关系到居民饮水安全，不卫生的饮用水也是引发疾病的重要因素之一。因此保障城市供水水质也是保障人民群众的健康安全。多年来，我国在饮用水方面逐步建立了较为完善的标准体系，覆盖了从源头到龙头的全流程管理。

　　对于源头，我国目前现行国家标准标准包括：

　　1)《地表水环境质量标准》GB 3838；

　　2)《地下水质量标准》GB/T 14848。

　　对于水厂，我国目前现行标准和准则包括：

　　1)《生活饮用水集中式供水单位卫生规范》（卫生部）；

　　2)《城市供水水质标准》CJ/T 206；

　　3)《村镇供水单位资质标准》SL 308。

　　对于二次供水，我国目前现行国家标准包括：

　　1)《二次供水设施卫生规范》GB 17051；

　　2)《生活饮用水输配水设备及防护材料的安全性评价标准》GB/T 17219。

　　上述各环节的标准，最终均通过一个核心标准进行体现，即《生活饮用水卫生标准》。可见该标准的发布和历次修订，意义重大。本章节着重介绍此标准。

　　（1）生活饮用水含义及安全

　　生活饮用水是指供应人日常生活的饮水和生活用水。符合标准的生活饮用水，在通过洗澡、漱口、呼吸和皮肤接触等产生对人体的健康影响都是安全的。

　　生活饮用水必须保证终身饮用安全。所谓"终身"是按人均寿命70岁为基数，以每人每天2L计算。所谓"安全"是指即使终身饮用不会对健康产生危害。水质标准中指标限值，因饮水而患病的风险要低于 10^{-6}（即100万人中仅有1人患病）。

　　原水经自来水厂处理后出厂的饮用水通常是安全卫生的，但"龙头"水水质会因不同的原因受到挑战。有的地区管网陈旧，管道内壁逐渐形成不规则的"生长环"，随着管龄的增长而不断增厚，输水能力下降从而污染水质。有时由于施工造成污水进入管网，对水质造成阶段性严重影响。有的二次供水系统管理不善，未定期进行水质检验，未按规范进行清洗、消毒，致使水质逐步恶化等。针对不同原因而引起的饮用水安全问题，应采取积极有效的措施进行预防和控制，并加强应急能力建设，从而提高对各种饮用水突发事件的快速反应能力，保障饮水安全。

　　（2）现行生活饮用水卫生标准

　　生活饮用水卫生标准是以保护人群健康和保证人类生活质量为出发点，对饮用水中与人群健康相关的各种因素，以法律形式作出的量值规定，以及为实现量值所作的有关行为规范的规定。

生活饮用水卫生标准是我国保障饮水安全的基本技术文件，经国家有关部门批准发布，为强制性标准，具有法律效力。不但是公民和有关部门依法生产、销售、设计、检测、评价、监督、管理的依据，也是行政和司法部门依法执法、司法的依据，对保障人民群众饮水健康有重要意义。

《生活饮用水卫生标准》GB 5749—2006，由卫生部、国家标准化管理委员会于 2006年 12 月颁布，2007 年 7 月 1 日实施，为现行生活饮用水卫生标准，是既符合我国国情，又与国际先进水平接轨的饮用水水质国际标准。

1）适用范围

标准适用于城乡各类集中式供水和分散式供水。各类供水，无论城市或农村，无论规模大小，都应执行。但考虑一些农村地区受条件限制，达到标准尚存困难，现阶段的过渡办法是对农村小型集中式供水和分散式供水在保障饮水安全的基础上，对少量水质指标放宽限值要求。

2）指标限值的依据

指标限值的确定主要参考世界卫生组织、欧盟、美国、日本、俄罗斯等国家和国际组织的现行水质标准，根据对人体健康的毒理学和流行病学资料，再经危险度评价以及参考实际情况后确定。

3）水质卫生一般原则

首先，要保证流行病学安全，不得含有病原微生物；其次，要保证化学物质和放射性物质安全，化学污染物和放射性物质不得危害人体健康，不得产生急性或慢性中毒及潜在的远期危害（致癌、致畸、致突变）；再次，要保证水的感官性状良好，饮用水感官性状和一般理化指标应经消毒处理并为用户所接受。

4）指标的遴选

指标的选择是在水质卫生一般原则的基础上，结合污染物浓度水平、水厂运行管理水平和检测水平的提高，综合遴选得出。

标准共 106 项指标，分为常规指标 42 项和非常规指标 64 项。常规指标是指能反映水质基本状况的指标，一般水样均需检验且检出率比较高的项目；非常规指标是指根据地区、时间或特殊情况需要的指标，应根据当地具体条件需要确定。在对水质作评价时，常规指标和非常规指标具有同等作用。实际执行时，由于各地采用的消毒剂不同，常规指标中消毒副产物检测指标数会有所不同，如采用氯气消毒时，常规指标为35 项。

标准又把指标分为微生物指标、毒理指标、感官性状和一般化学指标、放射性指标、消毒剂指标共 5 类。其中微生物指标是评价水质清洁程度和考核消毒效果的指标；感官性状指标是指使人能直接感觉到水的色、臭、味、浑浊等的指标，一般化学指标是反映水质总体性状的理化指标。

（3）部分指标的指示意义

1）浑浊度

饮用水浑浊度是由水源水中悬浮颗粒物未经过滤完全或者是配水系统中沉积物重新悬

浮而造成的。颗粒物会保护微生物并刺激细菌生长，对消毒有效性影响关系较大。浑浊度还是饮用水净化过程中的重要控制指标，反映水处理工艺质量问题。浑浊度在《生活饮用水卫生标准》GB 5749—2006 中的限值为 1NTU。

2）色度

清洁的饮用水应无色。土壤中存在腐殖质常使水带有黄色。水的色度不能直接与健康影响联系，世界卫生组织没有建议饮用水色度的健康准则值。《生活饮用水卫生标准》GB 5749—2006 中的限值为 15 度。

3）臭和味

臭和味可能来自天然无机和有机污染物，以及生物来源（如藻类繁殖的腥臭），或水处理的结果（如氯化），还可能因饮用水在存储和配送时微生物的活动而产生。公共供水出现异常臭和味可能是原水受污染或水处理不充分的信号。《生活饮用水卫生标准》GB 5749—2006 中规定为无异臭、异味。

4）肉眼可见物

为了说明水样的一般外观，以"肉眼可见物"来描述其可察觉的特征，例如水中漂浮物、悬浮物、沉淀物的种类和数量；是否含有甲壳虫、蠕虫或水草、藻类等动植物；是否有油脂小球或液膜；水样是否起泡等。饮用水不应含有沉淀物，肉眼可见的水生生物及令人嫌恶的物质。《生活饮用水卫生标准》GB 5749—2006 中规定为不得含有。

5）pH

pH 通常对消费者没有直接影响，但它是水处理过程中最重要的水质参数之一，在水处理的所有阶段都必须谨慎控制，以保证水的澄清和消毒结果。《生活饮用水卫生标准》GB 5749—2006 中规定为 6.5～8.5。

6）总硬度

水的硬度原系指沉淀肥皂的程度。使肥皂沉淀的主要原因是水中的钙、镁离子，水中除碱金属离子以外的金属离子均能构成水的硬度，像铁、铅、锰和锌也有沉淀肥皂的作用。现在我们习惯上把总硬度定义为钙、镁离子的总浓度（以 $CaCO_3$ 计）。其中包括碳酸盐硬度（即通过加热能以碳酸盐形式沉淀下来的钙、镁离子，又叫暂时硬度）和非碳酸盐硬度（即加热后不能沉淀下来的那部分钙、镁离子，又称永久硬度）。人体对水的硬度有一定的适应性，改用不同硬度的水（特别是高硬度的水）可引起胃肠功能的暂时性紊乱，但一般在短期内即能适应。水的硬度过高可在配水系统中以及用水器皿上形成水垢。《生活饮用水卫生标准》GB 5749—2006 中限值为 450mg/L。

7）菌落总数

菌落总数是指在营养琼脂上有氧条件下 37℃培养 48h 后，1mL 水样所含菌落的总数。菌落总数不适合作为致病菌污染的指示菌，但适合作为水处理和消毒运行监测的指示菌，适合作为评价输配水系统清洁度、完整性和生物膜存在与否的指标。在饮用水处理过程中，混凝沉淀可以降低菌落总数，但细菌在其他工艺段如生物活性炭滤池或砂滤中有可能增殖。氯、臭氧和紫外等消毒可以明显降低菌落总数，但在实际工作中，消毒不可能完全杀灭细菌；在条件适宜的情况下，细菌又会繁殖。其主要影响因素包括温度、营养（如可同化有机碳）、消毒剂的残留量和水流速度等。《生活饮用水卫生标准》GB 5749—2006 中限值为 100CFU/mL。

8）总大肠菌群

总大肠菌群是指在 37℃培养 24h 能发酵乳糖、产酸产气、需氧或兼性厌氧的革兰氏阴性无芽孢杆菌。总大肠菌群在自然界分布广泛，包括不同属的多种细菌，因此总大肠菌群不能作为粪便污染的直接指示菌，可以作为评价输配水系统清洁度、完整性和生物膜存在与否的指标，但不如菌落总数灵敏。总大肠菌群还可以用于评价消毒效果。一旦检出，表明水处理不充分或输配水系统和储水装置中有生物膜形成或被异物污染。《生活饮用水卫生标准》GB 5749—2006 中限值为不得检出。

9）耐热大肠菌群（粪大肠菌群）和大肠埃希氏菌

耐热大肠菌群（粪大肠菌群）是指能够在 44～45℃仍能生长的大肠菌群。耐热大肠菌群是《生活饮用水卫生标准》GB 5749—2006 中规定的检测指标，粪大肠菌群是《地表水环境质量标准》GB 3838—2002 中规定的监测指标，通常也看做是一个指标，因为两者从定义上来讲并无太大差别（检测方法相同），且在欧美等国家标准中均有使用，只是从分类学的角度，耐热大肠菌群比粪大肠菌群范围稍大。近年来耐热大肠菌群使用频率更高一些。

多数水体中耐热大肠菌群的优势菌种为大肠埃希氏菌。耐热大肠菌群虽然可靠性差，但因广泛存在于温血动物的粪便中，可以作为粪便污染指标；但饮用水水质监测时，首选大肠埃希氏菌作为消毒指示菌，是因为大肠埃希氏菌主要存在于人体肠道中，与肠道病毒、原虫相比更敏感。

耐热大肠菌群（粪大肠菌群）和大肠埃希氏菌一般在输配水和储水系统中极少检出，一旦检出，就意味着整个系统存在传播肠道致病菌的潜在风险。《生活饮用水卫生标准》GB 5749—2006 中限值为不得检出。

10）隐孢子虫和贾第鞭毛虫

隐孢子虫是一种球形寄生虫，具有复杂的生活史，可进行有性与无性繁殖，主要宿主是人和幼畜，其卵囊可在新鲜水中存活数周或数月，传播途径以粪便—口为主，主要感染途径是人与人接触，其他感染来源包括摄取被污染食物和水以及直接与感染的动物接触。隐孢子虫卵囊对氧化性消毒剂如氯有很强的抵抗力，且由于卵囊体积较小，难以用常规的颗粒性过滤工艺去除，现阶段用膜过滤技术可有效去除卵囊。

贾第鞭毛虫是一种寄生于人体和某些动物胃肠道内的带鞭毛原虫，其生活史较简单，由带鞭毛的滋养体和感染性的厚壁包囊构成。前者在胃肠道内繁殖，后者间歇性脱落并随粪便排出。贾第鞭毛虫能在人类和许多动物体内繁殖，并把包囊排入环境，这些包囊生命力很强，在新鲜水中可存活数周或数月。贾第鞭毛虫包囊对氧化性消毒剂如氯的抵抗力强于肠道细菌，但弱于隐孢子虫卵囊。由于隐孢子虫卵囊与贾第鞭毛虫包囊对氧化性消毒剂均有很强的抵抗力，所以大肠杆菌不能作为确定饮用水中隐孢子虫与贾第鞭毛虫是否存在的可靠指标。《生活饮用水卫生标准》GB 5749—2006 中隐孢子虫、贾第鞭毛虫的限值分别为<1 个/10L。

（4）生活饮用水的管理与净水技术

根据我国现行管理系统，城市饮用水供水主管部门为住房城乡建设部，农村地区的饮用水供水主管部门为水利部，对生活饮用水供水单位进行卫生监督的部门为卫生健康委员会。

由于我国饮用水水质卫生要求是指人在取水点取得的水质，即龙头水水质，因此水质达标也是给水处理技术的核心目标。长期以来，水质标准与净水技术一直处于相互持续发展的状态，水质标准为净水工艺服务，促进净水工艺的提高，又推动深度处理工艺的实施，从而进一步保障饮用水的安全可靠。

1.2.3　二次供水

二次供水是指当民用与工业建筑生活饮用水对水压、水量的要求超过城镇公共供水或自建设施供水管网能力时，通过储存、加压等设施经管道供给用户或自用的供水方式。二次供水是整个城镇供水的组成部分，是最终保障供水水质和供水安全的重要环节。

二次供水应充分利用城镇供水管网压力，并依据城镇供水管网条件，综合考虑小区或建筑物类别、高度、使用标准等因素，经技术经济比较后合理选择二次供水系统。当城镇供水管网供水水压能够满足用户要求时，应充分利用城镇供水管网压力供水，不需要建设二次供水设施，以节约能源，避免浪费。如果公共建筑、居住建筑、工业建筑用户对水压、水量的要求超过城镇公共供水或自建设施供水管网的供水服务压力标准和水量时，就必须采用二次加压的供水方式供水，以保证用户对水压、水量的需求。

当城镇供水管网不能满足建筑物的设计流量供水要求时，或引入管仅一根，而用户供水又不允许停水时，应设置带调节水池（箱）的二次供水设施进行水量调节；当城镇供水管网不能满足建筑物最不利配水点的最低工作压力时，应设置二次供水设施加压供水。

由于各地的供水服务压力标准不同，应当根据当地的供水服务压力标准确定是否需要建设二次供水设施和二次供水的起始点。当必须建设二次供水设施时，应根据小区（建筑）规划指标、场地竖向设计、用水安全要求等因素，合理确定二次供水方式和规模。

二次供水系统一般采用下列供水方式：

（1）增压设备和高位水池（箱）联合供水

泵箱供水可分为水箱供水和泵箱联合供水两种供水方式。"水箱供水"主要由屋顶高位水箱、水位控制装置和管道等组成，充分利用了城市公共供水管网服务压力，比较节能，但是只能应用于水压满足要求而水量不满足要求，或水压部分时段不满足要求的情况。"泵箱联合供水"适用于各类情况，主要由低位水池（箱）、水泵、高位水箱、水位控制装置和管道等组成，一般需将城市自来水放进低位水池，通过水泵加压后进行供水，但并未充分利用城市公共供水管网服务压力，水泵运行效率也较低。

整体来看，泵箱供水模式比较适用于在城市高处建设大型二次供水加压泵站，一方面能有效地调节高峰用水水量，一方面也能充分利用城市公共供水管网压力。

（2）变频调速供水

变频调速供水有恒压变流量变频供水和变压变流量变频供水两种供水方式，主要由低位水池（箱）、水泵、变频器、微机控制装置和管道等组成。变频调速供水通过变频器和微机控制装置等控制水泵按照实际用水参数变化进行变频调速供水，把水泵多余功率通过变频器调频节约下来，从而达到节能的目的。

变频调速供水使用较多，与泵箱联合供水相比，一般不需设高位水箱，水泵加压后直接供用户使用，水泵运行效率较高，但城市自来水仍需进低位水池，未充分利用城市公共供水管网服务压力。

（3）叠压供水

叠压供水是一种新的二次加压供水方式，叠压供水设备的名称也称管网叠压供水、无负压给水、接力加压供水、直接加压供水等，这种供水方式和设备具有两大特征：1）设备吸水管与城镇供水管道直接连接。2）能充分利用城镇供水管道的原有压力，在此基础上叠加尚需的压力供水。叠压供水具有不影响水质、节能、节材、节地、节水等优点，同时也存在倒流污染、影响城镇供水管网水压、无储备水量等隐患。由于叠压供水方式的特殊性，必须综合考虑城镇供水管网供水能力、用户用水性质和叠压供水设备条件，在确保城市整体供水安全的基础上，有条件地推广应用这种叠压供水方式。

（4）气压供水

按压力状况可分为变压式气压给水装置和恒压式气压给水装置两类，按气压水罐构造的形式可分为补气式（自平衡补气和余量补气式）气压给水装置和隔膜式（胆囊式）气压给水装置两类。气压供水的优点是结构紧凑、布置灵活、安装简单、管理方便、价格便宜、维修方便、占地和投资较少、水质不易产生二次污染；缺点是水压存在波动、供水能力较小，一般应用于城市管网压力或流量不足、需要二次加压到新建和改造的小型单位、别墅和个人家庭等。

二次供水的水质直接关系人民群众的身体健康和生命安全，必须符合现行国家标准《生活饮用水卫生标准》GB 5749 的规定，且增加二次供水设施后不能改变城镇供水管网及二次供水管网的水质。二次供水系统的水量计算，应为其供水范围内各种用水需求量之和。二次供水系统的水压应满足最不利点的用水器具或用水设备的正常使用，能够达到最低工作压力的要求。

第 2 章 数据统计管理基础知识

2.1 统计学基础理论

现代社会是信息社会，人类生活在数据信息的海洋中。无论我们是否愿意，世界正进行着一场以数据信息为中心的新的技术革命。面对浩如烟海的数据信息，如何进行分析并加以运用已成为一个重要命题。统计学为人们认识数据、运用数据提供了重要技术手段和科学方法。我们正处于一个伟大的数据变革时代，学习和掌握统计学知识显得尤为必要。

2.1.1 统计学的研究对象和方法

统计学的门类较多，有社会经济统计学、数理统计学和自然领域方面的统计学。本书述及的统计学，主要是指社会经济统计学。社会经济统计学的研究对象是社会经济现象总体的数量方面。统计信息与其他信息相比，具有数量性和总体性两个重要的特征。我们常说，"胸中有数"。这就是说，对情况和问题一定要注意到它们的数量方面，要有基本的数量的分析。研究社会经济现象，不能没有数量的概念。任何质量都表现为一定的数量，没有数量也就没有质量。此外，统计信息的总体性特征，也是以社会经济现象总体的数量特征作为对象进行研究，从而得到反映现象总体数量特征的综合指标。统计学正是通过数量方面的研究，来取得对社会经济现象总体性的认识。

统计的基本研究方法主要有以下几种：

（1）大量观察法

大量观察法，是指对所研究现象的全部或足够多的单位进行调查并加以综合研究分析的方法。大量复杂的社会经济现象是在诸多因素的综合作用下形成的，各单位的特征及其数量表现有很大的差别，不能任意抽取个别或少数单位进行观察。对社会经济现象进行大量观察，可以根据情况采取不同的观察形式。既可以对研究对象的所有单位进行全面调查，也可以对足以表现现象本质和规律的部分单位进行各种非全面调查。要找到表现现象本质和规律的部分单位，通常也是要建立在大量观察法的基础上，需要对研究对象有了充分的了解后才能正确选择出来。

大量观察法是社会经济统计研究的一种基本方法，在统计工作中具有十分重要的作用。统计调查中的许多方法，如统计报表、普查、抽样调查、重点调查等，都是通过对研究对象的大量观察，来了解社会经济现象的现状和发展情况的。

（2）综合指标法

经济研究要客观描述社会经济现象的数量特征，首先要借助于统计指标，正确记录和反映社会经济现象总体在一定时间、地点、条件的总规模、总水平以及集中趋势和差异程度等。常用的综合指标有总量指标、相对指标、平均指标、变异指标、动态指标和统计指数等。我们将在 2.3.1 综合指标这一节中具体说明。

综合指标法还包括统计分组方法。根据现象的特点和统计研究的任务，将统计总体区分为不同的类型和组，称为统计分组。统计指标如果没有科学的分组，就往往容易掩盖矛盾，成为笼统的指标，不能正确反映总体的数量特征。在研究社会经济现象的数量关系时，必须科学地进行数据分组，增强指标的分析与评价功能，提高统计分析的水平。

（3）推断分析法

在统计工作中，经常会存在这种情况，我们所观察的只是部分或有限的单位，而需要判断的总体对象却是大量的，甚至是无限的。这样就需要我们根据现有的局部的数据样本资料来推断出总体数量特征。推断所作的结论都存在有多大程度可以相信的问题，这个程度通常叫做置信度，也称为可靠度，或置信水平、置信系数。这种以一定的置信水平，根据样本数据来判断总体数量特征的归纳推理方法，称为统计推断法。例如，根据城市 30 个居民小区的水质检验结果来推断城市整体水质情况；对供水企业 100 名员工上下班乘坐交通工具的调查结果来推断供水企业员工上下班乘坐交通情况，都是使用统计推断法。利用统计推断法得出的结果可靠度有多少，跟选取的样本有很大关系。我们的数据资料往往都是有限的，统计推断法在统计工作中具有极其重要的作用，统计推断法也因此成为现代统计学的重要方法。

这里介绍的是统计研究的最基本，也是最常用的三种方法。统计学的研究方法还包括试验设计法、统计模型法等。在进行统计分析时，要注意多种方法的结合。

需要指出的是，一个成功的统计方法的运用，其核心因素除了数据分析技术外，对业务的理解和把握同样是不可或缺的。在很多情况下，后者比前者还要重要。没有对业务的正确理解和准确把握，任何技术和方法都是空中楼阁。

2.1.2　统计学中的几个基本概念

社会经济统计学中有几个常用的基本概念，熟悉这些概念是掌握统计学的基础。

（1）统计总体、总体单位、样本

统计总体就是根据一定的目的和要求，所需研究事物的全体。它是由客观存在的、具有共同性质的多个单位构成的整体。总体单位就是组成总体的基本单位。例如，研究全国水司企业生产情况时，全国所有的水司可以作为一个统计总体，而每个水司就是总体单位。

构成总体的总体单位必须是同质的，也就是总体是由性质相同的许多单位组成，不能把不同质的单位混在同一总体之中。各个水司生产水的质量、数量虽然不同，但从掌握生产要素、组织生产活动以及向社会提供自来水这些方面来说，具有同质性，其基本特征是一致的。另一方面，统计总体和总体单位具有相对性，会随着研究任务的改变而改变。随着研究任务的不同，同样一个单位，可以是总体，也可以是总体单位。例如，在上述研究全国水司的企业生产情况时，全国所有的水司是统计总体，每个水司是一个总体单位。但是，在研究一个典型水司的内部问题时，被选做典型的该水司则又成为一个统计总体。如果要了解某个水司职工的文化构成，则该水司职工就是总体，而每个职工就是总体单位。

统计研究最终是要确定总体的数量特征，但是有时总体的单位数很多，甚至无限，不可能或无必要对每个总体单位都作调查。这时就要借助样本来研究总体了。样本就是按照一定的概念从总体中抽取的一部分总体单位的集合体。比如，从一批灯泡中随机抽取 100 个，这 100 个灯泡就构成了一个样本。然后，就可以根据这 100 个灯泡的平均使用寿命去推断这批灯泡的平均使用寿命。

（2）单位标志和标志表现

单位标志简称标志，是指统计总体各单位，即总体单位所具有的共同特征。标志表现是标志特征在各个总体单位的具体体现，标志表现又称为标志值。标志可分为品质标志和数量标志。品质标志是以事物的性质属性来表现的标志，是说明总体单位质的特征的，是不能用数值来表示的。数量标志是表示总体单位量的特征，是可以用数值来表示的。例如，为调查某企业职工情况，该企业的每一个职工是总体单位，他们都有工龄、民族、年龄、性别、工种、文化程度等共同特征。又比如，研究全国水司的企业生产情况时，每个水司是一个总体单位，它们都具有所有制、职工人数、注册资本、产值、成本、利润等共同特征。这些总体单位所具有的共同特征就称为单位标志或标志。如"性别"是品质标志，标志表现或标志值为"男""女"；"工龄"是数量标志，标志表现或标志值为 2 年、5 年、8 年、20 年等；"注册资本"是数量标志，标志表现或标志值为 20 万、50 万、100 万、300 万等。

（3）统计指标与统计指标体系

统计指标是反映社会经济现象总体的数量特征的概念和数值。与标志不同，统计指标是依附于统计总体的。例如，要表明某地区全部工业企业这个总体的数量特征，其数量表现可以有：该地区 2017 年底企业单位数 8000 个，全年工业总产值 100 亿元，职工人数 100 万人，总产值比去年增长 8％等。这些都是统计指标。

统计指标按照所反映的数量特点不同可以分为数量指标和质量指标。凡是反映社会经济现象总规模、总水平或工作总量的统计指标称为数量指标。例如：国民生产总值、企业总数、职工总数、工资总额等。凡是反映社会经济现象的相对水平或工作质量的统计指标称为质量指标。质量指标都是以相对数或平均数来表示的。如：抄表员平均工资、水费回收率、水表抄见准确率等。

（4）统计指标与标志

1）两者的区别

反映的范围大小不同。统计指标说明的是总体的数量特征，而标志则是反映总体单位的性质属性或数量特征。

表现的形式不同。统计指标都可以用数值表示，而标志既有能用数值表示的数量标志，又有能用文字表述的品质标志。

2）两者的联系

标志是统计指标的核算基础。许多统计指标的数值是由总体单位的数量标志值汇总而来的。如研究全省自来水企业时，全省自来水企业的年供水量就是由省内各自来水企业的年供水量加总求和得来。这里全省自来水企业的年供水量是指标，而省内各自来水企业的年供水量则是标志。

指标和标志之间存在一定的联系和变换关系。随着研究目的的变化，原有的统计总体转变为总体单位，相应的统计指标就转变成标志，反之亦然。

任何一个统计指标都只能反映总体某一方面的特征，这就要求采用一套相互联系的统计指标，借以反映总体各个方面的特征以及事物发展的全过程，说明比较复杂的现象数量关系。这种由若干个相互联系的统计指标所组成的整体，叫做统计指标体系。如企业的经济效益可以用许多指标来反映，如单位产品成本、资金利润率、人均产值、人均产品产量等，这些指标就可组成企业经济效益指标体系。

2.2　统计调查与数据整理

2.2.1　营销统计调查

（1）统计调查的意义与要求

统计调查，就是按照统计设计预定的目标，采用科学的统计方法，有计划地搜集各个总体单位有关标志的原始资料的过程。统计调查在统计工作过程中处于基础阶段，是统计工作能正确开展的前提和基础，也是决定整个统计工作质量的重要环节。只有通过调查取得合乎实际的原始资料，后期统计整理和分析结果才有可能得到反映客观实际的正确结论。对一项统计调查的基本要求是：准确、及时、全面、经济。

准确是指搜集到的资料必须真实可靠，符合客观实际，这是对调查工作最基本的要求，也是衡量调查工作质量的重要标志。及时是指要保证统计调查得到资料的时效性。资料提供得越及时，其时间效用就越大，资料的使用价值就越高。全面是指搜集到的资料必须要全面、系统，所要调查的全部单位的资料，不但要有数字资料，而且还要有文字资料，能从不同层次、各个方面反映出事物发展的过程，抓住事物的主要特征。经济是指在满足统计准确度要求的前提下，能以最少的调查费用取得所需的统计资料。准确、及时、全面、经济这四个基本要求是相互结合相互依存的。一般而言，准确是基础，力求准中求快，准快结合，以尽可能小的成本取得完整而系统的资料。

统计调查过程中应充分利用现有的资源，结合现代科学技术手段，往往能起到事半功倍的效果，能够做到准确、及时、全面、经济。例如：某水司要对全司用户水表箱材质进行统计调查，该项工作量巨大，传统手段搜集处理资料十分繁琐。该水司利用已有的手机抄表软件，对该软件已有功能进行简单改造，由抄表员抄表时对每个水表箱进行拍照，选择表箱材质类型，数据自动保存上传到数据库中。待抄表员调查工作完成后，运用数据库相关统计技术，后期统计分析往往只需十几分钟就能完成。这种统计调查方法真正做到了准确、及时、全面、经济。以现代信息技术为基础的统计调查方法，已在多个行业中使用，深得统计工作者的青睐。

（2）统计调查的种类

组织统计调查，需要根据调查对象和调查目的、任务以及经费条件，选择适当的调查方式方法，不同的调查方式方法具有不同的特点。统计调查可从不同的角度进行分类。

1）按调查对象的不同，可以分为全面调查和非全面调查。全面调查是对调查对象的所有单位——进行调查，以取得全面的统计资料。它可以分为统计报表和普查两种形式。通过全面调查可以取得比较准确而全面的资料。例如：工业统计报表制度、农业统计报表制度、人口普查。非全面调查是对调查对象的一部分单位进行调查，以取得调查对象的一部分资料，用来掌握总体的一些情况。它有抽样调查、重点调查、典型调查等多种形式。

非全面调查由于调查单位少,可以用较少的人力和时间,及时取得比较深入细致的资料。例如:工业产品的质量检验、城市住户调查等都属于非全面调查。抽样调查是按照随机原则从调查对象中抽取一部分单位作为样本进行观察,然后依据所获得的样本数据,对调查对象总体的数量特征作出具有一定可靠程度的估计和推算。重点调查是从总体中选择一部分标志值占绝大比重的重点单位进行调查,以了解总体的基本情况。典型调查是从总体中有意识地选择具有代表性的若干典型单位进行调查,用以概括说明同类现象发展变化的一般情况及趋势。需要指出的是,抽样调查、重点调查和典型调查虽然都属于非全面调查,但是重点调查和典型调查由于调查单位不是随机抽取的,不能用来推断总体,只有抽样调查才可以用来推断总体的数量特征。

2)按调查时间是否有连续性,可以分为经常性调查和一次性调查。经常性调查是连续性调查,即为了观察总体现象在一段时间内的变化情况,随着调查对象的发展变化情况,连续地进行调查登记,如工厂原材料的消耗、能源的消耗等。一次性调查是为了研究总体现象在特定时点上的状态而进行的间隔一段较长的时间而进行的调查。一次性调查是不连续的调查。如工业企业固定资产的总量、原材料库存量等,这些指标的数值在短期内变化不大,不需要进行连续登记。一次性调查根据客观需要和研究任务的不同,分为定期一次性调查和不定期一次性调查。定期一次性调查是指间隔一段较长的时间进行一次调查,其时间间隔大体相等,如每十年进行一次的全国人口普查。不定期一次性调查是指在相邻两次调查之间间隔一段较长的时间但是时间间隔不相等而进行的调查。从这里可以看出,一次性调查不是只调查一次,只是时间间隔较长,这是它与连续性调查的主要区别。

3)按调查组织方式的不同,可以分为统计报表制度和专门调查。统计报表制度是由政府主管部门根据统计法规,以统计表格形式和行政手段自上而下布置,而后由企事业单位自下而上地逐级提供统计资料的一种方式。统计报表制度是一种自上而下布置,自下而上通过填制统计报表搜集数据的制度。这种统计调查方式在我国已成为一种报告制度,这种统计报表制度具有全面性、统一性、时效性、相对的可靠性。如前面提到的工业统计报表制度、农业统计报表制度以及劳动统计报表制度等都是统计报表制度。除了统计报表制度外,还有为了研究某种情况或某个问题而专门组织的调查,例如为了提供确实的人口数字而组织的全国人口普查,为了研究职工基本生活情况而组织的职工家庭情况调查等,为了真实准确掌握灾害情况的灾情调查都是专门调查。

(3)资料搜集的方法

根据不同的调查对象和调查条件,在统计调查中搜集资料的方法也会不同,常见的资料搜集方法主要有以下几种:

1)直接观察法

直接观察法就是由调查人员在现场对调查对象亲自进行观察、计量以取得原始资料的一种调查方法。如对农作物产量的实割实测、对商品库存的盘点、对生产设备性能进行现场实测等。这种方法取得的资料准确性比较高,但需要花费大量的人力和时间。对于历史数据的搜集,无法使用此法直接进行。

2)报告法

报告法,也就是报表法。这种方法就是由调查单位按照有关规定和隶属关系,逐级向上提供统计资料的方法。前面提到的统计报表制度就是采用这种方法进行上报的。这种方法可以保证取得可靠的资料。

3）访问法

访问法是由调查人员携带调查表向被调查者逐项询问，将答案填入表内的方法。访问法可以当场观察、亲自询问、当面填答，因此取得的资料准确。市场调查、人口普查以及企业员工的家庭情况调查等就是采用这种方法。

4）问卷法

问卷法是用通信方式发出问卷，以答卷形式，由被调查者自愿回答后反馈给调查者的一种搜集资料的方法。它不要求被调查者签署真实的姓名，减轻了被调查者的心理压力，能够保证调查结果符合客观实际情况。这种方法多用于对主观指标的调查，广泛用于意识形态、民意测验、个人隐私、产品购买意向及产品满意度等市场调查。

使用这种方法，问卷必须要精心设计，通常要注意以下几点：

① 问题要简明扼要，概念表达要清楚。措辞不能过于学术化、让人晦涩难懂。在设计问题时，要始终考虑被调查者的语言能力，尽量选择每个人都容易理解的词语。比如，你问一个普通市民，您觉得本市进行转基因作物研究成功的可能性有多大？一个市民通常不会有这方面的知识。很多时候，调查对象没法回答相关问题，是因为他没有相关的经历。又比如，进行抽样调查时，你不应问一个根本不会用电脑的老人家：您觉得网站上缴水费方便么？

一般对问题的调查，不应使用缩略语。对必须使用的缩略语或简称，应事先进行定义。

② 措辞要具体，以确保调查者能确切理解对他们的要求。

下面这个问题乍一看可能认为非常简单而直接：

您的年龄是多少？如是年龄对这个研究很重要。这个问题就是不完整的。在国内，有人可能报虚岁，也有人可能报周岁。比较好的措辞是：您的出生年月？

③ 问卷中备选的项目必须具有互斥性，不能让被调查者因为问卷设计得不合理而产生困惑，从而影响调查质量。例如，某企业对职工关注企业管理程度进行调查。问卷中有这样一道题："您是否了解我公司今年的售水量计划？a. 比较了解；b. 基本了解；c. 有些了解；d. 不了解。"显然，"基本了解"与"比较了解"两项的含义在逻辑上存在交叉。这样，就容易使得被调查者误解，不易作出正确的判断。

④ 要避免使用意义双关的问题。如果在一项提问中包含了两项以上的内容，被调查者就很难回答。

⑤ 要避免诱导性问题。问卷中提出的问题不能带有倾向性，而应保持中立。诱导性问题能误导调查回答并影响调查结果。

⑥ 避免使用包含双重否定的句子结构。因为被调查者可能不知道他们是应该回答同意，还是回答不同意。例如：你是否赞成政府不允许在公共场所抽烟的规定？

总之，在作调查设计时，应考虑到被调查对象的各种情况，并加以周全考虑，以保证调查质量。

（4）统计调查的设计

统计调查是一项复杂而又细致的工作，规格较大的调查项目，往往能有万人参加这项工作。因此，进行统计调查时，必须全面地计划，严密地组织，事先设计一个切实可靠的统计调查方案，使得调查工作有组织有计划地进行，从而达到预期的目的。统计调查方案主要包括以下几项内容，它们也是统计调查必须解决的基本问题：

1）确定调查目的。确定调查目的就是要明确调查需要解决什么问题，搜集哪些资料，这是统计调查中带有根本性的问题。有了明确的目的，才能有的放矢，才能进一步确定向谁作调查，调查的具体内容，以及调查的时间与经费等一系列问题。否则，就会使工作带有盲目性，严重影响统计调查的质量，甚至浪费人力、物力和时间。

2）确定调查对象、调查单位及报告单位。

调查对象，就是根据调查目的和任务，确定需要调查的现象总体。调查单位就是构成该总体的个体，是在调查过程中应该登记其标志的具体单位。每个被调查的单位就是总体单位。调查单位是调查内容的承担者，即调查中需要登记的具体标志的承担者。报告单位是负责按规定日期、表格样式向统计调查机关提交调查资料的单位。例如对某省水司职工的健康状况进行调查，则该省水司职工便是调查对象，构成该省水司职工这个总体的每一个水司职工便是调查单位，每一个水司职工都具有所要调查的各种标志（如性别、年龄、身高、体重等），而负责向统计调查机关提交调查资料的报告单位就是每一个水司。又如，调查工业企业生产情况，调查对象是所有工业企业，调查单位是构成所有工业企业这个总体的每一个工业企业，每一个工业企业都具有所要调查的各种标志（如产量、质量、成本等），报告单位也是每一个工业企业。从上面两个例子可以看出，调查单位与报告单位有时是一致的，有时是不一致的。

3）拟定调查项目和调查表

调查项目又称为调查内容，它是指需要向调查单位了解的有关标志和其他情况。调查项目是调查方案的核心部分。拟定调查项目应当注意：

① 应符合调查目的，只列出能够取得确切资料、为实现调查目的所必需要的、并与调查问题本质相关的项目，不应包括可有可无的内容，以免内容繁冗，增加不必要的调查时间，从而影响调查质量。

② 项目的名称要明确具体，切忌似是而非，含混不清，避免调查者或被调查者按照各自的理解参与调查，造成调查结果无法进行归类汇总。

同时，要确定调查时间，即要确定调查总体单位各标志所属的时点或时期。如果对时点现象如职工人数、固定资产总额、原材料库存量等进行调查，要规定统一的时点。人口普查，也要规定标准时间，也就是这里所说的时点。对时期现象如售水量、投资额、产品产量等要规定所属时期的长短，是月度指标、季节指标还是年度指标。

时点指标不能相加，时点指标相加会失去指标本来所具有的意义，可以利用这一点来区分时点指标与时期指标。例如企业 1 月末固定资产总额为 100 万元，2 月末固定资产总额 120 万元，这两个数字相加则失去了本来的意义，固定资产总额就是时点指标。

③ 列入的调查项目之间尽可能相互联系，以便对有关项目相互核对和检查错误。利用汇总数据来分析总体的情况，还要注意本次调查的项目与以往同类调查项目之间的衔接，以便进行动态对比，研究现象的发展变化情况。

④ 明确规定项目答案的表示形式，是数字式、是非式、多项式或文字式。数字式要求计量单位要统一，以便进行汇总。是非式的提问方式易于回答，便于整理，但带有强制性，不能表示程度上的差别，不能提供更多的信息。使用多项选择或程度分等方法提问，

能够掌握较为详细的资料。文字式可以充分表达被调查者的真实想法，但不利于后期统计整理和数据分析，一般情况下不建议使用。

（5）制定调查组织实施计划

制定调查组织实施计划，从组织上保证调查工作的顺利进行。主要内容包括：确定调查工作的组织机构、调查工作的组织领导和人员组成；做好调查前的准备工作，包括宣传教育、文件准备、人员培训、开支预算等；调查的方式方法；调查的工作规则和流程。

2.2.2 营销数据整理

（1）统计整理的概念

通过统计调查，取得统计所需要的原始数据后，需要对这些原始数据进行整理，这个过程就叫做统计整理。统计整理在统计调查与统计分析之间起着承前启后的作用，它是统计调查的继续，是统计分析的基础和前提条件。统计整理工作的质量，直接影响后期统计分析结果。统计整理一般是指对统计调查所取得的原始资料的整理，广义的统计整理也可以包括对某些已加工的综合统计资料（也称次级资料）的再整理。

（2）统计整理的主要内容

统计整理主要包括三个方面的内容：统计数据的预处理、统计分组和统计汇总。

1）统计数据的预处理

统计数据的预处理是数据分组整理的先前步骤，内容包括数据的审核、筛选、排序等过程。

审核是应用各种检查规则来辨别缺失、无效或不一致的数据。审核的目的是更好地了解统计数据，以确保统计数据的完整、准确与一致。在审核过程中辨别出来的数据缺失、无效与不一致等问题后需要对数据进行插补。插补是指给每一个缺失数据一些替代值，以便得到"完全数据集"后，再使用数据统计方法分析数据并进行统计推断。

统计数据的筛选有两方面内容：一是将某些不符合要求的数据或有明显错误的数据予以删除；二是将符合某种特定条件的数据筛选出来，不符合特定条件的数据舍弃。

数据排序就是按一定顺序将数据排列。其目的是为了便于研究者通过浏览数据发现一些明显的特征或趋势，找到解决问题的线索。除此之外，排序还有助于对数据检查、纠错，为重新分组或归类提供依据。在某些场合，排序本身就是分析的目的之一。例如对全国水司的有关信息进行排序，企业可以了解自己在行业中所处的地位，还可以了解其他水司的状况，从而制定有效的企业发展规划和战略目标。

2）统计分组

统计分组，也叫统计资料分类，就是将总体中各单位按某种标志分为若干组的一种统计方法。统计分组是统计整理的基础。统计分组的目的就是根据标志值将总体中有差别的单位区分开来，同时又将性质相同或相近的某些单位组合起来，以便区分事物的类型、研究总体的结构、探讨现象间的依存关系。通过统计分组，能够进一步认识事物的本质特征。

分组标志按其形式可以分为两类，即品质标志和数量标志。在前面 2.1.2 节中已介绍过品质标志和数量标志。品质标志是以事物的性质属性来表现的标志。例如：职工按性别分为男、女；企业按规模可以分为大型企业、中型企业、小型企业；按照产业划分可以分为第一产业、第二产业、第三产业等。数量标志就是以数量的多少来表现的标志。例如：职工的年龄、全年用水量、销售收入等。统计总体可以按品质标志分组，也可以按数量标志分组。

3）统计汇总

统计资料汇总的任务在于确定各组的单位数和确定各组的标志值总量。汇总的作用在于能够看出调查对象分布状况的全貌。统计汇总是统计整理的中心内容。

在对总体进行分组的基础上，将总体中所有单位按组归类整理，形成总体各单位在各组间的分布，就叫次数分布或频数分布。频数分布是统计整理的一种非常重要的形式，也是统计描述和统计分析的一种重要方法。频数分布包括两要素：一是组的名称，即总体分组所依据的标志；另一个是组的次数或频数，即分布在各组的单位数。次数的相对数即各组总数与总次数之比，称为比率或频率。它说明具有某组标志值的现象在总体中频繁出现的程度，反映总体构成。

为了统计分析的需要，有时需要计算累计次数和累计频率，它们又有两种计算方法：一种是向下累计，即从低组向高组累计，此时每组的累计次数或累计频率表示该组上限以下的次数或频数共有多少；另一种是向上累计，即从高组向低组累计，此时每组的累计次数或累计频率表示该组下限以上的次数或频率共有多少。

频数、频率、向上累计、向下累计这些概念在本节的例题中均会涉及。

通常用图表来描绘数据，一张好图能够使复杂的数据得到简明、确切、高效的阐述，能在最短的时间内以最少的篇幅提供最大量的信息，从而有助于洞察问题的实质。

实际统计分析的数据量通常是非常大的，有些计算也比较复杂。在进行统计数据整理时，往往要借助于计算机软件来进行。统计软件比较多，其中 Excel 是比较简单常用的软件，拥有着强大的对表格的管理和统计图制作功能。下面两个例子中的表格都是借助 Excel 来实现的。

【例 2-1】 为评价某地区供水行业的服务质量，该地区政府主管部门委托调研公司进行调研。调研公司随机抽取 100 个家庭组成样本，对供水服务质量进行评价。服务质量的等级分别表示为：A. 好；B. 较好；C. 一般；D. 较差；E. 差。抽样调查整理数据见表 2-1。

抽样调查服务质量　　　　　　　　　　　　　　　　表 2-1

C	D	C	E	B	B	C	E	D	D
C	A	A	C	B	C	E	D	C	A
A	C	E	B	C	D	C	C	C	A
A	B	E	C	A	B	D	D	D	A
B	B	D	C	E	B	A	D	E	A
D	E	E	A	A	B	B	D	B	C
C	C	C	C	E	E	B	B	B	C
C	A	C	C	E	B	C	C	A	B
B	C	A	A	C	A	D	E	E	B
E	C	E	D	C	C	D	D	B	C

这里，通过调查取得的原始数据只是一种分散的数字资料。只有将搜集来的原始数据进行科学的分组整理，使之系统化、条理化，才能得出需要的信息，见表 2-2。

服务等级评价频数分步　　　　　　　　　　表 2-2

服务等级	家庭数目（个）	频率（%）
好（A）	16	16
较好（B）	21	21
一般（C）	31	31
较差（D）	18	18
差（E）	14	14
合计	100	100

也可以绘制出条形图，以进一步了解样本。图 2-1 借助 Excel 软件绘制：

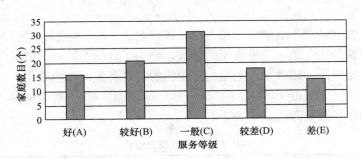

图 2-1　服务等级频数

通过对随机抽取的样本进行统计分组，则对该地区供水行业的服务质量有了基本的了解。

【例 2-2】　某水司组织 40 名供水营销工进行水平考试，成绩如下：

79	72	83	88	74	98	62	78	92	83
73	81	83	75	83	85	74	54	77	73
71	85	66	81	74	86	84	64	89	78
87	32	95	83	70	68	60	91	80	68

要求：

1）根据上面的数据进行适当的分组，编制频数分布表，并计算出累计频数和累计频率。

2）按规定，成绩在 90 分以上的为优，80～90 分为良，60～80 分为中，60 分以下为差，按优、良、中、差对学生成绩进行分组

解：1）将上述资料中各变量值按从小到大的顺序排列，可得到如下的阵列：

32	54	60	62	64	66	68	68	70	71
72	73	73	74	74	74	75	77	78	78
79	80	81	81	83	83	83	83	83	84
85	85	86	87	88	89	91	92	95	98

该阵列可以反映出资料的某些特征。首先，该班成绩分布在 32～98 分之间，最高分 98 分，最低分 32 分，全距为 66 分，波动幅度较大。全距是指资料中最大值与最小值之差。其次，多数员工的考试成绩集中在 70～90 分之间。通过初步整理，可以大致了解该资料的某些特征和变动规律，从而为下面的工作提供必要的依据。

25

第一步，确定组数。组数就是这一数列共分多少组。

制作频数分布表时，首先要对数据进行分组。一组数据分多少组合适呢？一般与数据本身的特点及数据的多少有关。由于分组的主要目的是观察数据分布的特征，因此组数的多少应以能够适当观察数据的分布特征为准。一般情况下，数据所分的组数 K 应不少于 5 组且不多于 15 组，即 $5 \leqslant K \leqslant 15$。此外，当变量值变动比较均匀，并且可能编制等距数列的条件下，其组距也可以采用斯特奇斯（H. A. Sturges）公式求得。计算公式为：$K = 1 + \lg n / \lg 2$。在统计分组确定组数和组距时，这一公式被广泛使用。需要指出，由这个公式得到的组数，当数据较少时，往往过大；当数据较多时，往往过少。所以该公式只能作为参考之用。

$K = 1 + \lg n / \lg 2 = 1 + \lg 40 / \lg 2 = 6.32$，取 $K = 6$。

这里，结合通常情况下成绩的分布方法，我们取 $K = 5$。本题若不使用斯特奇斯公式，也能根据以往经验分成 5 组。这里介绍此公式，是为了以后在处理类似问题时可以借鉴。

第二步，确定组距。组数与组距是相互制约的，二者成反比例变化。

组距 ＝（最大值－最小值）÷组数 ＝（98－32）÷6.32 ＝ 10.4，一般取整数，组距约为 10。

第三步，制作频数分布表，见表 2-3。

40 个员工按成绩分组表　　表 2-3

员工按成绩分组（分）	员工数（人）	频率（%）	向上累积		向下累积	
			员工数（人）	频率（%）	员工数（人）	频率（%）
60 分以下	2	5.00	2	5.00	40	100.00
60～70	6	15.00	8	20.00	38	95.00
70～80	13	32.50	21	52.50	32	80.00
80～90	15	37.50	36	90.00	19	47.50
90 分以上	4	10.00	40	100.00	4	10.00
合计	40	100.00	—	—	—	—

2）请大家参考【例 2-1】来完成。限于篇幅，不再赘述。

在处理边界值时，通常会遵循"上限不包含，下限包含"原则，简称"上限不包含"原则。如表 2-3，在处理 80 这个分数时，应把 80 这个分数纳入 80～90 这一组，而不把 80 纳入 70～80 这一组。为方便记忆，我们可以把 $a～b$ 理解成用数学符号表示的 $[a, b)$ 或 $a \leqslant$ 数值 $< b$。如 80～90，用数学符号表示成 $[80, 90)$ 或 $80 \leqslant$ 数值 < 90。

此外，在制作统计表格时，有一些基本要求：要有总标题；开口式，即表格的两端不封口；表中不能有空格，不需要填写或不存在数值的位置填写"—"；表中数据应标明计量单位等。

2.3　综合指标与统计指数

2.3.1　综合指标

统计工作的第三个阶段就是统计分析，它根据汇总整理的统计资料，运用各种统计方法，研究事物之间的数量关系，提示社会经济现象的一般特征及其规律性。在统计中，综合描述总体数量特征常用的指标有：总量指标、相对指标、平均指标。

（1）总量指标

总量指标是反映客观现象总体在一定时间、地点条件下的总规模、总水平的综合指标。例如：2016 年年底中国大陆总人口为 138271 万人，2016 年全年国内生产总值 744127 亿元，某市 2016 年全年售水量 5.2 亿 m^3。总量指标是人们认识事物的客观依据和起点，任何事物的数量方面首先表现为总量，即总规模、总水平。总量指标也是计算其他统计指标的基础。例如，相对指标和平均指标一般是两个总量指标对比的结果，是总量指标的派生指标。总量指标计算正确与否，直接影响到其他指标的正确性，直接影响统计分析的准确性。

总量指标按反映总体的内容不同，分为总体单位总量和总体标志总量。总体单位总量是总体单位数之和，是反映总体单位数量多少的总量指标。例如：工业企业总数、企业职工人数、商场总数等。总体标志总量是指总体各单位某种标志值之和，说明总体某一数量特征的总量。例如：工业企业利润总额、企业工资总额、商场销售额等。随着统计研究目的的改变，总体单位总量和总体标志总量也可能会发生变化。例如：研究全国水司职工平均工资收入时，"职工人数"是总体单位总量；当研究全国水司的基本情况时，"职工人数"就成为总体标志总量了。

总体指标按其反映的时间状态的不同，可以分为时期指标和时点指标。时期指标是反映现象在一段时间内发生的总量。例如：售水量、销售收入、投资总额等。时点指标是反映现象在某一时刻状态上的总量。例如：职工总人数、机器设备数、原材料库存量等。

时期指标和时点指标的区别，主要表现在以下方面：

1）不同时期的时期指标可以相加，不同时点的时点指标相加没有任何意义。时期指标相加表明某段时期活动过程或发展过程的总成果。如把某年 1 月、2 月、3 月售水量相加，就会得到该年度一季度的售水量。时点指标不能相加，如果把各时点上的数值相加，就会造成重复计算，不能反映实际情况。如把 1 月底、2 月底、3 月底的职工人数相加得到的总人数，就重复计算了，这个结果本身没有任何意义。

2）时期指标数值的大小与时间长短成正比，例如：全年售水量总值总是大于一季度或一个月的售水量。时点指标数值的大小与时点之间的间隔长短没有直接的依存关系。

3）时期指标的数值是连续登记的结果，时点指标数值只需间断计数，通常隔一段时间统计一次。

（2）相对指标

相对指标是指社会经济现象中两个相互联系的指标数值之比，用以反映现象总体内部的结构、比例、发展状况或与其他总体的对比关系，其数值表现为相对数。相对指标可以分为：计划完成情况相对指标、结构相对指标、比较相对指标、比例相对指标、动态相对指标和强度相对指标。

计算相对指标的基础公式是：

$$相对指标 = \frac{比较数值}{基础数值}$$

作为分母的基础数值，是用来作为对比标准的指标数值，简称基数；作为分子的比较数值，是用来与基础数值对比的指标数值，简称比数。下面解释下前面提到的几种相对指标。

1) 计划完成情况相对指标

计划完成程度相对指标是以现象在某时期内的实际完成数值与计划完成数值对比的结果，用以检查计划完成的程度。

$$计划完成相对数 = \frac{实际完成数}{计划任务数} \times 100\%$$ (2-1)

例如：某供水企业年度售水量计划 3000 万 m³。截至 9 月底，一季度完成 700 万 m³，二季度完成 900 万 m³，三季度完成 1200 万 m³。问累计至第三季度止完成全年计划的进度。

$$累计计划完成进度 = \frac{700 + 900 + 1200}{3000} \times 100\% = 93.33\%$$

当计划任务数是用百分数表示时，公式就演变成下述公式：

$$计划完成相对数 = \frac{实际完成数(\%)}{计划任务数(\%)} \times 100\%$$

例如：某年度计划售水量比去年应提高 10%，而实际比去年提高了 12%，则

$$计划完成程度 = \frac{12\% + 100\%}{10\% + 100\%} = \frac{112\%}{110\%} = 1.018 = 101.8\%$$

这里的两个数 10%、12% 都扣除了基数 100%，则应将其加上去然后进行对比求得，以确保两个对比指标的可比性。

2) 结构相对指标

结构相对指标即通常所说的"比重"，它是总体中的部分数值与总体全部数值对比的结果。用公式表示为：

$$结构相对指标 = \frac{总体某部分或某组的总量}{总体总量} \times 100\%$$ (2-2)

结构相对指标类似于表 2-2、表 2-3 中的频率。表 2-2 中评价服务等级好的家庭总数占总体家庭总数的 16%；表 2-3 中成绩在 70～80 分间的员工人数占总人数的 32.50%。这两个数字就是结构相对指标。

3) 比例相对指标

比例相对指标是用于反映现象总体内部的比例关系和均衡状况的综合指标。它是同一总体中某一部分数值与另一部分数值进行对比的结果。

$$比例相对指标 = \frac{总体中某一部分数值}{总体中另一部分数值} \times 100\%$$ (2-3)

例如：某公司男性职工 180 人，女性职工 120 人，则男性对女性的相对比例用百分数可以表示为：$\frac{180}{120} \times 100\% = 150\%$。

比例相对指标还常用几比几的形式表示。例如：表 2-3 中 90 分以上人数与 60 分以下人数的比例可表示为 2∶1。

注意，比例相对指标与结构相对指标（比重）名称及含义上的异同，不要将两者混淆。

4) 比较相对指标

比较相对指标是将不同空间条件下同类指标数值进行对比，用以说明某一现象在不同

地区、不同企业之间发展的不平衡程度或相对状态，以便于查找差距，正确定位，可为提高企业的经营管理水平提供依据。

$$比较相对指标=\frac{某地区（单位或企业）的指标值}{另一地区（单位或企业）的同类指标值} \tag{2-4}$$

例如：抄表一组平均每人抄见户数是 2500 户，抄表二组平均每人抄见户数是 2000 户，则抄表一组平均抄见户数是抄表二组的 $\frac{2500}{2000}=125\%$。

5）强度相对指标

强度相对指标是将两个性质不同但有一定联系的总量指标对比，用以说明现象的强度、密度和普遍程度的综合指标。例如：人均国内生产总值、人口密度、人均产品产量等。

$$强度相对指标=\frac{某一总量指标数值}{另一个有联系而性质不同的总量指标数值}\times100\% \tag{2-5}$$

例如：我国土地面积是 960 万 km^2，若 2016 年底全国总人口为 138500 万人，则

$$我国 2016 年末人口密度=\frac{138500}{960}=144.27 人/km^2$$

6）动态相对指标（发展速度）

动态相对指标又称发展速度，是以某一事物报告期指标值与基期指标值对比的结果，用来反映现象在不同时期的发展变化情况。

$$动态相对指标=\frac{报告期水平}{基期水平} \tag{2-6}$$

在工作中经常会遇到发展速度指标。发展速度由于采用基期的不同，可分为定基发展速度和环比发展速度。

一般用符号表示时间数列中的发展水平，即：

$a_0,a_1,a_2,a_3,\cdots,a_{n-1},a_n$

用 a_0 表示最初水平，a_n 代表最末水平，其余就是中间各项水平。

定基发展速度，就是报告期水平对某一固定时期水平（如 a_0）之比，表明社会经济现象在一个较长时间内的变动程度。环比发展速度，就是报告期水平与前一期水平之比，表明报告期的水平对比前一期水平的发展变动情况。

用算式表示如下：

$$定基发展速度：\frac{a_1}{a_0},\frac{a_2}{a_0},\cdots\cdots\frac{a_n}{a_0}$$

$$环比发展速度：\frac{a_1}{a_0},\frac{a_2}{a_1},\cdots\cdots\frac{a_n}{a_{n-1}} \tag{2-7}$$

增减速度，就是根据增减量与其基期水平之比求得的相对指标，表明社会经济现象的增减程度。其计算公式为：

$$增减速度=\frac{增减量}{基期水平}=\frac{报告期水平-基期水平}{基期水平}=\frac{报告期水平}{基期水平}-1 \tag{2-8}$$

也就是：

$$增减速度=发展速度-1 或增减速度=发展速度-100\%$$

这些概念看起来比较抽象，我们举个例子就很容易理解了，见【例 2-3】。

【例 2-3】 某水司年度供水量数据见表 2-4。发展速度和增长速度是如何求出来的呢？

以 2015 年为例，2015 年为报告期，2011 年为基期，那么定基发展速度 $=\dfrac{a_{2015}}{a_{2011}}=\dfrac{42029}{34723}=$

121.04%；环比发展速度 $=\dfrac{a_{2015}}{a_{2014}}=\dfrac{42029}{40590}=103.55\%$；定期增长速度 $=121.04\%-100\%=$

21.04%；环比增长速度 $=103.55\%-100\%=3.55\%$。

年度供水量数据表 表 2-4

年份		2011	2012	2013	2014	2015	2016
供水量（万 m³）		34723	35883	37756	40590	42029	44542
发展速度（%）	定基	100.00	103.34	108.73	116.90	121.04	128.28
	环比	—	103.34	105.22	107.51	103.55	105.98
增长速度（%）	定基	0.00	3.34	8.73	16.90	21.04	28.28
	环比		3.34	5.22	7.51	3.55	5.98

　　本例中的供水量数据都是按年进行统计的，用以说明本期发展水平与上一年同期发展水平对比的发展和增长的相对程度，此时环比发展速度和环比增长速度又分别被称为年距发展速度和年距增长速度。例如：2014 年供水量 42029 万 m³，2015 年供水量 40590 万 m³，比去年同期增长了 3.55%。这里的 3.55% 就是年距增长速度，也是环比增长速度。

　　（3）平均指标

　　平均指标是反映客观现象总体各单位某一数量标志一般水平的综合指标。如职工的平均工资、平均水价、人均国民生产总值等。平均指标是一个反映总体变量值集中趋势的指标，可以把总体各单位在某个数量标志上存在的数量差异抽象化，反映出数量标志的一般水平，成为说明总体数量特征的代表值。例如某企业的平均工资就是把职工之间的不同工资的差异抽象化，用以说明该企业职工工资的一般水平。平均指标只能就同质总体计算。只有对本质相同的现象进行计算，其平均数才能正确反映客观实际情况。如果把不同性质的个体混杂在一起计算的平均数，不但不能得到正确的结论，还会歪曲事实真相。

　　社会经济统计中采用的平均数主要有算术平均数、调和平均数、几何平均数、中位数和众数。前三种是根据各单位标志值计算的，故称为数值平均数，后两种是根据标志值所在的位置确定的，又称为位置平均数。本书中主要讲解供水营销工作中经常会用到的算术平均数。

　　算术平均数是分析社会经济现象一般水平和典型特征的最基本指标，是统计工作中计算平均数最常用的方法。算术平均数的基本算法是用总体各单位的标志值之和除以总体单位数。

$$算术平均数 = \frac{总体标志总量}{总体单位总量} \tag{2-9}$$

　　根据计算所依据的资料不同，算术平均数又分为简单算术平均数和加权算术平均数两种。

　　1）简单算术平均数

　　将总体各单位标志值简单相加汇总除以总体单位总数，计算的算术平均数称为简单算术平均数。其计算公式为：

$$\overline{X} = \frac{X_1 + X_2 + \cdots + X_n}{N} \tag{2-10}$$

式中 $\overline{X}$——算术平均数；

$X_i(i=1,2,\cdots,n)$——总体各单位的标志值；

N——总体单位数。

例如：某生产小组有 6 名工人，生产某种产品，日产量（件）分别为 22、23、24、24、25、26，问平均每个工人日产量是多少？

$$\overline{X} = \frac{X_1 + X_2 + \cdots + X_n}{N}$$

$$= \frac{22 + 23 + 24 + 24 + 25 + 26}{6} = 24 \text{ 件}$$

需要说明的是，算术平均数与前面学习的强度相对指标的计算方法在形式上很相似，但实质上有根本的区别。算术平均数是同一总体的标志总量与总体单位数之比，标志总量是随着总体单位数的变动而相应地变动的；强度相对指标是两个性质不同而有联系的总量指标之比，作为分子的总量指标值并不随着作为分母的总量指标数值的变动而变动。

2）加权算术平均数

加权算术平均数应用于计算分组数列的平均数。分组数列有单项数列和组距数列两种。加权算术平均数计算公式为：

$$\overline{X} = \frac{X_1 f_1 + X_2 f_2 + \cdots + X_n f_n}{f_1 + f_2 + \cdots + f_n} \tag{2-11}$$

式中 $X_i(i=1,2,\cdots,n)$——单项数列中第 i 组的标志值或组距数列中各组的组中值；

f_i——数列中第 i 组的频数或权数。

【例 2-4】 计数单项数列的加权平均数

某公司 100 个工人的日产量见表 2-5，问这 100 个工人的平均日产量是多少？

某企业工人生产情况 表 2-5

日产量（件）X_i	工人数（人）f_i	日产量（件）$X_i f_i$
30	10	300
31	25	775
32	30	960
33	20	660
34	15	510
合计	100	3205

$$\overline{X} = \frac{X_1 f_1 + X_2 f_2 + \cdots + X_n f_n}{f_1 + f_2 + \cdots + f_n} = \frac{30 \times 10 + 31 \times 25 + 32 \times 30 + 33 \times 20 + 34 \times 15}{10 + 25 + 30 + 20 + 15}$$

$$= \frac{3205}{100} = 32.05 \text{ 件/人}$$

【例 2-5】 计数组距数列的加权平均数。

118 家企业利润额的平均数计算见表 2-6。

118 家企业利润额的平均数计算表 表 2-6

按利润额分组（万元）	企业数（个）f_i	组中值 X_i	利润额 $X_i f_i$
200~300	20	250	5000
300~400	30	350	10500

续表

按利润额分组（万元）	企业数（个）f_i	组中值 X_i	利润额 $X_i f_i$
400～500	40	450	18000
500～600	18	550	9900
600 以上	10	650	6500
合计	118	—	49900

本题中，我们所掌握的资料，不是单项变量数列，而且组距数列，仍是使用加权算术平均数的计算公式来计算，所不同的只是要用各组的组中值作为组中各标志值的代表进行计算。具体方法是：必须要先算出组距数列各组的组中值，以各组中值作为该组标志值的代表，然后再来计算加权算术平均数。这种方法具有一定的假定性，假定各单位标志值在组内是均匀分配的，但实际上这是不可能的。这样，用组中值计算出来的算术平均数也就带有近似值的性质。

在本题中的最后一个分组"600 以上"，这是开口组。遇到开口组，我们一般就假定它们的组距与相邻组的组距相同来计算组中值。因此，根据开口组计算的算术平均数就更具有假定性。本题中邻组"500～600"组距为 100，因此本组"600 以上"的组中值为：$600 + 100 \div 2 = 650$。

虽然使用此公式有诸多"假定性"，但就整个数列来看，因各影响因素会产生相互抵消的作用，用这种方法计算的平均数仍然具有足够的代表性。

$$\overline{X} = \frac{X_1 f_1 + X_2 f_2 + \cdots + X_n f_n}{f_1 + f_2 + \cdots + f_n}$$

$$= \frac{250 \times 20 + 350 \times 30 + 450 \times 40 + 550 \times 18 + 650 \times 10}{20 + 30 + 40 + 18 + 10}$$

$$= \frac{49900}{118}$$

$$= 422.88 \text{ 万元}$$

【例 2-6】 平均水价的计算。

某水司 2016 年度售水量及供水价格见表 2-7，求该年度平均水价。

某水司 2016 年度售水量及供水价格　　表 2-7

行业	价格（元）	用水量（万 m³）
生活用水	1.42	4570.88
行政事业用水	1.57	4565.19
工商经营用水	1.67	11844.50
特种行业用水	2.65	1760.03

$$\overline{X} = \frac{X_1 f_1 + X_2 f_2 + \cdots + X_n f_n}{f_1 + f_2 + \cdots + f_n}$$

$$= \frac{4570.88 \times 1.42 + 4565.19 \times 1.57 + 11844.50 \times 1.67 + 1760.03 \times 2.65}{4570.88 + 4565.19 + 11844.50 + 1760.03}$$

$$= \frac{38102.39}{22740.6}$$

$$= 1.6755 \text{ 元}/\text{m}^3$$

2.3.2 统计指数

一切说明事物在时间上、空间上的变动情况和计划完成情况的相对数，都可以称为指数。指数通常是被研究现象两个时期数值比较的结果，一般用百分数表示。作为比较基础的分母称为基期水平，而用来与基期作比较的分子称为计算期水平，也称为报告期水平。由于指数是应用于经济领域的一种特殊统计方法，故而指数也称为统计指数。

【例 2-7】

表 2-8 中，如果单独观察该企业各种商品价格的变动或销售量变动，可以很容易就计算出各种商品的价格指数和销售量指数。例如，A 商品的价格指数为：$\dfrac{0.60}{0.50}=120.00\%$；B 商品的销售量指数为：$\dfrac{12000}{10000}=120.00\%$。这里计算的价格指数和销售量指数只是针对单一商品进行计算的，总体是由单一项目组成的。这种由单一项目组成的总体，称为简单现象总体。反映简单现象总体变动状况的指数，称为个体指数。

某企业商品销售资料 表 2-8

商品	计量单位	价格（元）		销售量	
		基期	报告期	基期	报告期
A	支	0.50	0.60	800	1000
B	个	0.15	0.15	10000	12000
C	件	3.00	5.00	120	100

如果综合观察该企业全部商品价格变动的程度或全部商品销售量变动的程度，则因各种商品使用价值不同、计量单位也不一样，不同商品的销售量和价格都不能直接相总。这种不能直接相加的总体，称为复杂现象总体。反映复杂现象总体综合变动状况的指数，称为总指数。这是本节学习的重点。

（1）综合指数

各种商品价格及销售量不能直接相加，但商品单价乘以商品销售量等于商品销售额，而商品销售额就成了可以直接加总的总量。从分析的角度看，销售额的变化又恰好反映了销售量增减和价格涨跌两个因素的影响。因此在编制价格总指数时，可以通过销售量这个媒介因素，将价格转化为可以加总的销售额，而在编制销售量总指数时，可以通过价格这个媒介因素，将销售量转化为可以加总的销售额。此外，在计算价格总指数和销售量总指数时，要将相应的媒介因素固定起来，以单纯反映被研究指标的变动情况。

综上所述，得到基本公式：

$$销售量指数：I_q=\frac{\sum Q_1 P}{\sum Q_0 P} \tag{2-12}$$

$$价格指数：I_p=\frac{\sum Q P_1}{\sum Q P_0} \tag{2-13}$$

这里，I 代表指数，Q 代表产量，P 代表商品或产品的单价，下标 1 代表报告期，下标 0 代表基期。显然，在销售量指数中，价格这个媒介因素 P 是权数；在价格指数中，销

售量这个媒介因素 Q 是权数。媒介因素，也称为同度量因素，起着权数的作用。

那么，权数固定在什么时期呢？是使用基期还是报告期的权数呢？这就产生了著名的拉氏指数和帕氏指数。

（2）拉氏指数

拉氏指数在计算综合指数时将作为权数的同度量因素固定在基期。拉氏指数是德国经济学家拉斯贝尔斯（LASPEYRES）于 1864 年首先提出的。

$$拉氏数量指标指数： I_q = \frac{\sum Q_1 P_0}{\sum Q_0 P_0} \tag{2-14}$$

$$拉氏质量指标指数： I_p = \frac{\sum Q_0 P_1}{\sum Q_0 P_0} \tag{2-15}$$

式中　I_q——数量指标指数；

$\quad\quad I_p$——质量指标指数；

P_0、P_1——基期和报告期的质量指标值；

Q_0、Q_1——基期和报告期的质量指标值。

下面我们来求表 2-8 中的商品销售量指数和商品价格指数。首先，计算出相关项，以便进行指数计数，见表 2-9。

某企业商品销售资料　　　　　　表 2-9

商品	计量单位	价格 P（元）		销售量 Q		$Q_1 P_0$	$Q_0 P_0$	$Q_0 P_1$
		基期 P_0	报告期 P_1	基期 Q_0	报告期 Q_1			
A	支	0.50	0.60	800	1000	500	400	480
B	个	0.15	0.15	10000	12000	1800	1500	1500
C	件	3.00	5.00	120	100	300	360	600
合计	—	—	—	—	—	2600	2260	2580

已知栏　　　　　　　　　　　计算栏

$$拉氏销售量指数： I_q = \frac{\sum Q_1 P_0}{\sum Q_0 P_0} = \frac{2600}{2260} = 115.04\%$$

$$拉氏价格指数： I_p = \frac{\sum Q_0 P_1}{\sum Q_0 P_0} = \frac{2580}{2260} = 114.16\%$$

（3）帕氏指数

帕氏指数在计算综合指数时将作为权数的同度量因素固定在报告期。帕氏指数是由德国的另一位统计学家帕舍（H. Paasche）于 1874 年提出的一种指数计数方法。

$$帕氏数量指标指数： I_q = \frac{\sum Q_1 P_1}{\sum Q_0 P_1} \tag{2-16}$$

$$帕氏质量指标指数： I_p = \frac{\sum Q_1 P_1}{\sum Q_1 P_0} \tag{2-17}$$

式中　I_q——数量指标指数；

$\quad\quad I_p$——质量指标指数；

P_0、P_1——基期和报告期的质量指标值；

Q_0、Q_1——基期和报告期的质量指标值。

下面我们来求表 2-8 中的商品销售量指数和商品价格指数。同样，先计算出相关项，以便进行指数计数，见表 2-10。

某企业商品销售资料   表 2-10

商品	计量单位	价格 P（元）		销售量 Q		$Q_1 P_1$	$Q_0 P_1$	$Q_1 P_0$
		基期 P_0	报告期 P_1	基期 Q_0	报告期 Q_1			
A	支	0.50	0.60	800	1000	600	480	500
B	个	0.15	0.15	10000	12000	1800	1500	1800
C	件	3.00	5.00	120	100	500	600	300
合计	—	—	—	—	—	2900	2580	2600

已知栏　　　　　　　　　　　　　　　　计算栏

帕氏销售量指数：$I_q = \dfrac{\sum Q_1 P_1}{\sum Q_0 P_1} = \dfrac{2900}{2580} = 112.40\%$

帕氏价格指数：$I_p = \dfrac{\sum Q_1 P_1}{\sum Q_1 P_0} = \dfrac{2900}{2600} = 111.54\%$

可以看出，权数确定在不同的时期，销售量指数、价格指数的计算结果均不同。究竟采用哪一个公式来计算，需视实际情况和研究分析的目的而定。各种加权方法的综合指数公式都有其特点和一定的适用条件。由于社会经济现象极其复杂，任何一种指数形式都不可能"放之四海而皆准"并能够满足所有需要。按照我国的习惯做法，数量指标综合指数是以基期的质量指标作为权数，如在计算销售量指数时，价格应该定在基期，因为这样才能剔除价格变动的影响，准确反映销售量的变化，但这仅是一般原则。拉氏数量指标指数在计算数量指标指数时更多地被使用。计算质量指数时，若权数定在基期，反映的是在基期商品结构下价格的整体变动，更能提示价格变动的内容；若权数定在报告期，反映的是在现实商品结构下价格的整体变动，商品结构变化的影响会融合到价格指数里，更能提示价格变动后的实际影响。一般情况下，计算质量指标指数时应采用报告期的数量指标作为权数，也就是前面所说的帕氏质量指标指数。

综合指数，也称加权综合指数，它采用合理假定的抽象方法，固定其中的一个因素，以测定另一个因素的动态。它使两个不同时期内不能同度量现象的数值转化为可以同度量现象的数值，通过对比，不仅可以从相对数方面明显反映该现象在时间上发展变化的程度，而且还可以使用绝对数的变动进行分析。例如：拉氏数量指标指数中的分子与分母的差额（$\sum Q_1 P_0 - \sum Q_0 P_0$），可以说明由于产量的变动而产生的经济效果。因此，综合指数具有现实的经济意义。正因为综合指数具有以上的特点，所以它已成为计算总指数的基本形式或方法。

【例 2-8】　某商场销售的三种商品的资料见表 2-11。

某企业商品销售资料   表 2-11

商品	计量单位	价格 P（元）		销售量 Q		$Q_1 P_1$	$Q_0 P_1$	$Q_1 P_0$	$Q_0 P_0$
		基期 P_0	报告期 P_1	基期 Q_0	报告期 Q_1				
甲	台	55	60	220	250	15000	13200	13750	12100
乙	件	25	35	320	350	12250	11200	8750	8000
丙	kg	120	130	120	150	19500	15600	18000	14400
合计	—	—	—	—	—	46750	40000	40500	34500

要求：计算三种商品的销售额总指数。

分析销售额和价格变动对销售额影响的绝对值和相对值。

解：

三种商品的销售额总指数：

$$I_{pq} = \frac{\sum Q_1 P_1}{\sum Q_0 P_0} = \frac{46750}{34500} = 135.51\%$$

销售量和价格变动对销售额影响的绝对值为：

$$\sum Q_1 P_1 - \sum Q_0 P_0 = 46750 - 34500 = 12250 \, 元$$

其中：

销售量变动对销售额影响的绝对值为：

$$\sum Q_1 P_0 - \sum Q_0 P_0 = 40500 - 34500 = 6000 \, 元$$

销售量变动对销售额影响的相对值为：

$$I_q = \frac{\sum Q_1 P_0}{\sum Q_0 P_0} = \frac{40500}{34500} = 117.39\%$$

价格变动对销售额影响的绝对值为：

$$\sum Q_1 P_1 - \sum Q_1 P_0 = 46750 - 40500 = 6250 \, 元$$

价格变动对销售额影响的相对值为：

$$I_p = \frac{\sum Q_1 P_1}{\sum Q_1 P_0} = \frac{46750}{40500} = 115.43\%$$

从此题中可以发现：

$$I_{pq} = \frac{\sum Q_1 P_1}{\sum Q_0 P_0} = \frac{\sum Q_1 P_0}{\sum Q_0 P_0} \times \frac{\sum Q_1 P_1}{\sum Q_1 P_0}$$
$$= I_q \times I_p$$
$$= 117.39\% \times 115.43\%$$
$$= 135.51\%$$

$$\sum Q_1 P_1 - \sum Q_0 P_0 = (\sum Q_1 P_0 - \sum Q_0 P_0) + (\sum Q_1 P_1 - \sum Q_1 P_0)$$
$$= 6000 + 6250$$
$$= 12250 \, 元$$

（4）平均指数

综合指数是编制总指数的基本形式，它正确反映了被研究对象总体动态变化的客观实际内容。在实际统计工作中，由于受统计资料的限制，不能直接利用综合指数公式编制总指数。这时，要改变公式形式，根据由综合指数公式推导而来的平均指数公式来编制总指数。平均指数是编制总指数的另一种重要形式。它是以个体指数为基础，通过对个体指数加权平均计算的一种总指数。常用的平均指数基本形式有两种，一种是加权算术平均指数，另一种是加权调和平均指数。

1）加权算术平均指数：

① 数量指标指数

$$I_q = \frac{\sum K_q Q_0 P_0}{\sum Q_0 P_0} \tag{2-18}$$

式中　K_q——销售量个体指数。

这一指数由综合指数推导而来：

$$I_q = \frac{\sum Q_1 P_0}{\sum Q_0 P_0} = \frac{\sum \frac{Q_1}{Q_0} Q_0 P_0}{\sum Q_0 P_0} = \frac{\sum K_q Q_0 P_0}{\sum Q_0 P_0}$$

从上面可以看出，这一指数是以 $Q_0 P_0$ 为权数的个体数量指标指数的加权算术平均数，是由质量指标综合指数推导而来。

② 质量指标指数

$$I_p = \frac{\sum K_p Q_1 P_0}{\sum Q_1 P_0} \tag{2-19}$$

式中　K_p——价格个体指数。

这一指数由综合指数推导而来：

$$I_p = \frac{\sum Q_1 P_1}{\sum Q_1 P_0} = \frac{\sum \frac{P_1}{P_0} Q_1 P_0}{\sum Q_1 P_0} = \frac{\sum K_p Q_1 P_0}{\sum Q_1 P_0}$$

从上面可以看出，这一指数是以 $Q_1 P_0$ 为权数的个体质量指标指数的加权算术平均数，是由质量指标综合指数推导而来。

【例 2-9】 某企业商品销售资料见表 2-12。

某企业商品销售资料　　　　　　　　　　　　　　表 2-12

商品	销售量个体指数 $K_q = Q_1/Q_0$	基期销售额 $Q_0 P_0$
A	1.25	400
B	1.20	1500
C	0.83	360
合计		2260

利用加权算术平均指数的数量指标指数计算公式计算如下：

$$\text{销售量指数 } I_q = \frac{\sum K_q Q_0 P_0}{\sum Q_0 P_0} = \frac{1.25 \times 400 + 1.20 \times 1500 + 0.83 \times 360}{400 + 1500 + 360}$$

$$= \frac{2600}{2260} = 115.04\%$$

$$\sum K_q Q_0 P_0 - \sum Q_0 P_0 = 2600 - 2260 = 340 \text{元}$$

销售量变动对销售额影响的相对值为 115.04%，销售量变动对销售额影响的绝对值为 340 元。

2）加权调和平均指数

① 数量指标指数

$$I_q = \frac{\sum Q_1 P_0}{\sum \frac{1}{K_q} Q_1 P_0} \tag{2-20}$$

式中　K_q——销售量个体指数。

这一指数由综合指数推导而来：

$$I_q = \frac{\sum Q_1 P_0}{\sum Q_0 P_0} = \frac{\sum Q_1 P_0}{\sum \frac{Q_0}{Q_1} Q_1 P_0} = \frac{\sum Q_1 P_0}{\sum \frac{1}{K_q} Q_1 P_0}$$

从上面可以看出，这一指数是以 $Q_1 P_0$ 为权数、个体数量指数为倒数的加权调和平均数，也是由数量指标综合指数推导而来。

② 质量指标指数

$$I_p = \frac{\sum Q_1 P_1}{\sum \dfrac{1}{K_p} Q_1 P_1} \qquad (2\text{-}21)$$

式中 K_p——价格个体指数。

这一指数由综合指数推导而来：

$$I_p = \frac{\sum Q_1 P_1}{\sum Q_1 P_0} = \frac{\sum Q_1 P_1}{\sum \dfrac{P_0}{P_1} Q_1 P_1} = \frac{\sum Q_1 P_1}{\sum \dfrac{1}{K_p} Q_1 P_1}$$

从上面可以看出，这一指数是以 $Q_1 P_1$ 为权数、个体质量指数为倒数的加权调和平均数，也是由质量指标综合指数推导而来。

【例 2-10】 某企业商品销售资料见表 2-13。

某企业商品销售资料   表 2-13

商品	商品价格个体指数 $K_p = P_1/P_0$	报告期销售额 $Q_1 P_1$
A	1.20	600
B	1.00	1800
C	1.67	500
合计	—	2900

$$I_p = \frac{\sum Q_1 P_1}{\sum \dfrac{1}{K_p} Q_1 P_1} = \frac{600 + 1800 + 500}{\dfrac{1}{1.20} \times 600 + \dfrac{1}{1} \times 1800 + \dfrac{1}{1.67} \times 500}$$

$$= \frac{2900}{2600} = 111.54\%$$

$$\sum Q_1 P_1 - \sum \frac{1}{K_p} Q_1 P_1 = 2900 - 2600 = 300 \ \text{元}$$

价格变动对销售额影响的相对值为 111.54%，价格变动对销售额影响的绝对值为 300 元。

平均数指数能根据非全面材料计算，具有简便、快速和灵活的优点。平均指数与综合指数相比，其特点是：

综合指数的编制需要全面材料，而平均指数既可根据全面材料，也可根据非全面材料编制；平均数指数可直接利用现成的总值资料作为权数，还可以用权数的比重代替其实际值，使总指数的计算简便易行。

作为一种重要的测评和分析方法，指数在实践中获得了广泛的应用。指数最初是反映特价变化，随着时间的推移，不断从经济领域扩展到社会领域，指数的应用越来越广泛。生活中我们经常接触到的指数有：居民消费价格指数、股票价格指数、消费者满意度指数。指数在各行各业中的应用十分广泛，可以根据自己所在行业的特点，运用本章所学来编制一些有指导意义的指数，如售水量指数、水价指数等，为我们的管理工作提供数据参考和决策支持。

最后让我们以弗罗伦斯·南丁格尔的一句名言来结束本章的学习：若想了解上帝在想什么，我们就必须学统计，因为统计学就是在测量他的旨意。

第3章 会计学基础

3.1 会计法的制定与修订

3.1.1 会计与会计法

会计，就是把企业有用的各种经济业务统一成以货币为计量单位，通过记账、算账、报账等一系列程序来提供反映企业财务状况和经营成果的经济信息。会计是以货币为主要计量单位，运用专门的方法，对企业、机关单位或其他经济组织的经济活动进行连续、系统、全面地反映和监督的一项经济管理活动。具体而言，会计是指对一定主体的经济活动进行的核算和监督，并向有关方面提供会计信息。

会计法，是以处理会计事务的各种经济关系为调整对象的法律规范的总称。会计事务是国家对各种社会组织的经济活动和财务收支进行分析、检查的经济管理活动。会计法规一般包括会计准则、成本核算准则、财务报告制度、会计制度等。

（1）会计学

1）会计学的演化发展

随着社会的进步与发展，会计学经过古代、近代而发展到现代。进入 21 世纪以来，会计学也将向更好的方向发展，但同样也带来更多的挑战。会计作为一项记录、计算和考核收支的工作，随着社会生产的日益发展和科学技术水平的不断进步与发展，会计经历了一个由简单到复杂，由低级到高级的漫长发展过程。在经济活动更加复杂，生产日益社会化，人们的社会关系更加广泛的情况下，会计学的地位和作用、会计的目标、会计所应用的原则、方法和技术都在不断发展、变化并日趋完善，并逐步形成自身的理论和方法体系。同时，现代数学、现在管理学及科学技术水平的提高也对会计的发展起了很大促进作用。自从进入 20 世纪中后期以来，IT 技术的飞速发展及其广泛应用，迎接我们的是一个全球化、信息化、网络化和以知识驱动为基本特征的崭新经济时代。面对整个经济环境的变化，无论是会计实践还是会计学理论都已进入一个新的、更快的发展阶段。

2）现代会计的定义

现代会计是商品经济的产物。15 世纪，由于欧洲资本主义商品货币经济的迅速发展，促进了会计的发展。其主要标志：一是利用货币计量进行价值核算；二是广泛采用复式记账法，从而形成现代会计的基本特征和发展基石。20 世纪以来，特别是第二次世界大战结束后，资本主义的生产社会化程度得到了空前的发展，现代科学技术与经济管理科学的发展突飞猛进，受社会政治、经济和技术环境的影响，传统的会计学不断充实和完善，财务会计核算工作更加标准化、通用化和规范化。

与此同时，会计学科在 20 世纪 30 年代成本会计的基础上，紧密配合现代管理理论和实践的需要，逐步形成了为企业内部经营管理提供信息的管理会计体系，从而使会计工作从传统的事后记账、算账、报账，转为事前的预测与决策、事中的监督与控制、事后的核算与分析。管理会计的产生与发展，是会计发展史上的一次伟大变革，从此，现代会计形成了财务会计和管理会计两大分支。

尽管会计工作随着分工而越来越细，会计学科也相应地发生变化，然而分工与分化后的会计分支仍然具有会计的共性，体现现代会计的基本特点：

① 会计这种实践活动不生产物质产品和能量，只生产"信息"。这种信息对于人们在经济活动中，特别是对于商品生产者和经营者在其生产经营活动中进行决策和控制来说，都是必不可少的。

② 会计所生产的信息主要是价值信息，可以用观念上的货币加以定量，或称为财务信息。

③ 会计所生产的以财务信息为主的经济信息既指历史信息，也指预测信息。

④ 把数据转化为上述会计信息必须经过一系列互相配合又互相制约的程序与步骤，组成一个数据处理和信息生成的系统。

基于上述观点，可以把现代会计学定义为一个经济信息系统，这个系统对会计主体已经发生和预期发生的经济活动所产生的数据，通过科学的程序和方法，加工生成以财务信息为主的经济信息和相关的非经济信息，供主体内外两方面信息使用者用于经济决策和社会发展决策，并据以实行必要的控制。

现在会计学的主体既包括企业，也包括机关、事业单位和其他非营利性组织。

（2）会计法概述

会计法，有广义和狭义之分。广义的会计法是指国家权力机关和行政机关制定的各种会计法规性文件的总称，包括会计法律、会计行政法规、国家统一的会计制度、地方性会计法规等。狭义的会计法仅是指国家最高权力机关通过一定的立法程序，颁发施行的会计法律。《中华人民共和国会计法》就是狭义的会计法。当代中国执行的是全国人大常务委员会于 1999 年 10 月 31 日修改的《中华人民共和国会计法》。该法分为总则、会计核算、会计监督、会计机构和会计人员、法律责任、附则等 6 章。除《会计法》外，中国还制定有《中华人民共和国注册会计师法》《总会计师条例》《企业会计准则》等法律法规。

3.1.2 国家会计法律制度的构成

目前，我国的会计法规体系基本形成了以《会计法》为主体的具有中国特色的比较完整的会计法规体系，主要包括四个层次，即会计法律、会计行政法规、国家统一的会计制度和地方性会计法规。其基本构成如下：

1）会计法律

会计法律是指由全国人民代表大会及其常委会经过一定立法程序制定的有关会计工作的法律。我国现行的会计法律是 1985 年 1 月 21 日第六届全国人大常委会第九次会议通过、根据 1993 年 12 月 29 日第八届全国人大常委会第五次会议《关于修改〈中华人民共和国会计法〉的决定》修正、1999 年 10 月 31 日第九届全国人大常委会第十二次会议修订的《会计法》。它是会计法规体系的最高层次，是制定其他会计法规的依据，也是指导会计工作的最高准则，是会计机构、会计工作、会计人员的根本。

①《会计法》的立法宗旨。《会计法》第一条规定："为了规范会计行为，保证会计资料真实、完整，加强经济管理和财务管理，提高经济效益，维护社会主义市场经济秩序，制定本法。"

②《会计法》的适用范围。《会计法》第二条规定："国家机关、社会团体、公司、企业、事业单位和其他组织（以下统称单位）必须依照本法办理会计事务。"

2）会计行政法规是调整经济生活中某些方面会计关系的法律规范。会计行政法规由国务院制定发布或者国务院有关部门拟订、经国务院批准发布，制定依据是《会计法》。如国务院发布的《总会计师条例》《企业财务会计报告条例》，国务院批准、财政部发布的《企业会计准则》等。会计行政法规在法律效力上仅次于《会计法》。

3）国家统一的会计制度，是指由主管全国会计工作的行政部门——财政部就会计工作中的某些方面所制定的规范性文件，包括规章和规范性文件。国务院其他各部门根据职责权限制定的会计方面的规范性文件也属于国家统一的会计制度，但必须报财政部审核或者备案。国家统一的会计制度的制定依据是《会计法》和会计行政法规，法律效力上低于《会计法》和会计行政法规。

① 会计规章

会计规章是根据《立法法》规定的程序，由财政部制定，并由部门首长签署命令予以公布的制度办法，如 2001 年 2 月 20 日以财政部第 10 号令形式发布的《财政部门实施会计监督办法》等。

② 会计规范性文件

会计规范性文件是指财政部就会计工作中的某些方面所制定的规范性文件，例如《企业会计制度》《会计基础工作规范》《会计从业资格管理办法》等。财政部与国务院其他部门联合制定的规范会计工作某些方面的规范性文件，也属于会计规范性文件，例如财政部与国家档案局联合发布的《会计档案管理办法》等。

4）地方性会计法规

地方性会计法规，是指省、自治区、直辖市的人民代表大会及其常务委员会在与宪法、法律和行政法规不相抵触的前提下，根据本地区情况制定、发布的会计规范性文件，实行计划单列市、经济特区的人民代表大会及其常务委员会在宪法、法律和行政法规允许范围内制定的会计规范性文件，也应当属于地方性会计法规。

3.1.3　《会计法》的制定与修订

《会计法》是调整会计法律关系的基本法，是各单位办理会计事务必须遵循的行为规范，由国家权力机关制定，以国家强制力保障其实施。

《中华人民共和国会计法》于 1985 年 1 月 21 日，由第六届全国人民代表大会常务委员会第九次会议通过，同年 5 月 1 日起施行。在此期间，中国共产党第十四次全国代表大会于 1992 年召开，确定我国经济体制改革的目标是建立社会主义市场经济，并载入 1993 年的宪法修正案。为了适应建立社会主义市场经济的要求，1993 年 12 月 29 日，第八届全国人民代表大会常务委员会第五次会议通过了《关于修改〈中华人民共和国会计法〉的决定》，为在新形势下开展会计工作提供了法律保障。1999 年 10 月 31 日，第九届全国人民代表大会常务委员会第十二次会议根据进一步深化经济体制改革对会计工作提出的新的要求,审议通过了重新修订的《会计法》,自 2000 年 7 月 1 日起施行。这是继 1993 年后,对《会计法》的又一次重大修改。由于这次修改《会计法》涉及的内容较多,因此没有采取修改决定的方式,而采取了重新修订的方式。

《企业会计准则》由中华人民共和国财政部制定,于 2006 年 2 月 15 日发布,自 2007 年 1 月 1 日起施行中国企业会计准则,具体准则 2006 年发布 38 个,2014 年发布 3 个,共 41 个。会计准则是规范会计账目核算、会计报告的规范性文件,它的目的在于把会计处理建立在公允、合理的基础之上,并使不同时期、不同主体之间的会计结果的比较成为可能。

经第九届全国人民代表大会常务委员会第十二次会议重新修订的《会计法》,是新中国成立建国以来,特别是改革开放 20 年来会计工作经验和会计理论研究成果的集中体现,是我国新时期会计工作的总纲。其立法宗旨是:

1) 规范会计行为,保证会计资料真实、完整。
2) 加强经济管理和财务管理,提高经济效益。
3) 维护社会主义市场经济秩序。

上述立法宗旨是一个有机整体,相互关联,不可分割,其他各项规范都是为实现这一宗旨服务的。认真落实各项规范,对实现会计法立法宗旨将起到重要作用。

3.2 会计学原理

会计理论是随着会计实践而产生和发展的。随着商品经济发展,会计理论的发展,尤其是企业会计理论的发展,逐步形成了一套比较完整的体系,包含完整的概念框架和结构。

会计核算的基本前提包括:会计主体、持续经营、会计分期和货币计量等四项。即某一个企业(或机关、事业单位和其他非盈利性组织),在一般情况下是连续经营下去的,为了及时计算企业的损益情况,就有必要将企业连续不断的生产经营过程人为地划分为一定的期间,作为会计核算的期间。再加上会计核算必须以某一方式反映企业的生产经营情况,就必须选择确定的计量单位。只有规定了这些会计核算的前提条件,会计核算才能正常地进行下去,才能据以选择确定会计处理方法。会计核算的前提条件是人们在长期的会计实践中逐步认识和总结形成的。

3.2.1 会计要素、会计等式及会计信息

(1) 会计要素

现代会计是建立在每一个主体中,以提供财务信息为主体的经济信息系统。包括财务信息在内的经济信息只能来自企业的经济活动。在现代化企业中,经济活动应包括三项内容:经营活动、投资活动、理财活动。会计的对象并不包括企业经济活动的全部,它主要指上述这些活动中能够用货币表现的方面,即资金运动。资金运动是现代会计的统一对象。为了明确记录和预测的具体内容和其特点,应当分析资金运动的不同组成部分,把会计对象具体化。会计对象主要组成部分的具体化就是会计要素。会计要素是会计信息体系

的基本分类，也是报表内容的基本框架。

《企业会计准则》将会计要素分为资产、负债、所有者权益（股东权益）、收入、费用（成本）和利润六个会计要素。其中，资产、负债和所有者权益三项会计要素侧重反映企业的财务状况，构成资产负债表要素；收入、费用和利润三项会计要素侧重于反映企业的经营成果，构成利润表要素，会计要素是会计对象的具体化，是会计基本理论研究的基石，更是会计准则建设的核心。

1）资产

资产是指企业过去的交易或者事项形成的，由企业拥有或者控制的，预期会给企业带来经济利益的资源。资产可以分为流动资产和非流动资产。其中，流动资产是指可以在1年或者超过1年的一个营业周期内变现或者耗用的资产，主要包括库存现金、银行存款、应收及预付款项、存货等；非流动资产是指在1年或者超过1年的一个营业周期以上才能变现或者耗用的资产，主要包括长期股权投资、固定资产、无形资产等。

特征：

资产应为企业拥有或者控制的（能用货币计量的）资源。

资产预期会给企业带来经济利益。

资产是由企业过去的交易或者事项形成的。

另外，会计中入账的资产必须是能够可靠计量的。

2）负债

负债是指企业过去的交易或者事项形成的，预期会导致经济利益流出企业的现时义务。负债可以分为流动负债和非流动负债。其中，流动负债是指将在1年（含1年）或者超过1年的一个营业周期内偿还的债务，包括短期借款、应付及预收款项、预提费用等；非流动负债是指偿还期在1年或者超过1年的一个营业周期以上的债务，包括长期借款、应付债券、长期应付款等。

条件：

负债是企业承担的现时义务。

负债预期会导致经济利益流出企业。

负债是由企业过去的交易或者事项形成的。

另外，与该义务有关的经济利益很可能流出企业，并且未来流出的经济利益的金额能够可靠地计量。

3）所有者权益

所有者权益是指企业资产扣除负债后，由所有者享有的剩余权益。所有者权益的来源包括所有者投入的资本、直接计入所有者权益的利得和损失、留存收益等，通常由股本（或实收资本）、资本公积（含股本溢价或资本溢价、其他资本公积）、盈余公积和未分配利润构成。

所有者权益就是投资者对企业净资产的所有权，又称为股东权益。所有者权益是所有者对企业资产的剩余索取权。

负债和所有者权益构成了企业资本的来源。

4）收入

收入是指企业在日常活动中形成的，会导致所有者权益增加的，与所有者投入资本无关的经济利益的总流入。因此，收入是会计活动带来的结果。按照企业从事日常活动的性质，可以将收入分为销售商品收入、提供劳务收入、让渡资产使用权收入、建造合同收入等；按照企业从事日常活动在企业的重要性，可将收入分为主营业务收入、其他业务收入等。

5）费用

费用是指企业在日常活动中形成的、会导致所有者权益减少的，与向所有者分配利润无关的经济利益的总流出。费用是企业为获得收入而付出的相应"代价"。

特征：

费用是企业在日常活动中形成的。

费用会导致所有者权益的减少。

费用是与向所有者分配利润无关的经济利益的总流出。

6）利润

利润是指企业在一定会计期间的经营成果。包括收入减去费用后的余额、直接记录当期利润的利得和损失。如果企业实现了利润，表明企业的所有者权益将增加，业绩得到了提升；反之，如果企业发生了亏损（即利润为负数），表明企业的所有者权益将减少，业绩下滑了。

从数值上看，利润就是收入（包括利得）减去费用（包括损失）之后的净额。其中，收入减去费用后的净额反映的是企业日常活动的经营业绩，直接计入当期利润的利得和损失反映的是企业非日常活动的业绩。

（2）会计等式

在一个企业中，从某个时点看，资金运动的静止状况是由资产、负债和所有者权益等三要素共同反映的。这三项要素在任何时点（某一瞬间）都会呈现下列数量关系：

$$资产 = 负债 + 所有者权益 \tag{3-1}$$

从两个时点间隔的期间看，企业资金运动的变化及其结果，如果以经营活动为代表，则是由收入、费用和利润三项要素共同反映的。这三项要素在一个期间内也会呈现如下的数量关系：

$$收入 - 费用 = 利润（亏损:收入不足以弥补费用时就变成亏损） \tag{3-2}$$

式（3-1）、式（3-2）两个公式之间也存在内在的有机联系，它们的综合反映是：

$$资产 + 费用 = 负债 + 所有者权益 + 收入 \tag{3-3}$$

或：

$$资产 - 负债 = 所有者权益 = 净资产 \tag{3-4}$$

如果把由于所有者权益本身增减变化这一因素加以扣除，下列公式也成立：

$$期末净资产 - 期初净资产 = 利润 \tag{3-5}$$

上述关于会计六要素的等式关系，都是过去资金运动的主要组成部分，也是财务会计报表的基本框架。在财务会计领域，不论在账簿上进行记录或者在报表中予以揭示，都通过以上六要素及基本的关系体系加以阐述。

（3）会计信息

1）会计信息

会计信息是反映企业财务状况、经营成果以及资金变动的财务信息，是记录会计核算过程和结果的重要载体，是反映企业财务状况、评价经营业绩进行再生产或投资决策的重要依据。会计信息是指会计单位通过财务报表、财务报告或附注等形式向投资者、债权人或其他信息使用者揭示单位财务状况和经营成果的信息。

会计信息是企业从会计视角所揭示的经济活动情况，包括企业的财务状况、经营业绩和现金流量等。会计信息是社会经济有效运行的重要基础，而真实性是对会计信息质量最基本的要求，社会经济的有效运行要求会计信息能够与它所反映的客观事实相符。

2）会计信息失真

会计信息失真是指会计信息的形成与提供违背了客观真实性原则，不能正确反映会计主体真实的财务状况和经营成果。

会计信息失真可分为无意失真和故意失真两种类型。

① 无意失真

无意失真是在会计核算中存在的非故意的过失。

会计信息质量的层次结构由于种种原因可能在会计核算中发生各类失误。无意失真是指基本会计信息的控制人员由于职业道德、专业素质等内因以及行业会计制度的规定等外因的影响，造成的对政策法规理解不透，运用相关条款不当或账务处理错弊而导致的报出会计信息与实际信息不符。因此，无意失真也称为会计错误。

这种失真的最大特点就是"无意"，这与那种故意曲解有关的规定从而达到某种目的的恶意失真行为有严格的区别。但是，这两种"失真"造成的后果都是非常恶劣的。

无意失真包括以下情况：原始记录和会计数据的计算、抄写错误；对事实的疏忽和误解；对会计政策的误用。

传统核算技术错误导致会计信息失真，主要是纯技术层面的原因，如会计核算进程中的重记、漏记、串账、笔误、借贷方向错位等错误造成的会计信息失真。有些错误与会计人员的熟练程度有关，如果其业务水平和熟练程度较低，就会发生较多的错误；也有些错误与其熟练程度并无直接联系。从人的生理角度看，财会人员在大量的业务面前，难免会由于疲劳或大意而发生一定比例和一定数量的差错。

② 故意失真

故意失真是指故意的、有目的的、有预谋的、有针对性的财务造假和欺诈行为，也称为会计舞弊。控制会计基本信息的人员为了会计主体本身或相关主体的局部利益，不顾会计信息使用者的利益和对会计信息真实性的要求，故意篡改、伪造、编造有关的会计凭证，虚报、漏报、瞒报有关的会计数据而造成报出信息与会计主体本身的实际信息不符的现象。舞弊强调的是出现不实反映的故意行为。它与无意失真有相同或相近的形式，但却有本质上的不同。舞弊伴有一定形式的伪装和掩饰，通过虚列事实或隐瞒真相等手段作假，一般很难让人发现。

有关人员（直接有关的会计人员和其他有实际控制能力人员）的故意作为是导致会计信息失真的最直接因素。其"作为"的结果导致账账不符、账表不符和账实不符。而其中的账实不符则是其中最隐蔽、危害最大的一种。多数的恶意失真都是有关经办人员以事实无从查起、无法进行账实核对作为侥幸心理而造成的。

故意失真有以下情况：伪造、编造记录或凭证；侵占资产；隐瞒或删除交易或事项；记录虚假的交易或事项；蓄意使用不当的会计政策。

3.2.2　会计科目与账户

（1）会计科目

1）会计科目的概念

为了连续、系统、全面地核算和监督经济活动所引起的各项会计要素的增减变化，就有必要对会计要素的具体内容按照其不同的特点和经济管理要求进行科学的分类，并事先确定分类核算的项目名称，规定其核算内容。这种对会计要素的具体内容进行分类核算的项目，称为会计科目。

2）会计科目的设置原则

各单位由于经济业务活动的具体内容、规模大小与业务繁简程度等情况不尽相同，在具体设置会计科目时，应考虑其自身特点和具体情况。会计科目作为向投资者、债权人、企业经营管理者等提供会计信息的重要手段，在其设置过程中应努力做到科学、合理、适用，应遵循下列原则：

① 会计科目全面性原则

会计科目作为对会计要素具体内容进行分类核算，科目的设置应能保证对各会计要素作全面地反映，形成一个完整的体系。

② 会计科目合法性原则

合法性原则，是指所设置的会计科目应当符合国家统一的会计制度的规定。中国现行的统一会计制度中均对企业设置的会计科目作出规定，以保证不同企业对外提供的会计信息的可比性。企业应当参照会计制度中的统一规定的会计科目，根据自身的实际情况设置会计科目，但其设置的会计科目不得违反现行会计制度的规定，对于国家统一会计制度规定的会计科目。企业可以根据自身的生产经营特点，在不影响统一会计核算要求以及对外提供统一的财务报表的前提下，自行增设、减少或合并某些会计科目。

③ 会计科目相关性原则

相关性原则，是指所设置的会计科目应当为提供有关各方所需要的会计信息服务，满足对外报告与对内管理的要求。根据企业会计准则的规定，企业财务报告提供的信息必须满足对内对外各方面的需要，而设置会计科目必须服务于会计信息的提供，必须与财务报告的编制相协调、相关联。

④ 会计科目清晰性原则

会计科目作为对会计要素分类核算的项目，要求简单明确，字义相符，通俗易懂。同时，企业对每个会计科目所反映的经济内容也必须做到界限明确，既要避免不同会计科目所反映的内容重叠的现象，也要防止出现全部会计科目未能涵盖企业某些经济内容的现象。

⑤ 会计科目简要实用原则

在合法性的基础上，企业应当根据组织形式、所处行业、经营内容、业务种类等自身特点，设置符合企业需要的会计科目。会计科目设置应该简单明了、通俗易懂。突出重点，对不重要的信息进行合并或删减。要尽量一目了然，便于理解。

3）会计科目分类

为明确会计科目之间的相互关系，充分理解会计科目的性质和作用，有必要对会计科目按一定的标准进行分类，进而更加科学规范地设置会计科目，以便更好地进行会计核算和会计监督。对会计科目进行分类的标准主要有三个：一是会计科目核算的归属分类；二是会计科目核算信息的详略程度；三是会计科目的经济用途。

① 其归属的会计要素分类

资产类科目：按资产的流动性分为反映流动资产的科目和反映非流动资产的科目。

负债类科目：按负债的偿还期限分为反映流动负债的科目和反映长期负债的科目。

共同类科目：共同类科目的特点是需要从其期末余额所在方向界定其性质。

所有者权益类科目：按权益的形成和性质可分为反映资本的科目和反映留存收益的科目。

成本类科目：包括"生产成本""劳务成本""制造费用"等科目。

损益类科目：分为收入性科目和费用支出性科目。收入性科目包括"主营业务收入""其他业务收入""投资收益""营业外收入"等科目。费用支出性科目包括"主营业务成本""其他业务成本""营业税金及附加""其他业务支出""销售费用""管理费用""财务费用""所得税费用"等科目。

按照会计科目的经济内容进行分类，遵循了会计要素的基本特征，它将各项会计要素的增减变化分门别类地进行归集，清晰反映了企业的财务状况和经营成果。

② 按其核算信息详略程度分类

为了使企业提供的会计信息更好地满足各会计信息使用者的不同要求，必须对会计科目按照其核算信息的详略程度进行级次划分。一般情况下，可以将会计科目分为总分类科目和明细科目分类。

总分类科目又称一级科目或总账科目，是对会计要素具体内容所作的总括分类，它提供总括性的核算指标，如"固定资产""原材料""应收账款""应付账款"等。明细分类科目又称二级科目或明细科目，是对总分类科目所含内容所作的更为详细的分类，它能提供更为详细、具体的核算指标，如"应收账款"总分类科目下按照具体单位名称分设的明细科目，具体反映应向该单位收取的货款金额。如果有必要，还可以在二级科目下分设三级科目、四级科目等进行会计核算，每往下设置一级都是对上一级科目的进一步分类。

在我国，总分类科目一般由财政部统一制定，各单位可以根据自身特点自行增设、删减或合并某些会计科目，以保证会计科目的要求。

③ 按其经济用途分类

经济用途指的是会计科目能够提供什么经济指标。会计科目按照经济用途可以分为盘存类科目、结算类科目、跨期摊配类科目、资本类科目、调整类科目、集合分配类科目、成本计算类科目、损益计算类科目和财务成果类科目等。

（2）会计账户

1）会计账户的概念

会计账户，是根据会计科目设置的，具有一定的格式和结构，用来全面、系统、连续地记录经济业务，反映会计要素增减变动及其结果的工具。

会计科目是对会计对象的组成内容进行科学分类而规定的名称。对会计对象划分类别并规定名称是必要的，但要全面、系统地记录和反映各项经济业务所引起的资产变动情况，还必须在分类的基础上借助于具体的形式和方法，这就是开设和运用账户。账户是根据会计科目设置的、具有一定格式和结构，用于分类反映会计要素增减变动情况及其结果的载体。设置账户是会计核算的重要方法之一。它是对各种经济业务进行分类和系统、连续的记录，反映资产、负债和所有者权益增减变动的记账实体。会计科目的名称就是账户的名称，会计科目规定的核算内容就是账户应记录反映的经济内容，因而账户应该根据会计科目的分类相应地设置。如企业要开设资产类账户、负债类账户、所有者权益类账户、成本类账户和损益类账户；从需要和科目的特点出发，根据总分类科目、二级科目和明细分类科目开设相应的账户，以便于分类、归集、总括和具体、详细地核算数据。

2）会计账户的分类

为了正确地设置和运用账户，就需要从理论上进一步了解和认识各个账户的核算对象、具体结构和用途以及其在整个账户体系中的地位和作用，在此基础上掌握它们在提供核算指标方面的规律性，这就是账户进行分类的意义所在。

所谓账户分类是指对账户按性质、核算内容、用途和结构进行的归类。账户分类的主要方法有两种，即按经济内容分类；按用途和结构分类。其中，按经济内容分类又是账户分类的基础。

① 按经济内容分类

账户按经济内容分类的实质是按照会计对象的具体内容进行的分类。如前所述，经济组织的会计对象就其具体内容而言，可以归结为资产、负债、所有者权益、收入、费用和利润六个会计要素。由于利润一般隐含在收入与费用的配比中。因此，从满足管理和会计信息使用者需要的角度考虑，账户按其经济内容可以分为资产类账户、负债类账户、所有者权益类账户、成本类账户和损益类账户等五类。

资产类账户按照反映流动性快慢的不同可以再分为流动资产类账户和非流动资产类账户。流动资产类账户主要有：现金、银行存款、短期投资、应收账款、原材料、库存商品、待摊费用等；非流动资产类账户主要有：长期投资、固定资产、累计折旧、无形资产、长期待摊费用等。

负债类账户按照反映流动性强弱的不同可以再分为流动性负债类账户和长期负债类账户。流动负债类账户主要有：短期借款、应付账款、应付工资、应交税金、预提费用等；长期负债类账户主要有：长期借款、应付债券、长期应付款等。

所有者权益类账户按照来源和构成的不同可以再分为投入资本类所有者权益账户和资本积累类所有者权益账户。投入资本类所有者权益账户主要有：实收资本、资本公积等；资本积累类账户主要有：盈余公积、本年利润、利润分配等。成本类账户按照是否需要分配可以再分为直接计入类成本账户和分配计入类成本账户。直接计入类成本账户主要有：生产成本（包括：基本生产成本、辅助生产成本）等；分配计入类成本账户主要有：制造费用等。

损益类账户按照性质和内容的不同可以再分为营业损益类账户和非营业损益类账户。营业损益类账户主要有：主营业务收入、主营业务成本、主营业务税金及附加、其他业务收入、其他业务支出、投资收益等；非营业损益类账户主要有：营业外收入、营业外支出、营业费用、管理费用、财务费用、所得税等。

② 按用途和结构分类

账户按用途和结构分类的实质是账户在会计核算中所起的作用和账户在使用中能够反

映的什么样的经济指标进行的分类。账户按照用途和结构可以分为盘存类账户、结算类账户、跨期摊配类账户、资本类账户、调整类账户、集合分配类账户、成本计算类账户、集合配比类账户和财务成果类账户等九类。

盘存类账户是指可以通过实物盘点进行核算和监督的各种资产类账户。主要有：现金、银行存款、原材料、库存商品、固定资产等。盘存类账户的期初如果有余额在借方，本期发生额的增加数在借方，本期发生额的减少数在贷方，期末若有余额在借方。

结算类账户是指用来核算和监督一个经济组织与其他经济组织或个人以及经济组织内部各单位之间债权债务往来结算关系的账户。按照结算性质的不同它可以分为债权结算账户、债务结算账户和债权债务结算账户等三种。

债权结算账户主要有：应收账款、应收票据、预付账款、其他应收款等，债权结算账户的基本格式及运用同盘存类账户，即：期初如果有余额在借方，本期发生额的增加数在借方，本期发生额的减少数在贷方，期末有余额在借方。

债务结算账户主要有：应付账款、应付票据、预收账款、其他应付款、应交税金等。债务结算账户的期初如果有余额在贷方，本期发生额的增加数在贷方，本期发生额的减少数在借方，期末若有余额在贷方。

债权债务结算账户是一类比较特殊的结算类账户，它是对经济组织在与其他经济组织或个人之间同时具有债权又有债权结算情况需要在同一账户进行核算与监督而运用的一种账户。债权债务结算账户的期初余额可能在借方（表示债权大于债务的差额），也可能在贷方（表示债务大于债权的差额）；本期借方发生额表示债权的增加或债务的减少；本期贷方发生额表示债务的增加或债权的减少；期末如果是借方余额表示债权大于债务的差额，如果是贷方余额则表示债务大于债权的差额。

跨期摊配类账户是指用来核算和监督应由若干个会计期间共同负担而又在某个会计期间一次支付费用的账户。主要有：资产类跨期待摊配账户和负债类跨期待摊配费用。

资产类跨期待摊配费用：包括"待摊费用"和"长期待摊费用"账户，这些账户都是用来核算和监督某些已经发生的或支付的，但应由本期或以后各期分摊费用的账户。

负债类跨期待摊配费用：典型的是"预提费用"账户，该账户是用来核算和监督根据规定已预先从成本或有关损益中提取，但尚未实际支付或发生的各项费用。

在现行的会计制度中，"待摊费用"和"预提费用"账户虽已取消，但各经济组织也可以根据实际需要增设这两个账户。待摊费用账户的格式和运用方法同盘存类账户，即期初若有余额在借方，本期发生额的增加数在借方，本期发生额的减少数在贷方，期末如果有余额在借方。

资本类账户是指用来核算和监督经济组织从外部取得的或内部形成的资本金增加变动情况及真实有数据的账户。主要有：实收资本（或股本）、资本公积、盈余公积、利润分配等。资本类账户期初如果有余额在贷方，本期发生额的增加数在贷方，本期发生额的减少数在借方，期末如果有余额在贷方。

调整类账户是指用来调节和整理相关账户的账面金额并表示被调整账户的实际余额数的账户。调整类账户按照调整方式的不同可以分为备抵调整账户、附加调整账户和备抵附加调整账户等三类。

备抵调整账户是指用来抵减被调整账户余额，以取得被调整账户余额的账户。备抵调整账户按照被调整账户性质的不同又可以分为资产类备抵调整账户和权益类备抵调整账户。

资产类备抵调整账户与其被调整的资产类账户的运用方向相反，而同于负债类账户。

附加调整账户是指用来增加被调整账户余额的账户。附加调整账户与其被调整的账户的运用方向相反。由于在现实中这类账户已经很少使用，因此有关它的运用不再介绍。

备抵附加调整账户是指既具有备抵又具有附加调整功能的账户。比较典型的备抵附加账户是"材料成本差异"账户。

集合分配类账户同前所述，主要有制造费用等。集合分配类账户的结构和运用方法基本同于盘存类账户，其区别在于它所记录的费用属于当期的开支，应当在当期分配完毕，因此这类账户没有期末和期初余额。

成本计算类账户是指用来归集经营过程中某个阶段所发生的全部费用，并据以计算和确定出各个对象成本的账户，主要有：生产成本、物资采购、在建工程等。

集合分配类账户是指用来核算和监督经营过程中发生的损益，并借以在期末计算和确定其财务成果的账户。集合配比类账户按其性质不同又可以分为收入类账户和成本类账户、费用类账户、支出类账户。

收入类账户主要有：主营业务收入、其他业务收入、营业外收入、投资收益等。收入类账户的结构和运用方法同于权益类账户，但是由于其核算内容属于当期结转的经济业务，故期末没有余额。

成本类账户、费用类账户、支出类账户主要有：主营业务成本、其他业务成本、营业外支出、营业费用、管理费用、财务费用、所得税等。成本、费用支出类账户的结构和运用同于集合分配类账户。

财务成果类账户是指用来核算和监督经济组织在一定时期内财务成果形成，并确定最终成果的账户。典型的财务成果类账户是"本年利润"。

按会计账户指标详细程度分，账户按提供指标的详细程度不同，分为总分类账户和明细分类账户。

总分类账户是指根据总分类科目设置的、用于对会计要素具体内容进行总括分类核算的账户，简称总账账户或总账。

明细分类账户是根据明细分类科目设置的、用来对会计要素具体内容进行明细分类核算的账户，简称明细账。

3.2.3　会计计量与财务报告

（1）会计计量

1）会计计量的概念

会计计量是财务会计的一个基本特征，它在财务会计的理论和方法中占有重要的地位。因为财务会计信息是一种定量化信息，资产、负债、所有者权益、收入、费用和利润等六大会计要素，都要经过计量才能在财务会计中得到反映。会计计量是根据一定的计量标准和计量方法，将符合确认条件的会计要素登记入账并列报于财务报表而确定其金额的过程。企业应当按照规定的会计计量属性进行计量，确定相关金额。其特征是以数量（主要是以货币单位表示的价值量）关系来确定物品或事项之间的内在联系，或将数额分配于具体事项。其关键是计量属性的选择和计量单位的确定。作为财务会计的一个重要环节，会计计量的主要内容包括资产、负债、所有者权益、收入、费用、成本、损益等，并以资产（负债往往可称为负资产，而所有者权益为资产扣除负债后的剩余资产或净资产）计价与盈亏决定为核心。其中，资产计价就要用货币数额来确定和表现各个资产项目的获取、使用和结存；而损益决定则是指通过量化和比较来确定经济资源在使用过程中所发生的转移、消耗或折耗同所产生结果之间的数量差。

2）会计计量的属性

会计计量是财务会计的核心内容，它贯穿于财务会计过程的始终，是会计理论和方法体系中的一个重要内容。而会计计量属性是会计计量模式的基础，直接关系到会计计量模式的运行效率。

从会计角度，会计计量属性反映的是会计要素金额的确定基础，主要包括历史成本、重置成本、可变现净值、现值和公允价值等，保证所确定的会计要素金额能够取得并可靠计量。

其中，历史成本：资产按照购置时支付的现金或者现金等价物的金额，或者按照购置资产时所付出的对价的公允价值计算。负债按照因承担现时义务而收到的款项或者资产的金额，或者承担现时义务的合同金额，或者按照日常活动中为偿还负债预期需要支付的现金或者现金等价物的金额计算。

重置成本：资产按照现在购买相同或者相似的资产所需支付的现金或者现金等价物的金额计算。负债按照现在偿付该项负债所需支付的现金或者现金等价物的金额计算。

可变现净值：资产按照其正常对外销售所能收到现金或者现金等价物的金额扣减该资产至完工时估计将要发生的成本、估计的销售费用以及相关税费后的金额计算。

现值：资产按照预计从其持续使用和最终处置中所产生的未来净现金流入量的折现金额计算。负债按照预计期限内需要偿还的未来净现金流出量的折现金额计算。

公允价值：资产和负债按照在公平交易中，熟悉情况的交易双方自愿进行资产交换或者债务清偿的金额计算。

（2）财务报告

1）会计的一般原则

会计原则，又称"会计准则"，是建立在会计目标、会计假设及会计概念等会计基础理论之上具体确认和计量会计事项所应当依据的概念和规则。

新准则下只有 8 个基本原则，取消了原有的权责发生制原则、配比原则、划分收益性支出与资本性支出原则和历史成本原则。继续保留了重要性原则、谨慎性原则、实质重于形式原则，也强调了可比性（把原准则的一贯性原则和可比性原则合并为可比性原则）、相关性、明晰性、及时性、客观性原则。另外，权责发生制和历史成本不再作为会计核算的基本原则。将权责发生制作为会计核算的基础并入会计分期基本假设，历史成本体现在会计要素的计量中。

① 客观性原则

客观性原则是指会计核算应当以实际发生的交易或事项为依据，如实反映企业财务状况、经营成果和现金流量。

会计核算的客观性包括真实性和可靠性两方面的意义。真实性要求会计核算的结果应当与企业实际的财务状况和经营成果相一致；可靠性是指对于经济业务的记录和报告，应当做到不偏不倚，以客观的事实为依据，不受会计人员主观意志的左右，避免错误并减少偏差。企业提供会计信息的目的是为了满足会计信息使用者的决策需要，因此，必须做到内容真实、数字准确和资料可靠。

② 实质重于形式原则

实质重于形式原则是指企业应当按照交易或事项的经济实质进行会计核算，而不应当仅仅按照它们的法律形式作为会计核算的依据。

在实际工作中，交易或事项的外在法律形式并不总能真实反映其实质内容。为了使会计信息真实反映企业财务状况和经营成果，就不能仅仅依据交易或事项的外在表现形式来进行核算，而要反映交易或事项的经济实质。违背这一原则，可能会误导会计信息使用者的决策。会计核算上将以融资租赁方式租入的设备作为固定资产入账就是这个原则的具体体现。

③ 相关性原则

亦称有用性原则，是指企业会计提供的信息应当能够反映企业的财务状况、经营成果和现金流量，以满足会计信息使用者的需要。

会计信息与使用者的决策密切相关，表现在提供的会计信息能帮助决策者预测未来，把握可能的结果，从而改善当前的决策；同时，提供的会计信息也能为决策者证实过去的决策产生的结果，从而修正或坚持原来的决策。因此，在会计核算中应坚持这一原则，在收集、加工、处理和提供会计信息的过程中，充分考虑会计信息使用者的信息需求。

④ 重要性原则

重要性原则是指企业在全面核算的前提下，对于在会计核算过程中的交易或事项应当根据其重要程度，采用不同的核算方式。对资产、负债、损益等有较大影响，并进而影响财务会计报告使用者据以作出合理判断的重要会计事项，必须按照规定的会计方法和程序进行处理，并在财务会计报告中予以充分、准确地披露；对于次要的会计事项，在不影响会计信息真实性和不误导财务会计报告使用者作出正确判断的前提下，可适当简化处理。

会计核算中遵循重要性原则就是要考虑提供会计信息的成本与效益问题，使得提供会计信息的收益大于成本，避免出现提供会计信息的成本大于收益的情况出现，在全面反映企业财务状况和经营成果的基础上，起到突出重点，简化核算，节约人力、物力和财力，提高会计核算的工作效率的作用。会计核算中，评价某些项目的重要性时，很大程度上取决于会计人员的职业判断。一般来说，应当从质和量两个方面进行分析。从性质上说，当某一事项有可能对决策产生一定影响时，就属于重要项目；从数量方面来说，当某一项目的数量达到一定规模时，就可能对决策产生影响。

⑤ 可比性原则

可比性原则是指企业的会计核算应当按照规定的会计处理方法进行，会计指标应当口径一致、相互可比。

这一原则不仅要求不同企业之间的会计信息要具有横向的可比性，而且要求同一企业的不同时期的会计信息要具有纵向的可比性。不同的企业可能处于不同行业、不同地区，经济业务发生于不同时点，为了保证会计信息能够满足会计信息使用者决策的需要，便于比较不同企业的财务状况、经营成果和现金流量，只要是相同的交易或事项，就应当采用相同的会计处理方法。

⑥ 及时性原则

及时性原则是指企业的会计核算应当及时进行，不得提前或延后。

对会计信息使用者来说，会计信息与决策的相关性不仅表现在会计信息的真实可靠，而且表现在会计信息时效性上，过时的会计信息对决策者的使用价值就会大大降低，甚至无效。在会计核算中，坚持这一原则就是要求及时收集会计信息、及时对会计信息进行加工处理、及时传递会计信息，以满足各方面会计信息使用者的决策需要。

⑦ 明晰性原则

亦称可理解性原则，是指企业的会计核算和编制财务会计报告应当清晰明了，便于理解和利用。

对会计信息使用者来说，首先要能弄懂财务会计报告反映的信息内容，才能加以利用，并作为决策的依据，因此，明晰性是会计信息质量的首要要求。明晰性原则就是要求会计核算提供的信息应当简明、易懂，能简单地反映企业的财务状况、经营成果和现金流量，能为大多数使用者所理解。在会计核算中只有坚持明晰性原则，才能有利于会计信息使用者准确、完整地把握会计信息的内容，从而更好地利用。

⑧ 谨慎性原则

亦称稳健性原则，或称保守主义，是指某些会计事项有不同的会计处理方法可供选择时，应尽可能选择一种不致虚增账面利润、夸大所有者权益的方法为准的原则。企业在进行会计核算时，应当遵循谨慎性原则的要求，不得多计资产或收益、少计负债或费用，但不得设置秘密准备。遵循这一原则，要求企业在面临经济活动中的不确定因素的情况下作出职业判断并处理会计事项时，应当保持必要的谨慎，充分估计风险和损失，不高估资产或收益也不低估负债或费用。对于预计会发生的损失应计算入账，对于可能产生的收益则不预计入账。谨慎性原则在我国会计实务中有多种表现，如对固定资产计提折旧采用加速折旧法、物价上涨情况下存货计价采用后进先出法、对可能发生的各项资产损失计提减值准备等。当然，遵循这一原则并不意味着企业可以任意设置各种秘密准备，否则，就属于滥用本原则，应当按照对重大会计差错更正的要求进行相应会计处理，加以纠正。

2）财务报告

财务报告是指会计主体对外提供、反映财务状况和经营成果等信息的通用书面文件。财务报告是建立在对过去的交易和事项进行分析、确认、记录和报告的基础之上的，所反映的这些信息是过去的总结和概括，是信息用户进行决策的主要依据。包括资产负债表、利润表、现金流量表、所有者权益变动表（新的会计准则要求在年报中披露）、附表及会计报表附注和财务情况说明书。

以下简要分类说明：

① 会计报表

会计报表是企业、单位会计部门在日常会计核算的基础上定期编制的、综合反映财务状况和经营成果的书面文件。

会计报表包括资产负债表、损益表、现金流量表；事业单位除资产负债表外，还有收入支出表、事业支出明细表、经营支出明细表。

会计报表按编制时间可分为月报表、季报表、半年报表和年报表。

会计报表按报送对象不同，可分为对内报表和对外报表。内部管理所需会计报表的数量、内容、格式和报送时间，由单位自行制定；对外报送的会计报表的种类、格式、指标内容、编制时间等，均应执行国家有关会计制度的统一规定。

② 资产负债表

资产负债表是反映企业（以企业为例，下同）在某一特定日期（年末、季末、月末）全部资产、负债和所有者权益情况的会计报表。

资产负债表分为左右两方，左边为资产，右边为负债和所有者权益；两方内部按照各自的具体项目排列，资产各项目合计与负债和所有者权益各项目合计相等。

③ 利润表

利润表是反映企业在一定期间的经营成果及分配情况的报表。

利润表的理论基础是：收入－费用＝利润（或亏损）。

利润表有单步式和多步式之分。多步骤的格式是：产品销售收入减产品销售成本、产品销售费用、产品销售税金及附加，等于产品销售利润；再加其他业务利润，减管理费用、财务费用，等于营业利润；再加投资收益、营业外收入，减营业外支出，等于利润总额；再减企业所得税，等于净利润。

④ 现金流量表

现金流量表是以现金制为基础编制的财务状况变动表。现金流量表动态地说明企业某一会计期间各种活动产生的现金流量情况。

⑤ 会计报表说明

会计报表说明指单位对会计报表及其财务计划指标执行情况进行分析总结所形成的书面报告，包括主要会计方法说明、报表分析说明和财务情况说明书。由于会计报表格式及其内容的规定性，只能提供量化的会计信息；而且要求列入报表的各项信息必须符合会计要素的确认标准，报表本身反映的会计信息就有一定的限制，这就在客观上要求在编制会计报表的同时，还要编制会计报表说明。财务情况说明书，主要说明企业的生产经营状况、利润实现和分配情况、资金增减和周转情况、税金缴纳情况、各项财产物资变动情况；对本期或者下期财务状况发生重大影响的事项；资产负债表日后至报出财务报告前发生的对企业财务状况变动有重大影响的事项，以及需要说明的其他事项。

3.3　会计电算化

会计电算化是以电子计算机为主的当代电子技术和信息技术应用到会计实务中的简称，是一个应用电子计算机实现的会计信息系统。它实现了数据处理的自动化，使传统的手工会计信息系统发展演变为电算化会计信息系统。会计电算化是会计发展史上的一次重大革命，它不仅是会计发展的需要，而且是经济和科技对会计工作提出的要求。

（1）会计电算化的概念

狭义上是指以电子计算机为主体的信息技术在会计工作中的应用。

会计电算化是把电子计算机和现代数据处理技术应用到会计工作中的简称，是用电子计算机代替人工记账、算账和报账，以及部分代替人脑完成对会计信息的分析、预测、决策的过程，其目的是提高企业财会管理水平和经济效益，从而实现会计工作中的现代化。

广义上来讲就是指与会计工作电算化有关的所有工作，包括会计电算化软件的开发与应用、会计电算化人才的培训、会计电算化的宏观规划、会计电算化制度建设、会计电算化软件市场的培育与发展等。

会计电算化是一个人机相结合的系统，其基本构成包括会计人员、硬件资源、软件资源和信息资源等要素，其核心部分则是功能完善的会计软件资源。

会计电算化已成为一门融计算机科学、管理科学、信息科学和会计科学为一体的边缘学科，在经济管理的各个领域中处于应用电子计算机的领先地位，正在带动经济管理诸领域逐步走向现代化。会计电算化极大地减轻了会计人员的劳动强度，提高了会计工作的效率和质量，促进了会计职能的转变。随着信息技术的快速发展和管理要求的不断提高，会计手工操作正逐步被会计电算化所取代，要满足社会经济发展对会计人才的需要，必须培养和造就大批既掌握计算机基本应用、又懂会计业务处理的复合应用型会计人才。

（2）会计电算化的作用

1）提高会计数据处理的实效性和准确性，提高会计核算的水平和质量，减轻会计人员的劳动强度。

2）提高经营管理水平。使财务会计管理由事后管理向事中控制、事先预测转变，为管理信息化打下基础。

3）推动会计技术、方法、理论创新和观念更新，促进会计工作的进一步发展。

（3）会计电算化与传统手工会计的区别

1）电算化会计建立了一套新的会计资料档案。

传统会计档案包括原始凭证、记账凭证、日记账、明细账、总账以及报表。一个单位每个会计期间的会计档案都要按一定的要求排列，连同各种附件定期加具封面，装订成册，耗费了大量的时间和空间，查找十分不便，又易于毁坏。电算化会计档案都存放在软盘或硬盘等设备中，这些设备的存贮密度，是以往任何一种会计档案所不能比拟的，查询速度快、检索能力强，可以快速传递会计信息。

2）数据处理程序具有新的特点。

电算化会计数据处理程序与传统会计不同。在传统会计中，针对企业的生产规模、经营方式和管理方式形成的特征，必须采用与之适应的不同的账簿组织形式、记账程序和记账方法。而在电算化会计中，由于数据处理的精度高和速度快，可以采用一种统一的核算形式。而且由于计算机处理数据差错的概率小，没必要像传统会计那样，在数据处理过程中，进行各种核对，如账账核对、账证核对、账表核对。会计人员应该有过这种体验：到了月底对账时，为了几分钱的差额而必须翻遍所有的凭证、账册。

3）记账的含义不尽相同。

手工条件下，记账指明细账、日记账、总账由不同人员按照不同的科目，分别在不同的账册上加以记录。这种重复而繁琐的抄抄写写造成会计工作周期长，速度慢，效率低。电算化后，记账仅是一个数据处理过程，通过记账这一数据处理步骤，使被审核过的记账凭证成为正式会计档案，从"凭证临时库"转移到"流水账库"中存放，记账后的凭证不再允许修改，记账的同时，对科目的发生额进行汇总，更新"科目余额，发生额库"。而真正的账册，只有在需要时临时从"流水账库"中把有关科目的经济业务分离出来，在屏幕上显示或在打印机上打印。

4）会计信息的特点不尽相同。

相对于传统会计，电算化会计提供的信息具有速度快、质量高、针对性强的特点。

3.4　货币资金

货币资金是指在企业生产经营过程中处于货币形态的那部分资金，按其形态和用途不同可分为包括库存现金、银行存款和其他货币资金。它是企业中最活跃的资金，流动性强，是企业的重要支付手段和流通手段，因而是流动资产的审查重点。

（1）库存现金

库存现金指人民币现金和外币现金。

1）企业在办理有关现金收支业务时，应当遵守以下几项规定：

① 开户单位的现金收入应于当日存送开户银行，如当天不能及时送存银行的，应于次日送存银行，不能以收抵支，应将现金收入和现金支出分开处理。

② 开户单位支付现金，可以从本单位库存现金限额中支付或从开户银行提取，不得从本单位的现金收入中直接支付，即不得"坐支"现金，因特殊情况需要"坐支"现金的，应当事先报经有关部门审查批准，并在核定的"坐支"范围和限额内进行，同时，收支的现金必须入账。

③ 开户单位从开户银行提取现金时，应如实写明提取现金的用途，有本单位财会部门负责人签字盖章，并经开户银行审查批准后予以支付。

④ 因采购地点不确定、交通不便、抢险救灾以及其他特殊情况必须使用现金的单位，应向开户银行提出书面申请，由本单位财会部门负责人签字，并经由开户银行审查批准后予以支付。

2）现金的使用范围

① 职工的工资、津贴。

② 个人劳务报酬；

③ 根据国家规定颁发给个人的科学技术、文化艺术、体育等各种奖金；

④ 各种劳保、福利费用以及国家规定的对个人的其他支出；

⑤ 向个人收购农副产品和其他物资的价款；

⑥ 出差人员必须随身携带的差旅费；

⑦ 结算起点以下的零星开支；

⑧ 中国人民银行确定需要支付现金的其他支出。前款结算起点定为 1000 元。结算起点的调整，由中国人民银行确定，报国务院备案。

3）现金业务的会计处理

财务上用"现金"科目核算企业的库存现金。企业有内部周转使用备用金的，可以单独设置"备用金"科目。企业增加库存现金，借记本科目，贷记"银行存款、其他应付款"等科目；减少库存现金做相反的会计分录，将库存现金反映在贷方。

企业应当设置"现金日记账"，根据收付款凭证，按照业务发生顺序逐笔登记。每日终了，应当计算当日的现金收入合计额、现金支出合计额及结余额，将结余额与实际库存额核对，做到账实相符。

"现金"科目期末借方余额，反映企业持有的库存现金。"现金"科目余额一般不反映在贷方。

在发生账款不符的情况下，为了保证现金的安全完整，企业应当按规定对库存现金进行定期和不定期的清查，一般采用实地盘点法，对于清查的结果应当编制现金盘点报告单。如果账款不符，发现长款或短款，应先通过"待处理财产损溢"科目核算。按管理权限经批准后，分别按以下情况处理：

① 短款。有责任人的，计入其他应收款，无法查明原因的，计入管理费用。

② 长款。属于应支付的，计入其他应付款；属于无法查明原因的，计入营业外收入。

（2）银行存款

银行存款是指企业存放在银行的货币资金。按照国家现金管理和结算制度的规定，每个企业都要在银行开立账户，称为结算户存款，用来办理存款、取款和转账结算。

企业日常大量的与其他企业或个人的经济业务往来，都是通过银行结算的，银行是社会经济活动中各项资金流转清算的中心，为了保证银行结算业务的正常开展，使社会经济活动中各项资金得以通畅流转，根据《中华人民共和国票据法》和《票据管理实施办法》，中国人民银行总行对银行结算办法进行了全面的修改、完善，形成了《支付结算办法》（以下简称办法，并于 1997 年 9 月 19 日颁布，自同年 12 月 1 日起施行。

办法规定，企业可以选择使用的票据结算工具，主要包括银行汇票、商业汇票、银行本票和支票等，以及可以选择使用的结算方式，主要包括汇兑、托收承付和委托收款三种结算方式，还包括信用卡。另外还有一种国际贸易间采用的结算方式——信用证结算方式。企业采用的支付结算方式不同，其处理手续及有关会计核算也有所不同。

1）银行汇票

银行汇票是由企业单位或个人将款项交存开户银行，由银行签发给其持往异地采购商品时办理结算或支取现金的票据。

银行汇票是汇款人将款项交存当地银行，由银行签发给汇款人办理转账结算或支取现金的票据。银行汇票一律记名，付款期为 1 个月（不分大月、小月，一律按次月对日计算；到期如遇例假日顺延），逾期的汇票，兑付银行不予受理，但汇款人可持银行汇票或解讫通知到出票银行办理退款手续。

汇款人需要使用银行汇票必须按照规定填写"银行汇票委托书"一式三联交给出票银行，出票银行受理"银行汇票委托书"并收妥款项后，签发银行汇票。汇款人持银行汇票可向收款单位办理结算。收款单位对银行汇票审核无误后，将结算款项及多余金额分别填写在银行汇票和解讫通知的有关栏内，连同进账单送交开户银行办理转账结算。

银行汇票具有使用方便、票随人到、兑付性强等特点。同城、异地均可使用，单位、个体经济户和个人都可使用银行汇票办理结算业务。

企业或单位使用银行汇票，应向银行提交银行汇票申请书，详细填明申请人名称、申请人账号或住址、用途、汇票金额、收款人名称、申请人账号或住址、代理付款等项内容，并将款项交存银行。申请企业和单位收到银行签发的银行汇票和解讫通知后，根据"银行汇票申请书（存根）"联编制付款凭证。如有多余款项，应根据多余款项收账通知，编制收款凭证；申请人由于汇票超过付款期限或其他原因要求退款时，应交回汇票和解讫通知，并按照支付结算办法的规定提交证明或身份证件，根据银行退回并加盖了转讫章的多余款收账通知，编制收款凭证。

收款单位应将汇票、解讫通知和进账单交付银行，根据银行退回并加盖了转讫章的进账单和有关原始凭证，编制收款凭证。

2）商业汇票

商业汇票是指收款人或付款人（或承兑申请人）签发，由承兑人承兑，并于到期日向收款人或背书人支付款项的票据。商业汇票适用于企业先收货后收款或者双方约定延期付款的商品交易或债权债务的清偿，同城或异地均可使用。商业汇票必须以真实的商品交易为基础，禁止签发无商品交易的商业汇票。商业汇票一律记名，付款期最长为 6 个月，允许背书转让，承兑人即付款人到期必须无条件付款。

商业汇票按承兑人不同，分为商业承兑汇票和银行承兑汇票。前者指由银行以外的付款人承兑的商业汇票。商业承兑汇票可由收款人签发，经过付款人承兑，也可由付款人签发并由付款人承兑。后者是指由银行承兑的商业汇票。银行承兑汇票应由在承兑银行开立账户的存款人或承兑申请人签发，并由承兑申请人向开户银行申请，经银行审查同意承兑的票据。

采用商业承兑汇票结算方式，付款人应于汇票到期前将款项足额存到银行，银行在到期日凭票将款项划转给收款人、被背书人或贴现银行。如到期日付款人账户存款不足支付票款，开户银行不承担付款责任，将汇票退回收款人、被背书人或贴现银行，由其自行处理，并对付款人处以罚款。

采用银行承兑汇票结算方式，承兑申请人应持购销合同向开户银行申请承兑，银行按有关规定审查同意后，与承兑申请人签订承兑协议，在汇票上盖章并按票面金额收取一定的手续费。承兑申请人应于到期前将票款足额交存银行。到期未能存足票款的，承兑银行除凭票向收款人、被背书人或贴现银行无条件支付款项外，还将按承兑协议的规定，对承兑申请人执行扣款，并将未扣回的承兑金额作为逾期贷款，同时收取一定的罚息。

3）银行本票是申请人将款项交存银行，由银行签发给其凭以办理转账结算或支取现金的票据。单位或个人在同城范围内的商品交易等款项的结算可采用银行本票。

银行本票一律记名，可以背书转让，不予挂失。银行本票的提示付款期限最长不能超过 2 个月。付款期内银行见票即付，逾期兑付银行不予受理但可办理退款手续。

银行本票分为定额本票和不定额本票。定额本票面额分别为 1000 元、5000 元、10000元和 50000 元。

4）支票结算方式

支票是出票人签发的，委托办理存款业务的银行或其他金融机构在见票时无条件支付确定金额给收款人或持票人的票据。适用于同城或同一票据交换区域内商品交易、劳务供应等款项的结算。支票分为现金支票、转账支票和普通支票。现金支票只能提取现金；转账支票只能用于转账；普通支票既可用于支取现金，也可用于转账。在普通支票左上角划两条平行线的为划线支票，只能用于转账，不得支取现金。转账支票可在票据交换区域内背书转让。

支票一律记名；支票提示付款期为 10 天；企业不得签发空头支票，严格控制空白支票。

支票以银行或其他金融机构作为付款人并且见票即付。已签发的现金支票遗失的,可向银行申请挂失,但挂失前已支取的除外;已签发的转账支票遗失,银行不受理挂失。

5)汇兑结算

汇兑是指汇款人委托银行将款项汇给收款人的一种结算方式。

汇兑分为信汇和电汇两种。信汇是指汇款人委托银行以邮寄方式将款项划转给收款人;电汇则是指汇款人委托银行通过电报方式将款项划转给收款人。后者的汇款速度比前者迅速。

汇兑适用于单位和个人在同城或异地之间的清理结算尾款、交易旧欠、自提自运的商品交易以及汇给个人的差旅费或采购资金等的结算,其手续简便,方式灵活,便于汇款人主动付款;收付双方不需要事先订立合同;应用范围广泛。

6)委托收款结算方式

委托收款是收款人委托银行向付款人收取款项的结算方式。同域、异地均可使用。

委托收款按款项划回方式可分为邮寄划回和电报划回两种,企业可根据需要选择不同方式。

企业办理委托收款,应填制委托收款凭证。付款单位接到银行通知及有关附件,应在规定的付款期(3天)内付款。在付款期内付款人未向银行提出异议,银行视做同意付款,并于付款期满的次日(节假日顺延)将款项主动划转收款人账户。如果付款单位在审查有关单证后,决定部分或全部拒付,应在付款期内出具"拒付理由书",连同有关单证通过银行转交收款企业,银行不予划转款项且不负责审查拒付理由。

委托收款只适用于已承兑的商业汇票、债券、存单等付款人的债务证明办理款项的结算;手续简便、灵活,便于企业主动、及时收回款项;银行只承担代为收款的义务,不承担审查拒付理由的责任,收付双方在结算中如发生争议,由双方自行处理。

7)异地托收承付结算方式

异地托收承付是指根据购销合同由收款人发货后委托银行向异地付款人收取款项,由付款人向银行承认付款的一种结算方式。

托收承付结算起点为1万元。按划回方式的不同,托收承付可分为邮寄和电报两种。

使用异地托收承付方式,必须同时符合下述两项规定:其一,使用该结算方式的收款单位和付款单位,必须是国有企业、供销合作社以及经营管理较好,并经开户银行审查同意的城乡集体所有制工业企业;其二,办理结算的款项必须是商品交易以及因商品交易而产生的劳务供应的款项。

贷销、寄销、赊销商品的款项,不得办理异地托收承付结算。

收款人必须以持有商品已发运的证件为依据向银行办理托收,填制托收凭证,并将有关单证送交开户银行。开户银行审查无误后,将托收凭证及有关单证交付款人开户银行。付款人开户银行收到托收凭证及有关附件后,通知付款人。付款人在收到有关单据后,应立即审核。付款人的承付期依据验单付款或验货付款两种不同方式而确定。验单付款承付期为3天,验货付款承付期是10天。付款人可在承付期内根据实际情况提出全部或部分拒付理由,并填制"拒付理由书",经过银行审查同意后,办理全部拒付或部分拒付。

8)信用卡

信用卡是指商业银行向个人和单位发行的,凭以向特约单位购物、消费和向银行存取现金，具有消费信用的特制载体卡片。

信用卡按使用对象分为单位卡和个人卡；按信誉等级分为金卡和普通卡。

信用卡的基本规定和主要特点是：凡在中国境内金融机构开立基本存款账户的单位可申领单位卡，单位卡不得用于 10 万元以上的商品交易、劳务供应款项的结算；持卡人使用信用卡可透支；信用卡仅限于持卡人本人使用，不得出借或出租；信用卡丢失时可挂失，但如挂失前被冒用由持卡人自己负责。

信用卡透支的规定：金卡最高不得超过 1 万元，普通卡最高不超过 5000 元，透支期限最长为 60 天；信用卡透支利息，自签单日或银行记账日起 15 日内按日息万分之五计算；超过 15 日按日利息万分之 10 计算；超过 30 日或透支金额超过规定限额的，按日息万分之 15 计算，透支计算不分段，按最后期限或最高透支额的最高利率档次计息。

9）信用证

信用证是指开证银行依照申请人的申请开出的，凭符合信用证条款的单据支付的付款承诺。

采用信用证结算方式，付款单位应预先把一定款项专户存入银行，委托银行开出信用证，通知异地收款单位开户银行转知收款单位；收款单位按照合同和信用证规定的条件发货或交货以后，银行代付款单位支付货款。

信用证结算适用于国际、国内企业之间商品交易的结算。只限于转账结算，不得支取现金。信用证的主要特点：开证银行负第一付款责任；它是一项独立的文件，不受购销合同的约束；信用证业务只处理单据，一切都以单据为准，信用证业务实质上是一种单据买卖。

（3）其他货币资金

其他货币资金是指企业除现金和银行存款以外的其他各种货币资金，即存放地点和用途均与现金和银行存款不同的货币资金。包括外埠存款、银行汇票存款、银行本票存款、信用卡存款、信用证保证金存款和存出投资款等。

1）外埠存款是企业到外地进行临时零星采购时，汇往采购地银行开立采购专户款项。

2）银行汇票存款是企业为取得银行汇票按照规定存入银行的款项。

3）银行本票存款是企业为取得银行本票按照规定存入银行的款项。

4）信用卡存款是企业为取得信用卡按照规定存入银行的款项。

5）信用证保证金存款是企业存入银行作为信用证保证金专户的款项。

6）存出投资款是指企业已经存入证券公司但尚未进行投资的货币资金。

第 4 章　计算机与信息技术基础

4.1　计算机基础知识

电子计算机（Computer）是一种按程序控制自动而快速进行信息处理的电子设备，也称信息处理机，俗称电脑。

它接受用户输入指令与数据，经过中央处理器的数据与逻辑单元运算后，以产生或储存成有用的信息。因此，只要有输入设备及输出设备，可以输入数据使该机器产生信息的，那就是一台计算机了。计算机包括一般商店用的简易加减乘除计算器、手机、车载GPS、ATM 机、个人电脑、笔记本电脑、上网本等，这些都是计算机。

计算机作为一种信息处理工具，具有如下主要特点：

1）运算速度快；

2）运算精度高；

3）具有记忆和逻辑判断能力；

4）存储程序并自动控制。

4.1.1　计算机系统的组成

冯·诺依曼体系结构是现代计算机的基础，现在大多计算机仍是冯·诺依曼计算机的组织结构或其改进体系。冯·诺依曼（1903～1957）美籍匈牙利数学家，20 世纪最重要的数学家之一，是在现代计算机、博弈论、核武器和生化武器等领域内的科学全才之一，被后人称为"计算机之父"。

依照冯·诺依曼体系，计算机硬件由以下 5 部分组成：控制器、运算器、存储器、输入设备、输出设备。目前，生活中常见的计算机硬件实体与以上 5 个部分有略微不同，但本身并未跳出冯·诺依曼的体系。

（1）中央处理器 CPU

CPU（Central Processing Unit）是计算机的核心部件，其参数有主频、外频、倍频、缓存、前端总线频率、技术架构（包括多核心、多线程、指令集等）、工作电压等。

目前制造个人计算机 CPU 的厂商主要是两家：英特尔（Intel）公司和 AMD 公司。相比之下，英特尔公司更具实力，占大部分市场份额。

英特尔的主要 CPU 品牌有：赛扬（Celeron）、奔腾（Pentium）、酷睿双核（Core Duo）、酷睿 2 双核（Core 2 Duo）、安腾（Itanium）、凌动（Atom）、酷睿 i 系列（Corei）。

AMD 公司的主要 CPU 品牌有：闪龙（Sempron）、速龙（Athlon）、羿龙（Phenom）、皓龙（Opterom）、炫龙（Turion）、APU、推土机（Bulldozer）、锐龙（Ryzen）。

CPU 又分为桌面（台式机上使用）和移动（笔记本上使用）两种。

（2）显卡

显卡承担图像处理、输出图像模拟信号的任务。它将电脑的数字信号转换成模拟信号，通过屏幕、投影仪等输出图像。可协助 CPU 工作，提高计算机整体的运行速度。

部分 CPU 会集成图形处理器（GPU，Graphic Processing Unit），可以实现图像的输出，俗称集成显卡（有些叫核心显卡）。如 Intel 的 Corei 系列 CPU，AMD 的 APU。但是图像处理能力偏弱，日常使用没有问题，却很难用于大型图片、视频处理等对图像要求很高的场合。为了满足以上需求，就需要配置性能强劲的独立显卡。

显卡和 CPU 的主要区别在于，CPU 是通用处理器，可以处理包括图像的各种信息，而显卡只专注于图像处理，并且在图像处理的效率上优于 CPU。

常见的计算机独立显卡厂商有两家：英伟达（Nvidia）和 AMD。

（3）存储器

存储器是用来存储程序和数据的部件。存储器容量用 B、KB、MB、GB、TB 等存储容量单位表示。通常将存储器分为内存储器（内存）和外存储器（外存）。

内存储器又称为主存储器，可以由 CPU 直接访问，优点是存取速度快，但存储容量小，主要用来存放系统正在处理的数据。

日常使用电脑，打开一个应用，电脑会先从硬盘读取该应用的程序数据和配置信息。即使是在固态硬盘逐渐普及的今天，硬盘读写速度依旧远远低于 CPU 的处理速度。如果没有内存条，受制于硬盘的读写速度，处理速度会非常慢。内存的出现极大地缓解了两者的速度差距，电脑会将常用数据从硬盘存储至内存条，当使用该数据时，就可以直接读取内存中的信息，在多数情况下避免了硬盘的速度瓶颈。

内存条按照工作方式，可分为 FPA EDO DRAM、SDRAM、DDR（DOUBLE DATA RAGE）、RDRAM（RAMBUS DRAM）等。常见的 DDR，又分为 DDR、DDR2 和 DDR3、DDR4 等不同代产品，为了区分，不同代的内存条接口有所不同。

常见的内存条厂家有：金士顿、三星、东芝、闪迪等。

外存储器又叫辅助存储器，如硬盘、软盘、光盘等。存放在外存中的数据必须调入内存后才能运行。外存存储速度慢，但存储容量大，主要用来存放暂时不用，但又需长期保存的程序或数据。

以硬盘为例，按照存储介质的不同，可以分为三大类：硬盘有固态硬盘（SSD）、机械硬盘（HDD）、混合硬盘（HHD）。SSD 采用闪存颗粒来存储，HDD 采用磁性碟片来存储，混合硬盘（HHD）是把磁性硬盘和闪存集成到一起的一种硬盘。

（4）主板

主板（Motherboard），即计算机的主电路板。电脑的主板犹如人的神经系统，它连接电脑的其余各个组件，在输送电能的同时，为各组件提供传输数据的通道。

典型的主板能提供一系列接合点，供处理器、显卡、声效卡、硬盘、存储器、对外设备等设备接合。它们通常直接插入有关插槽，或用线路连接。主板上最重要的构成组件是芯片组（Chipset）。这些芯片组为主板提供一个通用平台供不同设备连接，控制不同设备的沟通。芯片组亦为主板提供额外功能，例如集成显核、集成声卡（也称内置显核和内置声卡）。一些高价主板也集成红外通信技术、蓝牙和 802.11（Wi-Fi）等功能。

（5）输入、输出设备

输入、输出设备（I/O 设备），是数据处理系统的关键外部设备之一，可以和计算机本体进行交互使用。

常见的输入、输出设备有键盘、鼠标、显示器、投影仪、摄像头、麦克风、打印机、扫描仪等。

4.1.2 多媒体技术简介

常见的多媒体设备属于冯·诺依曼体系的输入、输出设备。包括投影仪、打印机、扫描仪、传真机、音响、屏幕等。

（1）投影仪

投影仪，又称投影机，是一种可以将图像或视频投射到幕布上的设备，可以通过不同的接口同计算机、VCD、DVD、BD、游戏机、DV 等相连接播放相应的视频信号。投影仪广泛应用于家庭、办公室、学校和娱乐场所。根据工作方式的不同，有 CRT、LCD、DLP 等不同类型。

（2）打印机

打印机（Printer）是计算机的输出设备之一，用于将计算机处理结果打印在相关介质上。衡量打印机好坏的指标有三项：打印分辨率、打印速度和噪声。打印机的种类很多，按打印元件对纸是否有击打动作，分击打式打印机与非击打式打印机。按打印字符结构，分全形字打印机和点阵字符打印机。按一行字在纸上形成的方式，分串式打印机与行式打印机。按所采用的技术，分柱形、球形、喷墨式、热敏式、激光式、静电式、磁式、发光二极管式等打印机。

（3）扫描仪

扫描仪（Scanner），是利用光电技术和数字处理技术，以扫描方式将图形或图像信息转换为数字信号的装置。

扫描仪通常被用于计算机外部仪器设备，通过捕获图像并将之转换成计算机可以显示、编辑、存储和输出的数字化输入设备。

（4）传真机

传真机是应用扫描和光电变换技术，把文件、图表、照片等静止图像转换成电信号，传送到接收端，以记录形式进行复制的通信设备。

4.1.3 计算机网络基础

（1）计算机网络

计算机网络，是指将地理位置不同的具有独立功能的多台计算机及其外部设备，通过通信线路连接起来，在网络操作系统、网络管理软件及网络通信协议的管理和协调下，实现资源共享和信息传递的计算机系统。

虽然网络类型的划分标准各种各样，但是从地理范围划分是一种大家都认可的通用网络划分标准。按这种标准可以把各种网络类型划分为局域网、城域网、广域网三种。

1）局域网（Local Area Network，LAN）

通常我们常见的"LAN"就是指局域网，这是最常见、应用最广的一种网络。局域网随着整个计算机网络技术的发展和提高得到充分的应用和普及，几乎每个单位都有自己的局域网，有的甚至家庭中都有自己的小型局域网。所谓局域网，就是在局部地区范围内的网络，它所覆盖的地区范围较小。局域网在计算机数量配置上没有太多的限制，少的可以只有两台，多的可达几百台。一般来说在企业局域网中，工作站的数量在几十到两百台次左右。在网络所涉及的地理距离上一般来说可以是几米至 10km 以内。局域网一般位于一个建筑物或一个单位内，不存在寻径问题，不包括网络层的应用。

2）城域网（Metropolitan Area Network，MAN）

这种网络一般来说是在一个城市，是介于广域网和局域网之间的一种网络，这种网络的连接距离可以在 10～100km。

3）广域网（Wide Area Network，WAN）

这种网络也称为远程网，所覆盖的范围比城域网（MAN）更广，它一般是在不同城市之间的 LAN 或者 MAN 网络互联，地理范围可从几百公里到几千公里。因为距离较远，信息衰减比较严重，所以这种网络一般是要租用专线，通过 IMP（接口信息处理）协议和线路连接起来，构成网状结构，解决寻径问题。

（2）通信协议和计算机网络模型

在计算机通信中，通信协议用于实现计算机与网络连接之间的标准，网络如果没有统一的通信协议，电脑之间的信息传递就无法识别。通信协议是指通信各方事前约定的通信规则，可以简单地理解为各计算机之间进行相互会话所使用的共同语言。两台计算机在进行通信时，必须使用通信协议。

为了简化网络设计的复杂性，通信协议通常采用分层的结构。各层协议之间既相互独立又相互高效的协调工作。每一层实现相对独立的功能，下层向上层提供服务，上层是下层的用户，各个层次相互配合共同完成通信的功能。

常见的两种计算机网络参考模型：OSI 参考模型和 TCP/IP 模型。

1）OSI 参考模型

开放系统互连参考模型（Open System Interconnect，简称 OSI）是国际标准化组织（ISO）和国际电报电话咨询委员会（CCITT）联合制定的开放系统互连参考模型，为开放式互连信息系统提供了一种功能结构的框架。它从低到高分别是：物理层、数据链路层、网络层、传输层、会话层、表示层和应用层，如图 4-1 所示。

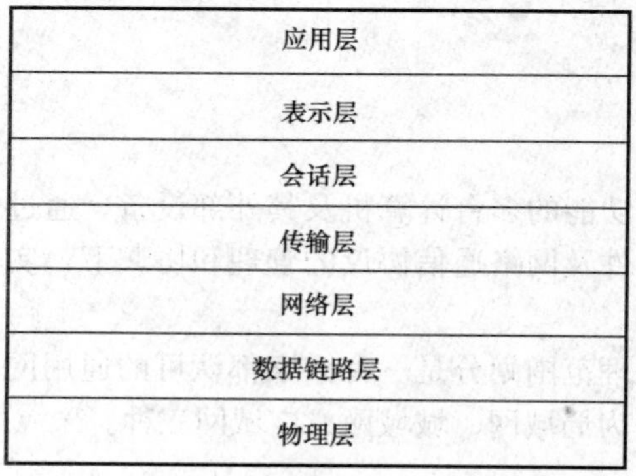

应用层
表示层
会话层
传输层
网络层
数据链路层
物理层

图 4-1　OSI 参考模型

① 物理层（Physical Layer）主要是处理机械的、电气的和过程的接口，以及物理层下的物理传输介质等。

② 数据链路层（Data Link Layer）的任务是加强物理层的功能，使其对网络层显示为一条无错的线路。

③ 网络层（Network Layer）确定分组从源端到目的端的路由选择。路由可以选用网络中固定的静态路由表，也可以在每一次会话时决定，还可以根据当前的网络负载状况，灵活地为每一个分组分别决定。

④ 传输层（Transport Layer）从会话层接收数据，并传输给网络层，同时确保到达目的端的各段信息正确无误，而且使会话层不受硬件变化的影响。通常，会话层每请求建立一个传输连接，传输层就会为其创建一个独立的网络连接。但如果传输连接需要一个较高的吞吐量，传输层也可以为其创建多个网络连接，让数据在这些网络连接上分流，以提高吞吐量。而另一方面，如果创建或维持一个独立的网络连接不合算，传输层也可将几个传输连接复用到同一个网络连接上，以降低费用。除了多路复用，传输层还需要解决跨网络连接的建立和拆除，并具有流量控制机制。

⑤ 会话层（Session Layer）允许不同机器上的用户之间建立会话关系，既可以进行类似传输层的普通数据传输，也可以被用于远程登录到分时系统或在两台机器间传递文件。

⑥ 表示层（Presentation Layer）用于完成一些特定的功能，这些功能由于经常被请求，因此人们希望有通用的解决办法，而不是由每个用户各自实现。

⑦ 应用层（Application Layer）中包含了大量人们普遍需要的协议。不同的文件系统有不同的文件命名原则和不同的文本行表示方法等，不同的系统之间传输文件还有各种不兼容问题，这些都将由应用层来处理。此外，应用层还有虚拟终端、电子邮件和新闻组等各种通用和专用的功能。

2）TCP/IP 参考模型

TCP/IP 参考模型是首先由 ARPANET 所使用的网络体系结构。这个体系结构在它的两个主要协议出现以后被称为 TCP/IP 参考模型（TCP/IP Reference Model）。这一网络协议共分为四层：网络访问层、互联网层、传输层和应用层，如图 4-2 所示。

① 网络访问层（Network Access Layer）在 TCP/IP 参考模型中并没有详细描述，只是指出主机必须使用某种协议与网络相连。

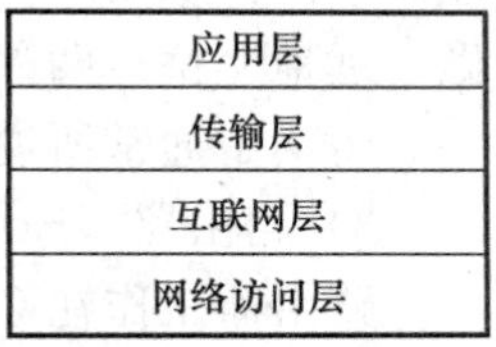

② 互联网层（Internet Layer）是整个体系结构的关键部分，其功能是使主机可以把分组发往任何网络，并使分组独立地传向目标。这些分组可能经由不同的网络，到达的顺序和发送的顺序也可能不同。高层如果需要顺序收发，那么就必须自行处理对分组的排序。互联网层使用因特网协议（IP，Internet Protocol）。TCP/IP 参考模型的互联网层和 OSI 参考模型的网络层在功能上非常相似。

| 应用层 |
| 传输层 |
| 互联网层 |
| 网络访问层 |

图 4-2 TCP/IP
参考模型

③ 传输层（Tramsport Layer）使源端和目的端机器上的对等实体可以进行会话。在这一层定义了两个端到端的协议：传输控制协议（TCP，Transmission Control Protocol）和用户数据报协议（UDP，User Datagram Protocol）。TCP 是面向连接的协议，它提供可靠的报文传输和对上层应用的连接服务。为此，除了基本的数据传输外，它还有可靠性保证、流量控制、多路复用、优先权和安全性控制等功能。UDP 是面向无连接的不可靠传输的协议，主要用于不需要 TCP 的排序和流量控制等功能的应用程序。

④ 应用层（Application Layer）包含所有的高层协议，包括：虚拟终端协议（TELNET，TELecommunications NETwork）、文件传输协议（FTP，File Transfer Protocol）、电子邮件传输协议（SMTP，Simple Mail Transfer Protocol）、域名服务（DNS，Domain Name Service）、网上新闻传输协议（NNTP，Net News Transfer Protocol）和超文本传送协议（HTTP，Hyper Text Transfer Protocol）等。

虽然 OSI 参考模型在设计上优于 TCP/IP 模型，但是由于计算机网络发展的历史原因，TCP/IP 协议几乎与计算机网络同时产生，在硬件水平不高的当时，更加贴合实际需求，并在日后的发展和竞争中逐步淘汰了其他多数计算机网络协议，从而延续至今，成了计算机网络的实际标准。

（3）网络设备

广义上的网络设备指的是连接到网络中的物理实体。网络设备包括中继器、网桥、路由器、网关、防火墙、交换机等设备。

1）中继器

中继器是局域网互联的最简单设备，它工作在 OSI 体系结构的物理层，它接收并识别网络信号，然后再生信号并将其发送到网络的其他分支上。中继器可以用来连接不同的物理介质，并在各种物理介质中传输数据包。某些多端口的中继器很像多端口的集线器，它可以连接不同类型的介质。

中继器没有隔离和过滤功能，它不能阻挡含有异常的数据包从一个分支传到另一个分支。这意味着，一个分支出现故障可能影响到其他的每一个网络分支。

集线器是有多个端口的中继器，简称 HUB。

2）网桥（Bridge）

网桥工作于 OSI 体系的数据链路层，OSI 模型数据链路层以上各层的信息对网桥来说是毫无作用的，协议的理解依赖于各自的计算机。

网桥包含了中继器的功能和特性，不仅可以连接多种介质，还能连接不同的物理分支，如以太网和令牌网，能将数据包在更大的范围内传送。网桥的典型应用是将局域网分段成子网，从而降低数据传输的瓶颈，这样的网桥叫"本地"桥。用于广域网上的网桥叫做"远地"桥。两种类型的桥执行同样的功能，只是所用的网络接口不同。

生活中通常所说的交换机就是网桥。

3）路由器（Router）

路由器工作在 OSI 体系结构中的网络层，它可以在多个网络上交换路由数据包。路由器通过在相对独立的网络中交换具体协议的信息来实现这个目标。比起网桥，路由器不但能过滤和分隔网络信息流、连接网络分支，还能访问数据包中更多的信息，并且用来提高数据包的传输效率。

4）网关（Gateway）

网关把信息重新包装的目的是适应目标环境的要求。

网关能互连异类的网络，网关从一个环境中读取数据，剥去数据的老协议，然后用目标网络的协议进行重新包装。

网关的一个较为常见的用途是在局域网的微机和小型机或大型机之间作翻译。

网关的典型应用是网络专用服务器。

5）防火墙（Firewall）

在网络设备中，是指硬件防火墙。

硬件防火墙是保障内部网络安全的一道重要屏障。它的安全和稳定，直接关系到整个内部网络的安全。因此，日常例行的检查对于保证硬件防火墙的安全是非常重要的。系统中存在的很多隐患和故障在爆发前都会出现这样或那样的苗头，例行检查的任务就是要发现这些安全隐患，并尽可能将问题定位，方便问题的解决。

6）交换机（Switch）

交换（Switching）是按照通信两端传输信息的需要，用人工或设备自动完成的方法，把要传输的信息送到符合要求的相应路由上的技术统称。

交换机是一种基于 MAC 地址识别，能完成封装转发数据包功能的网络设备。交换机可以"学习"MAC 地址，并把其存放在内部地址表中，通过在数据帧的始发者和目标接收者之间建立临时的交换路径，使数据帧直接由源地址到达目的地址。

（4）服务器

服务器是网络环境中的高性能计算机，它监听网络上其他计算机（客户机）提交的服务请求，并提供相应的服务。服务器应具备承担服务并且保障服务的能力。

服务器分类：

在网络环境下，根据服务器提供的服务类型不同，可分为文件服务器、数据库服务器、应用程序服务器、WEB 服务器等。

按照服务器的外观，可以分为台式服务器和机架式服务器以及刀片服务器：

1）台式服务器有的采用大小与立式 PC 台式机大致相当的机箱，有的采用大容量的机箱，像一个硕大的柜子一样，主要分为单塔式和双塔式。

2）机架式服务器的外形看起来不像计算机，而是像交换机，有 1U（1U＝1.75 英寸）、2U、4U 等规格。

3）刀片服务器是一种称之为"HAHD"（High Availability High Density，高可用高密度）的低成本服务器平台，是专门为特殊应用行业和高密度计算机环境设计的。在结构上它比前面介绍的机架式服务器更紧凑，因为它像刀片一样非常薄，而且可以根据需要选择是否插入整个服务器系统的机柜中，所以称之为"刀片服务器"，主要应用于集群服务。

服务器的构成包括处理器、硬盘、内存、主板等，和通用的计算机架构类似，但是由于需要提供高可靠的服务，因此在处理能力、稳定性、可靠性、安全性、可扩展性、可管理性等方面要求较高。

4.1.4 计算机安全、病毒防治

信息安全概念的出现远远早于计算机的诞生，但当计算机的出现，尤其是网络出现以后，信息安全变得更加复杂，更加"隐形"。现代信息安全区别于传统意义上的信息介质安全，是专指电子信息的安全。

网络信息安全是一门交叉科学，涉及计算机科学、网络技术、通信技术、密码技术、信息安全技术、应用数学、数论、信息论等多种学科的综合性学科。它主要是指网络系统的硬件、软件及其系统中的数据受到保护，不受偶然的或者恶意的原因而遭到破坏、更改、泄露，系统连续可靠正常地运行，网络服务不中断。网络信息安全的基本属性有信息的完整性、可用性、机密性、可控性、可靠性和不可否认性。

（1）信息安全隐患的产生原因、攻击方式

1）信息安全隐患的产生原因

① 网络通信协议的不安全；

② 计算机病毒的入侵；

③ 黑客的攻击；

④ 操作系统和应用软件的安全漏洞；

⑤ 防火墙自身带来的安全漏洞。

2）攻击方式：分为主动攻击和被动攻击

主动攻击包含攻击者访问他所需信息的故意行为。比如远程登录到指定机器的端口，找出公司运行的邮件服务器的信息；伪造无效 IP 地址去连接服务器，使接收到错误 IP 地址的系统浪费时间去连接某个非法地址。主动攻击包括拒绝服务攻击、信息篡改、资源使用、欺骗等攻击方法。

被动攻击主要是收集信息而不是进行访问，数据的合法用户对这种活动一点也不会觉察到。被动攻击包括嗅探、信息收集等攻击方法。

（2）信息安全缺陷

1）技术缺陷

现有的各种网络安全技术都是针对网络安全问题的某一个或几个方面来设计的，它只能相应地在一定程度上解决这一个或几个方面的网络安全问题，无法防范和解决其他的问题，更不可能提供对整个网络系统的有效保护。如身份认证和访问控制技术只能解决确认网络用户身份的问题，但却无法防止确认用户之间传递的信息是否安全的问题；而计算机病毒防范技术只能防范计算机病毒对网络和系统的危害，但却无法识别和确认网络上用户的身份。

现有的各种网络安全技术中，防火墙技术可以在一定程度上解决一些网络安全问题。防火墙产品主要包括包过滤防火墙、应用层代理防火墙和状态检测防火墙。但是防火墙产品存在着局限性，其最大的局限性就是防火墙自身不能保证其准许放行的数据是否安全。同时，防火墙还存在着一些弱点：

① 不能防御来自内部的攻击：来自内部的攻击者是从网络内部发起攻击的，他们的攻击行为不通过防火墙，而防火墙只是隔离内部网与因特网上的主机，监控内部网和因特网之间的，而对内部网上的情况不做检查，因而对内部的攻击无能为力。

② 不能防御绕过防火墙的攻击行为：从根本上讲，防火墙是一种被动的防御手段，只能守株待兔式地对通过它的数据报进行检查，如果该数据由于某种原因没有通过防火墙，则防火墙就不会采取任何的措施。

③ 不能防御完全新的威胁：防火墙只能防御已知的威胁，但是人们发现可信赖的服务中存在新的侵袭方法，可信赖的服务就变成不可信赖的了。

④ 防火墙不能防御数据驱动的攻击：虽然防火墙扫描分析所有通过的信息，但是这种扫描分析多半是针对 IP 地址和端口号协议内容的，并非数据细节。这样一来，基于数据驱动的攻击，比如病毒，可以附在诸如电子邮件之类的东西上进入你的系统中并发动攻击。

此外，入侵检测技术也存在着局限性。其最大的局限性就是漏报和误报严重，它不能称之为一个可以信赖的安全工具，而只是一个参考工具。

2）配置缺陷

对于交换机和路由器而言，它们的主要作用是进行数据的转发，因此在设备自身的安全性方面考虑的就不是很周全。在默认的情况下，交换机和路由器的许多网络服务端口都是打开的，这就等于为黑客预留了进入的通道。

3）策略与人为缺陷

计算机信息安全问题主要在于信息技术和管理制度两个方面，所以相应的安全防范策略也必须从这两个方面入手，形成技术与管理、操作与监管并行的系统化安全保障体系。

人为攻击是指通过攻击系统的弱点，以便达到破坏、欺骗、窃取数据等目的，使得网络信息的保密性、完整性、可靠性、可控性、可用性等受到伤害，造成经济上不可估量的损失。

人为攻击又分为偶然事故和恶意攻击两种。偶然事故虽然没有明显的恶意企图和目的，但它仍会使信息受到严重破坏。恶意攻击是有目的的破坏。

恶意攻击分为被动攻击和主动攻击两种。被动攻击是指在不干扰网络信息系统正常工作的情况下，进行侦收、截获、窃取、破译和业务流量分析及电磁泄漏等；主动攻击是指以各种方式有选择地破坏信息，如修改、删除、伪造、添加、重放、乱序、冒充、制造病毒等。

（3）实现目标和主要技术措施

在网络安全领域，攻击随时可能发生，系统随时可能崩溃，因此必须一年 365 天、一天 24 小时地监视网络系统的状态。这些工作仅靠人工完成是不可能的。所以，必须借助先进的技术和工具来帮助企业完成这些繁重的劳动，以保证计算机网络的安全。

1）杀毒软件

杀毒软件，也称反病毒软件或防毒软件，是用于消除电脑病毒、特洛伊木马和恶意软件等计算机威胁的一类软件。杀毒软件是一种可以对病毒、木马等一切已知的对计算机有危害的程序代码进行清除的程序工具。"杀毒软件"是由国内的老一辈反病毒软件厂商起的名字，后来由于和世界反病毒业接轨统称为"反病毒软件""安全防护软件"或"安全软件"。集成防火墙的"互联网安全套装""全功能安全套装"等用于消除电脑病毒、特洛伊木马和恶意软件的一类软件，都属于杀毒软件范畴。杀毒软件通常集成监控识别、病毒扫描和清除、自动升级等功能，有的反病毒软件还带有数据恢复、防范黑客入侵、网络流量控制等功能。

与一般单机的杀毒软件相比，杀毒软件的网络版市场更多的是技术与服务的竞争。其特点表现在：

① 杀毒技术的发展日益国际化。世界上每天有 13～50 种新病毒出现，并且 60％的病毒均通过 Internet 传播，病毒发展有日益跨越疆界的趋势，杀毒企业的竞争也随之日益国际化。

② 杀毒软件面临多平台的挑战。一个好的企业级杀病毒软件必须能够支持所有主流平台，并实现软件安装、升级、配置的中央管理及自动化，要达到这样的要求需要大量工程师多年的技术积累。

③ 杀毒软件面临着 Internet 的挑战。好的企业级杀病毒软件要保护企业所有的可能病毒入口，也就是说要支持所有企业可能用到的 Internet 协议及邮件系统，能适应并且及时跟上瞬息万变的 Internet 时代步伐。现今 60％以上的病毒是通过 Internet 传播，可以说 Internet 的防毒能力成为杀病毒软件的关键技术。

综上所述，网络版杀毒软件不仅有着免费的优势，还有着实时更新等重要优势，故推荐使用腾讯电脑管家、金山毒霸、360 等网络杀毒软件并进行日常维护、杀毒。

2）行为管理

上网行为管理产品及技术是专用于防止非法信息恶意传播，避免国家机密、商业信息、科研成果泄露的产品；并可实时监控、管理网络资源使用情况，提高整体工作效率。上网行为管理产品系列适用于需实施内容审计与行为监控、行为管理的网络环境，尤其是按等级进行计算机信息系统安全保护的相关单位或部门。我们在这里主要介绍重要的防火墙技术。

网络安全中系统安全产品使用最广泛的技术就是防火墙技术，即在 Internet 和内部网络之间设一个防火墙。目前在全球连入 Internet 的计算机中约有 1/3 是处于防火墙保护之下。

对企业网络用户来说，如果决定设定防火墙，那么首先需要由网络决策人员及网络专家共同决定本网络的安全策略，即确定什么类型的信息允许通过防火墙，什么类型的信息不允许通过防火墙。防火墙的职责就是根据本单位的安全策略，对外部网络与内部网络之间交流的数据进行检查，符合的予以放行，不符合的拒之门外。

网络的安全性通常是以网络服务的开放性、便利性、灵活性为代价的，对防火墙的设置也不例外。防火墙的隔断作用一方面加强了内部网络的安全，一方面却使内部网络与外部网络的信息系统交流受到阻碍，因此必须在防火墙上附加各种信息服务的代理软件来代理内部网络与外部的信息交流，这样不仅增大了网络管理开销，而且减慢了信息传递速率。

需要说明的是，并不是所有网络用户都需要安装防火墙。一般而言，只有对个体网络安全有特别要求，而又需要和 Internet 联网的企业网、公司网，才建议使用防火墙。另外，防火墙只能阻截来自外部网络的侵扰，而对于内部网络的安全还需要通过对内部网络的有效控制和管理来实现。

3）加密技术

网络安全的另一个非常重要的手段就是加密技术，它的思想核心就是既然网络本身并不安全可靠，那么所有重要信息就全部通过加密处理。加密的技术主要分为单匙技术与双匙技术。

加密技术主要有两个用途：一是加密信息；另一个是信息数字署名，即发信者用自己的私人钥匙将信息加密，这就相当于在这条消息上署上了名。任何人只有用发信者的公用钥匙，才能解开这条消息。这一方面可以证明这条信息确实是此发信者发出的，而且事后未经过他人的改动（因为只有发信者才知道自己的私人钥匙）；另一方面也确保发信者对自己发出的消息负责，消息一旦发出并署了名，他就无法再否认这一事实。

在网络传输中，加密技术是一种效率高而又灵活的安全手段，值得在企业网络中加以推广。目前，加密算法有多种，大多源于美国，但是大多受到美国出口管制法的限制。现在金融系统和商界普遍使用的算法是美国数据加密标准 DES。近几年来我国对加密算法的研究主要集中在密码强度分析和实用化研究上。

除了上面介绍的几种之外，还有一些被广泛应用的网络安全技术。例如：身份验证、存取控制、数据完整性、安全协议等。

4）扫描技术

扫描的目的就是通过一定的方法和手段发现系统或网络内存在的安全漏洞和隐患，以便于管理人员对系统、网络的不足之处及时进行修补，以防攻击者对目标网络、系统进行攻击。

① 漏洞扫描

漏洞是指硬件、软件或策略上的缺陷，从而可使攻击者能够在未经授权的情况下访问系统。漏洞涉及的范围很广，囊括了网络的各个环节、各个方面，包括：路由器、防火墙、操作系统、客户和服务器软件。比如一台提供网上产品搜索的 Web 服务器，就需要注意操作系统、数据库系统、Web 服务软件及防火墙。平均来说，每个星期都会发现若干个安全漏洞。如果用的是旧版本的系统，那么漏洞报告可能很多。

当今的系统功能越来越强，体积也越做越大。出错是软件的属性，造成软件出现错误的原因是多方面的，比如软件复杂性、程序设计的缺陷、开发时间紧迫、软件开发工具本身的错误等。并且无论经过怎样的测试，软件产品中仍然会遗留下许多错误和缺陷。因为软件是由人来完成的，所有由人做的工作都不会是完美无缺的。加上管理人员的惰性，不愿意仔细地进行系统的安全配置。这样一来，本来比较安全的系统也变得不安全了。

一个系统从发布的那一天起，随着用户的深入使用，系统中存在的漏洞会被不断暴露出来，这些早先被发现的漏洞也会不断被系统供应商发布的补丁软件修补，或在以后发布的新版系统中得以纠正。而在新版系统纠正了旧版本中原有漏洞的同时，也会引入一些新的漏洞和错误。因而随着时间的推移，旧的漏洞会不断消失，新的漏洞会不断出现，漏洞问题也会长期存在。

系统攻击者往往是安全漏洞的发现者和使用者，要对一个系统进行攻击，如果不能发现和使用系统中存在的安全漏洞是不可能成功的。

随着黑客入侵手段的日益复杂和通用系统不断发现的安全缺陷，预先评估和分析网络系统中存在的安全问题已经成为网络管理员们的重要需求。基于网络的安全扫描技术主要用于检测网络内的服务器、路由器、网桥、交换机、访问服务器、防火墙等设备的安全漏洞，并可构造模拟攻击，探测系统是否真实存在可以被入侵者利用的系统安全薄弱之处，评价系统的防御能力。网络安全扫描系统，是维护网络安全所必备的系统级网络安全产品之一，其存在的重要性和必要性正被广大用户所接受和认可。

② 端口扫描

"端口"在计算机网络领域中是个非常重要的概念。它是专门为计算机通信而设计的，如果有需要的话，一台计算机中可以有上万个端口。端口是由计算机的通信协议 TCP/IP 协议定义的。协议中规定，用 IP 地址和端口作为套接字，它代表 TCP 连接的一个连接端，一般称为 Socket。具体来说，就是用［IP：端口］来定位一台主机中的进程。可以做这样的比喻，端口相当于两台计算机进程间的大门，可以随便定义，其目的只是为了让两台计算机能够找到对方的进程。计算机就像一座大楼，这个大楼有好多入口（端口），进到不同的入口中就可以找到不同的公司（进程）。如果要和远程主机 A 的程序通信，那么只要把数据发向［A：端口］就可以实现通信了。因此，端口与进程是一一对应的，如果某个进程正在等待连接，称之为该进程正在监听，那么就会出现与它相对应的端口。由此可见，入侵者通过扫描端口，可以判断出目标计算机有哪些通信进程正在等待连接。

端口是一个 16bit 的地址，通常用端口号进行标识不同作用的端口。端口一般分为两类，一类是熟知的端口号（公认端口号），由因特网指派名字和号码公司 ICANN 负责分配给一些常用的应用层程序固定使用的熟知端口，其数值一般为 0～1023；另一类是一般端口号，用来随时分配给请求通信的客户进程使用。

扫描器是一种自动检测远程或本地主机安全性弱点的程序，通过使用扫描器，入侵者可以不留痕迹地发现远程服务器的各种 TCP 端口的分配及该端口提供的服务，以及服务器使用的软件版本等信息。而网络系统管理员通过扫描器则可以间接地或直观地了解到远程主机所存在的安全问题，再有针对性地进行安全漏洞修补。扫描器通过选用远程 TCP/IP 不同的端口的服务，尝试与目标主机的某些端口建立连接，如果目标主机该端口有回复，则说明该端口开放，即为"活动端口"。扫描器记录下目标给予的回答，通过这种方法，可以搜集到很多关于目标主机的各种有用的信息。进行端口扫描的方法很多，可以是手工进行扫描，也可以用端口扫描软件进行扫描。目前比较常用的端口扫描技术有 TCP connect（）扫描、IP 段扫描、TCP 反向 ident 扫描、FTP 返回攻击等。

（4）网络攻击应对策略

在对网络攻击进行上述分析与识别的基础上，必须认真制定有针对性的策略，才能确保网络信息的安全。首先要明确安全保护对象，设置强有力的安全保障体系。其次是要有的放矢，在网络中层层设防，发挥网络每层的作用，使每一层都成为一道关卡，从而让攻击者无隙可钻、无计可施。同时还必须做到未雨绸缪，预防为主，将重要的数据备份并时刻注意系统运行状况。以下是针对众多令人担心的网络安全问题，提出的几点应对网络攻击的建议：

1）提高安全意识

① 不要随意打开来历不明的电子邮件及文件，不要随便运行不熟悉的程序，比如"特洛伊"类黑客程序就需要骗你运行。

② 尽量避免从 Internet 下载不知名的软件、游戏褯序。即使从知名的网站下载的软件也要及时用最新的病毒和木马查杀软件对软件和系统进行扫描。

③ 密码设置尽可能使用字母数字混排，单纯的英文或者数字很容易被穷举。将常用的密码设置成不同的，防止被人查出一个，连带到重要密码。重要密码最好经常更换。

④ 及时下载安装系统补丁程序。

2）使用防毒、防黑等防火墙软件

防火墙是一个用以阻止网络中的黑客访问某个机构网络的屏障，也可称之为控制进/出两个方向通信的门槛。在网络边界上通过建立起来的相应网络通信监控系统来隔离内部和外部网络，以阻挡外部网络的侵入。

3）设置代理服务器，隐藏自己的 IP 地址

保护自己的 IP 地址是很重要的。事实上，即便机器上被安装了木马程序，若没有 IP 地址，攻击者也是没有办法的，而保护 IP 地址的最好方法就是设置代理服务器。

4）将防毒、防黑当成日常例行性工作

定时更新防毒组件，将防毒软件保持在常驻状态，以彻底防毒。由于黑客经常会针对特定的日期发动攻击，计算机用户在此期间应特别提高警戒。

4.2　操作系统的功能和使用

4.2.1　操作系统基本知识

操作系统（Operating System，简称 OS）是管理和控制计算机硬件与软件资源的计算机程序，是直接运行在"裸机"上的最基本的系统软件，任何其他软件都必须在操作系统

的支持下才能运行。

操作系统是用户和计算机的接口，同时也是计算机硬件和其他软件的接口。操作系统的功能包括管理计算机系统的硬件、软件及数据资源，控制程序运行，改善人机界面，为其他应用软件提供支持，让计算机系统所有资源最大限度地发挥作用，提供各种形式的用户界面，使用户有一个好的工作环境，为其他软件的开发提供必要的服务和相应的接口等。实际上，用户是不用接触操作系统的，操作系统管理着计算机硬件资源，同时按照应用程序的资源请求，分配资源，如：划分 CPU 时间、内存空间的开辟、调用打印机等。

（1）操作系统的发展历史

计算机操作系统的发展经历了两个阶段。第一个阶段为单用户、单任务的操作系统，继 CP/M 操作系统之后，还出现了 C-DOS、M-DOS、TRS-DOS、S-DOS 和 MS-DOS 等磁盘操作系统。

计算机操作系统发展的第二个阶段是多用户多道作业和分时系统。其典型代表有 Unix、Xenix、OS/2 以及 Windows 操作系统。分时的多用户、多任务、树形结构的文件系统以及重定向和管道是 Unix 的三大特点。

（2）Windows

Windows 是美国 Microsoft 公司在 1985 年 11 月发布的第一代窗口式多任务系统，它使 PC 机开始进入了图形用户界面的新时代。Windows 采用了图形化模式 GUI，比起从前的 DOS 需要键入指令使用的方式更为人性化。随着电脑硬件和软件的不断升级，微软的 Windows 也在不断升级，从架构的 16 位、32 位再到 64 位，系统版本从最初的 Windows 1.0 到大家熟知的 Windows 95、Windows 98、Windows ME、Windows 2000、Windows 2003、Windows XP、Windows Vista、Windows 7、Windows 8、Windows 8.1、Windows 10 和 Windows Server 服务器企业级操作系统，不断持续更新，微软一直在致力于 Windows 操作系统的开发和完善。

目前 Windows 的 PC 机已经发展到 Windows 10，服务器端已经发展到 Windows Server 2016。Windows Server 2016 是微软于 2016 年 10 月 13 日正式发布的最新服务器操作系统。它在整体的设计风格与功能上更加靠近了 Windows 10。

（3）Linux

Linux 是一套免费使用和自由传播的类 Unix 操作系统，是一个基于 POSIX 和 Unix 的多用户、多任务、支持多线程和多 CPU 的操作系统。它能运行主要的 Unix 工具软件、应用程序和网络协议，支持 32 位和 64 位硬件。Linux 继承了 Unix 以网络为核心的设计思想，是一个性能稳定的多用户网络操作系统。Linux 系统具有以下特点：

1）基本思想

Linux 的基本思想有两点：第一，一切都是文件；第二，每个软件都有确定的用途。其中第一条详细来讲就是系统中的所有都归结为一个文件，包括命令、硬件和软件设备、操作系统、进程等，对于操作系统内核而言，都被视为拥有各自特性或类型的文件。至于说 Linux 是基于 Unix 的，很大程度上也是因为这两者的基本思想十分相近。

2）支持多种平台

Linux 可以运行在多种硬件平台上，如具有 x86、680x0、SPARC、Alpha 等处理器的平台。此外，Linux 还是一种嵌入式操作系统，可以运行在掌上电脑、机顶盒或游戏机上。目前，Linux 2.4 版内核已经能够完全支持 Intel 64 位芯片架构。同时，Linux 也支持多处理器技术。多个处理器同时工作，使系统性能大大提高。

3）多用户、多任务

Linux 支持多用户，各个用户对于自己的文件设备有自己特殊的权利，保证了各用户之间互不影响。多任务则是现在电脑最主要的一个特点，Linux 可以使多个程序同时并独立地运行。

4.2.2　常用操作系统 Windows

（1）Windows XP

Windows XP 是 Microsoft 在 2001 年 10 月 25 日推出的基于 X86、X64 架构的 PC 和平板电脑使用的操作系统，包括商用及家用的台式电脑等，大小为 575MB～1GB。

其名字"XP"的意思是英文中的"体验（Experience）"，是继 Windows 2000 及 Windows ME 之后的下一代 Windows 操作系统，也是微软首个面向消费者且使用 Windows NT5.1 架构的操作系统。

Windows XP 是第一个采用 NT 内核的 Windows 消费者版本，这个内核现在仍旧支撑着 Windows 10、Windows Phone、Xbox One 和 Azure。一个操作系统对应商务和家用，这对于人们来说意味着他们在工作和生活中都可以面对相同的界面，使用起来更加舒适。这种便利让用户们爱上了 Windows XP，也让微软获得了更大的市场。采用了 NT 内核的 Windows XP 有很多优势，从多线程到更好的内存管理，而且它也为 32～64 位的转移提供了条件。NT 让一个家庭操作系统真正变得强大了。

无论是对商务用户还是普通用户来说，Windows XP 都拥有大量实用的功能。Windows Installer 组件使得新软件安装有了一个标准的方式；Clear Type 允许改变字体的显示方式让它们更易读。至于商务用户，他们拥有了第一版远程桌面。Windows XP 是 Windows 第一次支持多语言。

2014 年 4 月 8 日，服役 13 年的微软 Windows XP 系统正式"退休"。尽管系统仍可以继续使用，但微软不再提供官方服务支持。同年 10 月份的数据显示，Windows XP 的市场份额较 9 月大幅下滑 6.7%～17.2%。停止 Windows XP 支持半年后，Windows XP 的市场份额十多年来首次低于 20% 以下。根据国际权威评测机构 StatCounter 的统计，2017 年 1 月份中国操作系统市场 Win10 份额全面超过 Windows XP，达到 19.63%，跃居第二位，仅次于 Win7。

Windows XP 之所以能够叱咤风云 15 年，成为操作系统中最长寿的长者，靠的就是独具一格的魅力和实力，以及自己符号般的存在。如今 Windows XP 所代表的早已不只是一款操作系统，而是一个时代的印记，它不仅被写入各国教科书中伴随一代人成长，更将永远被历史所铭记。

如果在结束支持后继续使用 Windows XP，虽然电脑仍可工作，但它可能更容易受到安全风险与病毒的攻击。Internet Explorer 8 也不再受支持，因此，如果 Windows XP 电脑连接到 Internet，而且使用 Internet Explorer 8 上网冲浪，则可能会将电脑暴露到更多的威胁中。此外，由于更多软件和硬件制造商将改良产品以便与更多最新版本的 Windows

兼容，因此，大量应用和设备将无法在 Windows XP 中使用。

（2）Windows 7

Windows 7 是由微软公司（Microsoft）开发的操作系统，内核版本号为 Windows NT 6.1。Windows 7 可供家庭及商业工作环境、笔记本电脑、平板电脑、多媒体中心等使用。Windows 7 也延续了 Windows Vista-Aero 风格，并且在此基础上增添了些许功能。

Windows 7 可供选择的版本有：入门版（Starter）、家庭普通版（Home Basic）、家庭高级版（Home Premium）、专业版（Professional）、企业版（Enterprise）（非零售）、旗舰版（Ultimate）。2009 年 7 月 14 日，Windows 7 正式开发完成，并于同年 10 月 22 日正式发布。10 月 23 日，微软于中国正式发布 Windows 7。2015 年 1 月 13 日，微软正式终止了对 Windows 7 的主流支持，但仍然继续为 Windows 7 提供安全补丁支持，直到 2020 年 1 月 14 日正式结束对 Windows 7 的所有技术支持。

Windows 7 的设计主要围绕五个重点：针对笔记本电脑的特有设计；基于应用服务的设计；用户的个性化；视听娱乐的优化；用户易用性的新引擎。跳跃列表、系统故障快速修复等新功能令 Windows 7 成为最易用的 Windows。

与 Windows XP 相比，Win7 作为新一代的操作系统经过长时间的改进，在稳定性和安全性上比以前有了很大提升；在娱乐方面，Win7 原生支持最新的 DIRECT 11，以后的游戏都会用到 DIRECT 11，画面效果更逼真，而 XP 最高只支持 DIRECT 9；Win7 的 AERO 特效使得操作系统的界面变得更华丽。Win7 系统最大的劣势在于系统要求过高，稍微老一些的电脑，比如单核 CPU 和小于 2G 内存的机器运行起来会比较吃力。新安装的 Win7 系统刚开机占用内存就有 500～800MB，比 XP 大很多。不过现在的电脑配置越来越好，这种劣势也在渐渐消失。

（3）Windows 10

Windows 10 是美国微软公司所研发的新一代跨平台及设备应用的操作系统。Windows 10 是微软发布的最后一个独立 Windows 版本，下一代 Windows 将作为更新形式出现。Windows 10 共有 7 个发行版本，分别面向不同用户和设备。

2017 年 4 月 11 日（美国时间），微软发布 Windows 10 创意者更新（Creators Update，Build 15063）正式版系统，这款系统是继之前首个正式版、秋季更新版、一周年更新版之后的第四个正式版，也是目前为止最为成熟稳定的版本。

相比之前的版本，Windows 10 具有以下优点：

1）稳定性和安全性更好

Windows Defender 防病毒现在具有特定的安全措施，能抵御 Wanna Cry 等恶意应用和威胁，以及其他勒索软件的攻击；从云接收所有最新的威胁定义，无论在哪里都能为你的设备提供全天候保护；实时扫描和保护你的设备免受任何威胁。

2）亦新亦旧的开始菜单

这是 Windows 10 上的新功能。点击左下角 Windows 的标志，或者按下键盘上的 Windows 键，新的开始菜单体验就会呈现，它综合了 Windows 7 和 Windows 8 的特点，可以在左侧找到最常使用的程序，右侧呈现了 Windows 8 一样的磁贴。动态磁贴周期性地翻转，刷新内容。

3）多任务视图

你可能习惯于在一个窗口打开多个程序，而将其他程序关闭或者最小化。如果你想同时使用多个程序，你必须购买另一个屏幕。多任务视图能够让你不必最小化不用的程序，而是将他们放在整个屏幕的程序后面，以保持每个程序的位置不变。Windows 10 的多任务视图允许你在多个虚拟屏幕上安排多个软件，除了正在运行的程序之外都隐藏在该程序下面。

4）更多的创新功能

与手机相协调，在电脑上继续任务：可以将 Android 或 iPhone 中的网站、搜索和文章转发到 PC，以便在更大的屏幕上查看和编辑。

全新沉浸式现实体验：借助 Windows Mixed Reality，探索全新的世界，前往知名景点旅行和玩游戏等。

Microsoft Edge 的新增功能：Microsoft Edge 提供了简单的预览、分组和 Web 标签页保存工具。不必离开正浏览的网页就可以快速找到、管理并打开已经整理好的标签页；通过网址输入框即可直接进行搜索并获取数千个答案。只需键入相关内容就可以立即获取天气预报、测量数据、换算结果、比赛得分等；在电子图书中书写，直接从浏览器填写 PDF 表单，或者将喜爱的站点直接固定到任务栏。

人脉：快速访问你的人脉，可以将常联系的人固定到任务栏，以通过邮件或 Skype 等应用实现便捷的单击访问。

语音激活的电源命令：除了锁屏界面上方的 Cortana 等令人惊喜的语音激活功能，你现在还能要求 Cortana 关机、重启或让 PC 睡眠。

OneDrive：在 OneDrive 中保存文件并像 PC 中的任何其他文件一样访问，无需占用磁盘空间。按需下载文件，或选择要始终脱机可用的文件。

目视控制：借助屏幕鼠标、键盘和仅利用眼睛操作的文本语音转换体验，更轻松使用 Windows；需要有兼容的目视跟踪器，如 Tobii Eye Tracker 4C。

4.3　统计数据的处理、管理与应用

统计数据从最初收集与最终投入使用所需的时间，因数据采集方式、数据量的多少的不同而发生变化，通常都需要经历一个较长的时间。有的系统把最初收集来的数据直接存入到数据库中，有的系统会把数据存入到其他介质中，最后才存入数据库中。但无论怎样，首先都要对数据进行数据处理，只有被处理过的数据，才是有意义的数据，才是能为我们所用的数据。

4.3.1　统计数据处理与标准化

（1）数据处理

在数据文件建立好后，还需要对待分析的数据进行必要的加工处理，将大量庞杂的统计数据系统化、条理化，使之能有效地显示和提供所包含的统计信息。数据的整理工作是一个复杂、繁琐的工作过程，可以借助计算机的强大数据处理功能来完成。SPSS（Statistical Product and Service Solutions），"统计产品与服务解决方案"软件，是世界著名的统

计分析软件之一。SPSS、Excel 这些知名软件都提供了强大的数据处理功能。数据处理主要包括：统计数据的预处理、统计分组及频数分布等。

统计数据的预处理是数据分组整理的先前步骤，内容包括数据的审核、筛选、排序等过程。审核是应用各种检查规则来辨别缺失、无效或不一致的数据。审核的目的是更好地了解统计数据，以确保统计数据的完整、准确与一致。在审核过程中辨别出来的数据缺失、无效与不一致等问题后需要对数据进行插补。插补是指给每一个缺失数据一些替代值，以便得到"完全数据集"后，再使用数据统计方法分析数据并进行统计推断；统计数据的筛选有两方面内容：一是将某些不符合要求的数据或有明显错误的数据予以删除；二是将符合某种特定条件的数据筛选出来，不符合特定条件的数据舍弃；数据排序就是按一定顺序将数据排列，其目的是为了便于研究者通过浏览数据发现一些明显的特征或趋势，找到解决问题的线索。除此之外，排序还有助于对数据检查、纠错，为重新分组或归类提供依据。在某些场合，排序本身就是分析的目的之一。例如对全国水司的有关信息进行排序，企业可以了解自己在行业中所处的地位，还可以了解其他水司的状况，从而制定有效的企业发展规划和战略目标。

统计分组是指根据统计研究的目的和客观现象的内在特点，按照一定的标志把被研究对象划分为若干个性质不同但又有联系的组。统计分组的目的是使数据系统化、科学化、条理化，从而全面地认识数据。

统计图在经济管理工作中得到了广泛的应用。通过数据分组形成的频数分布表，比较精确，但不太直观。为了更直观地显示频数分布的特征和规律，可以在列表的基础上，用统计图来表示频数分布。统计图可以将表中的数据用图形表示，使表、图、文字有机地结合起来，使人们一目了然地认识客观事物的状态、形成、发展趋势或分布状况等。常见的统计图有：条形图、饼图、环形图、直方图、折线图、散点图等。

统计数据的筛选、排序、分组及图表制作等均可借助计算机很容易完成。

（2）数据标准化

在数据分析之前，通常需要先将数据标准化（Normalization），利用标准化后的数据进行数据分析。数据标准化也就是统计数据的指数化。数据标准化处理主要包括数据同趋化处理和无量纲化处理两个方面。数据同趋化处理主要解决不同性质数据问题，对不同性质指标直接加总不能正确反映不同作用力的综合结果，须先考虑改变逆指标数据性质，使所有指标对测评方案的作用力同趋化，再加总才能得出正确结果。数据无量纲化处理主要解决数据的可比性。数据标准化的方法有很多，有"最小—最大标准化""Z-score 标准化"和"按小数定标标准化"、对数 Logistic 模式、模糊量化模式等，这里我们只介绍较为常用的"最小—最大标准化""Z-score 标准化"。经过上述标准化处理，原始数据均转换为无量纲化指标测评值，即各指标值都处于同一个数量级别上，可以进行综合测评分析。

1）Min-max 标准化

Min-max 标准化方法是对原始数据进行线性变换。设 $MinA$ 和 $MaxA$ 分别为属性 A 的最小值和最大值，将 A 的一个原始值 x 通过 Min-max 标准化映射成在区间 $[0, 1]$ 中的值 x'，其公式为：

$$新数据＝（原数据－极小值）/（极大值－极小值）$$

2）Z-score 标准化

这种方法基于原始数据的均值（mean）和标准差（standard deviation）进行数据的标准化。将变量原始值 x 使用 Z-score 标准化到 x'。

Z-score 标准化方法适用于变量的最大值和最小值未知的情况，或有超出取值范围的离群数据的情况。

$$新数据＝（原数据－均值）/标准差。$$

SPSS 默认的标准化方法就是 Z-score 标准化。

在 SPSS 中依次点击：分析 Analyze—描述统计 Descriptive Statistics—描述 Descriptives，此时会弹出"描述 Descriptives"对话框，先将准备标准化的变量移入变量组中，勾选"将标准化得分另存为变量 Save standardized values as variables"，最后点击确定 OK。

用 Excel 进行 Z-score 标准化的方法：在 Excel 中没有现成的函数，需要自己分步计算，其实标准化的公式很简单。

步骤如下：

① 求出各变量（指标）的算术平均值（数学期望）x_i 和标准差 s_i。

② 进行标准化处理：

$$z_{ij} = (x_{ij} - x_i)/s_i$$

式中　z_{ij}——标准化后的变量值；

　　　x_{ij}——实际变量值。

③ 将逆指标前的正负号对调。

标准化后的变量值围绕 0 上下波动，大于 0 说明高于平均水平，小于 0 说明低于平均水平。

4.3.2　数据库知识

数据库（Database）是按照数据结构来组织、存储和管理数据的仓库，它产生于距今 60 多年前，随着信息技术和市场的发展，特别是 20 世纪 90 年代以后，数据管理不再仅仅是存储和管理数据，而转变成用户所需要的各种数据管理的方式。数据库有很多种类型，从最简单的存储有各种数据的表格到能够进行海量数据存储的大型数据库系统都在各个方面得到了广泛的应用。

（1）关系型数据库

在信息化社会，充分有效地管理和利用各类信息资源，是进行科学研究和决策管理的前提条件。数据库技术是管理信息系统、办公自动化系统、决策支持系统等各类信息系统的核心部分，是进行科学研究和决策管理的重要技术手段。

日常工作中，使用最多的就是关系型数据库。关系型数据库是建立在关系数据模型基础上的数据库管理系统。在 20 世纪 70 年代曾出现过不同的数据模型，如网络模型、层次模型，这两种数据模型都早于关系模型。网络模型和层次模型都使用指针作为数据连接处理用户的查询需求，数据组织非常复杂，无论是设计还是维护都极其复杂，不利于推广使用。与这两者相比，关系数据库管理系统使用数据之间的关系来满足用户的复杂查询，数据库的设计更加简单，关系数据模型相对较早的两种数据模型具体更多的优势。关系数据模型的创始人是 E. F. Codd。1970 年，IBM 的研究员 E. F. Codd 博士在刊物《Communi-cation of the ACM》上发表了一篇名为 "A Relational Model of Data for Large Shared Data Banks" 的论文，提出了关系模型的概念，奠定了关系模型的理论基础。E. F. Codd 博士的这篇论文意义重大、影响深远，在数据库领域一直在被人们传颂。1970 年以后，E. F. Codd 致力于完善与发展关系理论。1972 年，他提出了关系代数和关系演算的概念，定义了关系的并、交、投影、选择、连接等各种基本运算，为日后成为标准的结构化查询语言（SQL）奠定了基础。

（2）各种数据库的简介

1）Oracle

关系型数据库 Oracle，具备强大的数据字典，是一款非常优秀的数据库管理软件，也是目前市场占有率最大且最实用的数据库。Oracle 性能卓越，处理速度快，安全级别高，使用起来非常灵活，很多银行、保险、电信行业都使用 Oracle 数据库。对于初学者来说，它可以有较为简单的配置；对于要求很高的企业级应用，它也提供了高级的配置和管理方法。

当前，Oracle 数据库最新版本为 Oracle Database 12c。Oracle 数据库 12c 引入了一个新的多承租方架构，使用该架构可轻松部署和管理数据库云。此外，一些创新特性可最大限度地提高资源使用率和灵活性，如 Oracle Multitenant 可快速整合多个数据库，而 Automatic Data Optimization 和 Heat Map 能以更高的密度压缩数据和对数据分层。这些独一无二的技术进步再加上在可用性、安全性和大数据支持方面的主要增强，使得 Oracle 数据库 12c 成为私有云和公有云部署的理想平台。

2）MS SQL

MS SQL 发展经历了多个版本，有 SQL Server 2000、2005、2008、2012、2014，这几个版本差别较大。2000 版本的数据库程序小而简单，功能较全，属于中型数据库；2005 以后的各版本中加入了很多功能，操作各方面都变得较为复杂，性能日趋成熟。SQL Server 2008 版本可以将结构化、半结构化和非结构化文档的数据直接存储到数据库中，可以对数据进行查询、搜索、同步、报告和分析之类的操作。数据可以存储在各种设备上，从数据中心最大的服务器一直到桌面计算机和移动设备，它都可以控制数据而无需关心数据存储在哪里。此外，SQL Server 2008 为我们带来了一些更强大的审计功能，其中很重要的一个就是变更数据捕获（CDC）。使用 CDC，你能够捕获和记录发生在你数据库中的任意操作。通过使用 CDC 功能，你不仅可以知道对数据进行了何种操作，你还可以恢复因误操作或错误的程序所造成的丢失数据；微软 SQL Server 2012 版本重在"大数据"，微软对 SQL Server 2012 的定位是帮助企业处理每年大量的数据（Z 级别）增长；微软一直将 SQL Server 2014 定位为混合云平台，这意味着 SQL Server 数据库更容易整合 Windows Azure。总之，经过多年的发展，SQL Server 已发展成为真正意义上的大型数据库，必将在数据库领域以其非凡的能力展现其独特的魅力。

3）DB2

关系型数据库，适用于大型的分布式应用系统，是应用非常好的数据库。DB2 的稳定性、安全性、恢复性等都无可挑剔，而且从小规模到大规模的应用都非常适合。但是 DB2 使用起来较为繁琐，数据库的安装要求较多，很多软件都可能和 DB2 产生冲突。因此一般 DB2 都是安装在小型机或者大型服务器上的，一般不建议在 PC 机上安装。

4）MYSQL

这是一个很好的关系型数据库。MYSQL 使用免费，程序虽小，但功能却很全，而且安装简单。现在很多网站都用 MYSQL。MYSQL 除了在字段约束上略有不足，其他方面都很不错。

5）Access

典型的桌面数据库。如果用它做个简单的单机系统，如记账、备忘录之类的，运行起来还算流畅；但如果需要它在局域网里跑个小程序，程序的运行会比较吃力。Access 的数据源连接很简单，它是 Windows 自带数据源。

针对同一数据库，还需要了解数据库版本号等信息，比如 Oracle 数据库，不同版本导致软件操作方法会有所不同，但其基本思想及方法没有太大变化，学会了一种版本的操作，很容易就能转换到其他版本的环境中使用。

各数据库的市场份额，如图 4-3 所示。

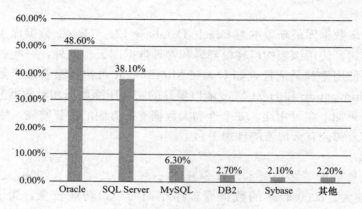

图 4-3　数据库的市场份额

（3）各种数据库的优缺点

下面将常用的 SQL Server、Oracle、DB2 进行对比。

1）开放性

SQL Server：只能在 Windows 上运行，不具备开放性，操作系统的稳定性对数据库来说十分重要。

Oracle：能在所有主流平台上运行（包括 Windows），支持所有的工业标准。Oracle 采用完全开放的策略，客户可以选择最适合他的解决方案。

DB2：能在所有主流平台上运行（包括 Windows），最适于海量数据。DB2 在企业级的应用最为广泛，在全球 500 强企业中，85％以上使用 DB2 数据库服务器。

2）可伸缩性、并行性

SQL Server：并行实施和共存模型并不成熟，难以处理日益增多的用户数和数据卷。伸缩性有限。

Oracle：平行服务器通过使一组结点共享同一簇中的工作来扩展 Windows NT 的能力。提供高可用性和高伸缩性的簇解决方案。如果 Windows NT 不能满足需要，用户可以把数据库移到 Unix 中。

DB2：DB2 具有很好的并行性。DB2 把数据库管理扩充到了并行的、多节点的环境。数据库分区是数据库的一部分，包含自己的数据、索引、配置文件和事务日志。数据库分区有时被称为节点或数据库节点。

3）安全性

SQL Server：没有获得任何安全证书，但其安全性已越来越能得到用户的认可。

Oracle：获得最高认证级别的 ISO 标准认证。

DB2：获得最高认证级别的 ISO 标准认证。

4）使用性能

SQL Server：性能较高，随着新版本的推出，性能日臻完善。

Oracle：性能最高，保持 Windows NT 下的 TPC-D 和 TPC-C 的世界纪录。

DB2：在数据仓库和在线事物模式下，处理性能较高。

5）客户端支持及应用模式

SQL Server：C/S 结构，只支持 Windows 客户，可以用 ADO、DAO、OLEDB、OD-BC 及微软 . Net 技术进行连接。

Oracle：多层次网络计算，支持多种工业标准，可以用 ODBC、JDBC、OCI 等网络客户连接。

DB2：跨平台，多层结构，支持 ODBC、JDBC 等客户。

6）操作便利性

SQL Server：操作简单，但只有图形界面。

Oracle：操作略复杂，同时提供 GUI 和命令行，在 Windows NT 和 Unix 下操作相同。

DB2：操作简单，同时提供 GUI 和命令行，在 Windows NT 和 Unix 下操作相同。

7）使用风险

SQL Server：完全重写的代码，许多功能需要时间来证明。

Oracle：长时间的开发经验，完全向下兼容。得到广泛的应用，几乎没有风险。

DB2：在巨型企业得到广泛的应用，向下兼容性好，风险较小。

目前业界流行的关系数据库管理系统产品包括 Oracle、DB2、SQL Server、MySQL 等。其中，Oracle、SQL Server 在水务公司的各大业务系统中，广泛被使用，其中应以 Oracle 为最。

（4）SQL 语言简介

操作数据库的语言，全称为结构化查询语言（Structure Query Language）。它是直接操作数据库的语言，如最常使用的 DML 语句。对数据库内存储的信息执行的所有操作都是通过 SQL 语句执行的。在数据库中 SQL 语句操作的对象绝大多数都是表或者视图对象。一条 SQL 语句相当于一条计算机程序或指令，因此 SQL 语句必须包含一段完整的语法。下面以 Oracle 数据库为例简单介绍下。Oracle 语句主要可以分成以下几类：

1）数据查询语句

Select：该语句的功能是从数据库中获得用户数据，如查询用户联系电话、用户的信用等级、某用户各月用水量或部门某年某月售水总量、总收入等。

2）数据操纵语句（DML）

Insert：该语句的功能是向表中添加记录，如将每月的抄见水量信息插入数据表中。

Update：该语句的功能是更新表中的数据，通常和 where 条件语句一起使用。如对某用户某月的抄见记录中的用水量进行修正。

Delete：删除表中的数据。如删除由系统异常或人为操作不当而重复上传的抄表记录。

3）数据的定义语言（DDL）

Create：创建数据库对象，如表、索引、视图等。

Alter：修改数据库对象的结构或改变系统参数。如修改表的字段类型或添加、删除数据列。

Drop：删除掉一个对象，如删除一个表、索引等。

Rename：重命名一个对象。

Truncate：截断一个表。

4）事务控制语句

Commit：用于提交由 DML 语句操作的事务。

Rollback：用于回滚 DML 语句改变了的数据。

5）数据控制语句

Grant：用于授予用户访问某对象的特权。

Revoke：用于回收用户访问某对象的特权。

（5）SQL 优化

SQL 是最重要的关系型数据库操作语言。SQL 语句的运行效率，对于数据库的整体性能至关重要。因此，SQL 语句的优化就成了数据库专业人员必须掌握的一项技能。SQL 优化工作十分繁杂，在一个维护得比较好的系统中，需要优化的 SQL 有许多是业务逻辑十分复杂的 SQL 语句，而不是简单地加一个索引就能解决问题的，甚至有些 SQL 语句要打印十多页纸，想要理解这样的 SQL 语句的逻辑含义往往需要花上一段时间。

近些年来，随着 NoSQL 的蓬勃发展，有一种观念也逐渐盛行——关系型数据库必将死亡，NoSQL 将取而代之，SQL 优化没有必要。NoSQL 作为一种新兴的技术，的确有其鲜明的特点，也适用于一些场合。但我们要看到，很多需要 ACID 的场景下，传统数据库仍然是不二选择。ACID 是数据库事务正确执行的四个基本要素的缩写，即原子性（Atomicity）、一致性（Consistency）、隔离性（Isolation）、持久性（Durability）。一个支持事务（Transaction）的数据库系统，必需要具有 ACID 特性，否则在事务过程（Transaction processing）当中无法保证数据的正确性，交易过程极可能达不到交易方的要求。

随着硬件技术飞快发展，特别是以多核 CPU 为代表的并行处理技术和以 SSD 为代表的存储技术。这些新技术的使用，使得服务器的处理能力有了极大的提升。但我们清醒地看到，SQL 优化才是问题的根本解决之道。一条 SQL 语句可以轻易跑死一个数据库。这不是简单地通过硬件升级就可以解决的问题。

（6）Microsoft Excel——别具特色的数据库

Microsoft Excel 由于其强大的数据处理功能和计算分析功能，已在社会经济生活的各个方面得到了广泛的应用。Excel 在数据计算、统计分析、图表和制作报表等方面功能卓越，但 Excel 存储的数据量有限，如果将 Excel 都存满数据，一方面将占用大量的硬盘空间，另一方面也使工作表的计算速度变得极为缓慢。因此，当有大量的数据要保存时，应当使用数据库。业务系统通常都有一个庞大的数据库作支撑，大到 Oracle、SQL Server，小到 Access 等。日常工作中，这些数据库都在后台默默运行着，通过业务系统和数据库进行交流。将 Excel 和数据库结合起来使用，可以充分利用各自的优势，使工作更加得心应手。

Visual Basic for Applications（VBA）是 Visual Basic 的一种宏语言，是微软开发出来在其桌面应用程序中执行通用的自动化（OLE）任务的编程语言。Excel VBA 是在 Excel 中使用的宏语言。利用 VBA 可以在 Excel 内轻松开发出功能强大的自动化程序。VBA 可以称做 Excel 的"遥控器"。如果你愿意，还可以将 Excel 用做开发平台实现应用程序。

ADO（ActiveX Data Objects，ActiveX 数据对象）是一种程序对象，是对当前微软所支持的数据库进行操作的极为有效和简单直接的方法，它是一种功能强大的数据访问编程模式，从而使得大部分数据源可编程的属性得以直接扩展，可以使用 ADO 去编写紧凑简明的脚本以便连接到 Open Database Connectivity（ODBC）兼容的数据库和 OLE DB 兼容的数据源，包括 Oracle、MS SQL SERVER、Access 等。我们可以在 Excel 的 Microsoft Visual Basic for Applications 集成开发环境中，使用 ADO 对象以及 ADO 的附加组件 ADOX（Microsoft ADO Extensions）来创建或修改表和查询、检验数据库，或者访问外部数据源、操作数据库中的数据。

笔者曾开发的名为"SpriteExcel"的万能查询系统，就是在 Excel VBA 集成开发环境中，使用 ADO 技术来访问后台 Oracle、SQLServer 等数据库，并将获取的数据在 Excel 中展示，使用起来快速便捷、维护简单、功能扩展极易实现。运用这一查询系统，看起来众多繁重的报表，可以在很短的时间内完成，极大地提高了工作效率。

这里需要说明的是，随着 Microsoft 技术的不断进步，新的技术层出不穷，比 ADO 更先进的 ADO.NET 技术已经横空出世，使用 VSTO 进行开发，也是一种不错的选择。

通常人们都将 Excel 看做电子表格，但只要 Excel 按数据库的方式组织数据，就可将其当做数据库使用。此时，我们可以像操作数据库那样来操作 Excel，运用 SQL 语句对数据进行查询、排序、分组、计算，使用起来更加方便。举个查询数据的简单例子来说，如果磁盘上一 Excel 工作簿的表 Sheet 1 中存放着员工基本信息表，那么我们就可以用：select * from［Sheet1＄］where 部门＝'抄表组' 来获取 Sheet1 表中部门为抄表组的员工基本信息，我们只需注意语句中的表名与我们通常 SQL 语句中的表名的写法不同而已。又如，我们若使用 Excel 的"数据->分类汇总"功能，对数据进行分类汇总，并将得到的结果拷贝到别的的工作表中，各个组内明细也会随着汇总结果一起拷贝而来，有时这并不是我们想要的结果，我们只想得到最终的几行汇总信息。此时，如果运用 SQL 语句进行分类汇总以便获取汇总信息，比如："select 部门，count（部门）from［Sheet1＄］group by 部门"来获取部门人数信息，就可以只产生最终的汇总信息。

此外，借助 Excel 强大的数据透视表功能、公式及函数来分析处理数据，可以大大简化工作，高效获取所需要的数据。有兴趣的读者可以参考相关书籍，加强相关知识的学习。

4.3.3 软件应用与供水营销工作

（1）营业收费管理系统

营业收费管理系统是一套集自来水用户管理、抄表管理、营业收费、财务管理、银行托收、银行代扣、工程管理、材料仓库、人事考勤、短信平台等为一体的综合信息管理系统。

营业收费管理系统是自来水行业供水营销部门的最主要的业务系统，它支撑着供水营销主营业务的运营，是任何供水营销企业都不可或缺的系统。其他一些系统都是以营业收费管理系统为核心，并在其上逐步深化、扩展而来的。

营业收费管理系统也常被简称为营收系统。

营收系统通常是采用 C/S（Client/Server 客户机/服务器技术）架构模式，一般不采用 B/S（Browser/Server 浏览器/服务器技术）模式进行开发。常见使用 B/S 模式的理由是：容易升级、界面美观，但营收系统因涉及大量的具体的业务处理，应以实用为第一要务。举例来说，物业公司有时需要一次性缴纳几千户水费，此时网页会加载缓慢，对工作效率也着较大的影响，但如果采用 C/S 模式进行开发就能比较好地应对这个问题。一个典型的应用场景就是使用 C/S 架构，构建三层结构，客户端使用 C♯. Net 或 VB. Net 等语言开发，中间层提供连接支持及相关组件服务，服务端运行 Oracle 数据库。程序发布时引入 ClickOnce 等技术，升级安装简易可行，就像 B/S 升级那样便捷。此外，如果需要给上级部门或相关人员查阅相关生产业务方面的数据，可另行使用 B/S 开发一个轻量级应用，可配以图表展示各部门生产汇总数据，综合展示部门或各分支结构的生产情况，既美观又大方。一般情况下，这些生产汇总数据并不需要实时的信息，可于指定时间，如前一天晚上 9 点，先行进行数据准备，可利用如 Oracle 的 JOB 任务自动生成。这样，网页只显示准备好的汇总数据，响应速度快，提升了用户体验。

（2）智能手机业务系统

智能手机业务系统是基于移动网络技术和物联网技术的移动业务平台，旨在利用智能手机丰富的系统控件、强大的多媒体及地理位置定位等一系列先进优势，通过网络实时传输数据，完成相关数据信息的收集、处理工作。

从广义上说，智能手机系统分为手机移动端系统和桌面端数据管理系统，前者通常是在 Android 平台上进行开发，后者可以单独开发，也可融入前文所说的营业收费管理系统中去。智能手机系统主要功能分为两大块：抄表业务及停水、复水、换表、外复、维修等其他外业业务。抄表业务主要表现为抄表员抄表前下载抄表数据，抄表时扫描电子标签、录入抄表字码和见表类型、拍摄获取抄表照片、申报故障表及不良表位等工程单，并根据公司管理要求的不同，进行抄表时方便实施的，如欠费催缴、用户普查等工作。数据通过移动网络实时传输至桌面端应用程序的后台数据库中进行数据审核、水量发行以及报表生成工作。其他外业业务和抄表业务一样，也是将现场处理、收集的信息传到后台数据库中。通常情况下，这些数据经审核后，都要进入营收系统中。有些系统，设计时将审核前的数据直接就传输到营收系统数据库中进行审核，这样做也是可以的，但具体设计时采用哪种方式，应充分考虑响应速度和运行性能。

实施智能抄表工作，要求抄表人员熟练掌握智能手机的操作使用方法，了解手机系统的常用功能，严格遵守软件操作流程和管理制度。在使用过程中，进行使用体验反馈及需求功能等相关改善意见，通过不断努力逐步完善智能手机抄表系统，从而使抄表质量和服务质量得到显著提升。

智能手机系统极大地完善了抄表质量控制体系，实现了对抄表时间的准确掌控、对抄表字码及表位状况的照片采集，对抄表人员的工作定位；充分掌握其他外业工作人员的工作量、工作强度。智能手机系统在提高工作效率，缩短水费收缴周期，减少内复、外复工作量等方面有着积极的作用。

智能手机系统与营收系统两者相互协作，智能手机系统主要从营收系统获取基础数据，如用户的基本信息和前期抄见信息等，并将处理后的数据和新增的数据信息，如当期抄表数据等，审核后供给营收系统使用，以便营收系统对数据进行进一步处理。因此智能手机系统也常被看做为营收系统的一部分功能模块。

（3）远传水表管理系统

远传水表管理系统是利用当代微型计算机技术、数字通信技术与仪表计量技术完美结合，集计量、数据采集、处理于一体，将用户用水信息加以综合处理的系统，从根本上减少人工抄表的繁杂劳动强度。准确而便捷的远传水表管理系统，既可节省人工又可减少与客户之间的纠纷，它不但能提高管理部门的工作效率，也适应现代用户的新需求。

目前市场上远传抄表系统主要采用的数据远传方式有通过电信电话网传输、通过 3G/4G/5G 移动通信技术、通过 GPRS/CDMA＋互联网传输、通过 GSM 短信传输、通过数传电台传输。另外，还有通过人工携带抄表机到现场采集数据再回到公司上传到系统中的人工传输方式。

随着科学技术不断推陈出新，远传数据传输技术也在不断变革，目前窄带物联网技术突飞猛进，未来 NB-IOT 技术的应用将日趋成熟，为远传数据传输提供更可靠更经济的技术载体。

（4）管网表具综合管理系统

在供水行业的生产运行工作中，户外工作相当频繁，而在户外工作中又涉及大量的设备信息与图纸文档信息的查询与统计；户外工作的同时，也不可避免地产生大量的更新数据。这些都是在以往的 C/S（Client/Server 客户机/服务器技术）、B/S（Browser/Server 浏览器/服务器技术）框架下所无法满足的，因此，系统总体框架设计上引入了 M/S（Mobile/Server 移动设备/服务器技术）的概念，建立了全新的 C/S、B/S、M/S 相混合的系统框架。M/S 是传统的 C/S、B/S 应用体系的延伸，它结合 GIS、GPS 和 GPRS/CDMA 前沿技术，把 GIS 的应用由有线向无线延伸，由室内向户外延伸，由桌面向掌上延伸，将 GIS 的信息服务带到了工作的现场，在为管理决策者服务的同时直接为具体的生产实践服务。管网表具综合管理系统的产生就是在这一背景下产生的。

系统设计充分考虑业务与功能的紧密结合。采用 ESRI 公司（美国环境系统研究所公司 Environmental Systems Research Institute Inc.，简称 ESRI 公司）的 ArcSDE for Oracle 以及商用数据库 Oracle 为图文后台支撑系统，前端利用 ArcEngine 平台进行二次功能开发。通过空间数据与属性数据的相互关联，以网络技术、C/S、B/S、M/S 为基础，进行系统集成。采用 C/S、B/S、M/S 模式相结合的开发模式。应用 Internet/Intranet 技术，设计和开发用户查询系统，扩大信息的应用范围，提高系统信息价值。系统基于当前流行的组件技术，并采用三层的体系结构，将软件系统中的表示逻辑、业务逻辑、后台数据库分离为三个不同的层次，各司其职。表示逻辑负责用户界面及信息的输入、输出，业务逻辑负责事务处理，后台数据库负责业务逻辑中的数据持久保存。三个层次通过网络分布环境下的标准协议 TCP/IP 连接。

管网表具综合管理系统应用场景十分广泛。以往的工作中对爆管抢修决策方面，往往是由经验丰富的工作人员在事故现场进行爆管分析，定位速度慢，准确性低，不能及时把现场准确位置发给指挥中心，也不能及时查询相关设备的台账信息。如果遇到某些阀门出现故障，需要扩大停水区域时，很难快速进行关阀方案的再次制定。管网表具综合管理系统的应用，能使自来水企业的指挥中心利用现场上传的数据进行快速、准确的最优关阀方案分析，显示受影响的用户，得出最佳操作方案，然后无线传输到抢修现场的终端设备，大大加快了公司对爆管事故的反应速度，缩短了修复时间，减少了对用户的影响，降低了水量损失，从而取得显著的经济和社会效益。

此外，由于施工工地堆埋表位、抄表人员的流动等原因，水表位置无法确定的现象时有发生。通过这一系统能够精确定位水表位置。这就要求工作人员，在工作时及时收集相关水表位置信息，为后续工作打下良好的数据基础，由于引入了 M/S 的概念，工作人员在现场收集数据及相关数据处理，将变得简单而高效。

管网表具综合管理系统在供水产销差分析方面也发挥着重要作用，由于表具层级关系在系统中详细记录，各管理表（管理分析用水表）与其下属水表之间的对应关系清晰，借助于营业收费管理系统、远传水表管理系统可以计算出各层级表具的用水量情况，进行产销差分析及漏损分析，从而为公司经营管理提供良好的决策参考（图 4-4）。

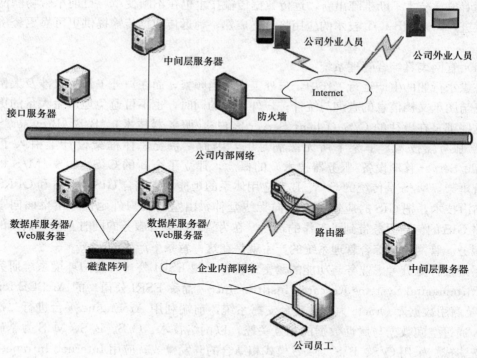

图 4-4　系统架构图

（5）客户服务管理系统

近年来随着市场经济体制的建立和经济的发展，自来水行业正由单一生产型转变为生产经营型和社会服务型，作为和城市居民紧密相关的水资源销售与营业管理工作，其地位和重要性日益提高。利用信息技术建立一个完善高效的供水热线系统，提高为市民的服务满意度方面还是在提高企业内部工作管理效率方面，都是一件相当重要和迫在眉睫的工作。客户服务管理系统正是在这一背景下产生的。

客户服务管理系统通常需要具备以下功能：

1）高效的话务处理与统计功能

实时收集设备中的中继、队列、座席、路由等各类信息；同时进行历史数据保存和统计分析，帮助管理人员实时监视和监督系统运行效率和业务代表的工作质量、预测通信资源需求、进行人力资源的预测和排班、制定有效的呼叫中心路由分配策略。

2）独立的知识库子系统

系统包含一个独立的知识库子系统，该子系统具备完善的知识库管理功能。通过适当的授权，各业务职能部门可对中心知识库进行维护，将和本部门相关的信息存放在知识库中。客服座席人员可以快速查询知识库中相关的知识点，减少呼叫处理和响应时间，为用户提供更准确一致的信息的目的。知识库中的各种业务知识还可通过各种途径（短信、传真、邮件等）发送给目标人员，从而初步将客服中心建设成一个学习型的组织。

3）工作流引擎

本系统内嵌一个完全符合标准工作流管理规范的工作流引擎，使得本系统中工单流转的管理功能非常强大，能够有效管理工单处理的有效性、及时性，并对各部门进行排名和考评。

4）与营业收费等系统的集成

能够访问营业收费系统的相关数据，如客户水表的基本信息、水表抄见信息、水表维修施工信息、客户水费缴纳及停复水信息、违章用水信息等，以便快速了解相关信息，为客户提供优质的服务。如用户首次来电时，系统记录下用户电话和户号等信息之间的对应关系。当客户第二次来电时，通过前期记录的对应关系，自动获取用户的相关信息，主动称呼对方为某先生或某女士，使客户有宾至如归的感觉，同时可在接电话前快速对客户的情况进行基本了解，及早判断，准确把握用户需求，提高用户满意度。

以上讲的主要是供水营销工作中经常用到的一些软件，各公司根据自己运营的实际情况，可能会有所不同，但其核心理念应是基本一致。对供水营销工作而言，营收系统是核心，是基础。各大系统相互协作、通力配合，为供水营销各项工作的正常运行提供必要的保障。这些系统往往互相渗透，"我中有你，你中有我"，或共用相同的组件与服务或通力合作完成某项共同任务。如管网表具综合管理系统中水表位置的定位信息可专项采集，也可利用智能手机业务系统中的水表定位功能进行收集，两者可以实现数据共享或直接使用相同的数据源；如公司建立专用短信平台，为各大系统提供发送接收短信服务。客户服务管理系统利用此平台收发短信，对用户进行满意度调查；营收系统发送短信对用户进行欠费催缴，还可利用短信平台向拆表停水、复水施工人员发送短信。当施工人员接收到对某用户进行拆表停水的工单后，施工人员前往实施停水，此时用户到柜面或通过网络缴纳了水费，系统会自动向施工人员发送要求施工人员不要停水的短信通知。此外，当某用户已经停水后，一旦用户缴清了水费及相关费用后，系统会自动向施工人员发送实施复水的短信通知。当然，这些通知也可通过智能手机业务系统的 APP进行通知，通常 APP 通知和短信通知同时进行，以确保工作人员能够及时获取相关信息，以便减少失误与遗漏情况的出现，从而尽可能地提升用户满意度，提升经济效益和社会效益；又如供水产销差分析需要管网表具综合管理系统、营业收费管理系统、远传水表管理系统等协同运作，从管网表具综合管理系统获取水表之间的层级关系，从营业收费管理系统获取水表水量信息，从远传水表管理系统获取指定时间段的水表流量信息，从而得到正确的分析数据。

正因为有了这些系统及相关平台的支持，我们的各项工作才能顺利进行。我们在设计时应结合实际情况，通盘考虑，利用现有资源，充分运用计算机管理新技术，不断开发出令客户及相关工作人员满意的产品。

4.4　计算机管理新技术

进入 21 世纪，知识经济、信息时代的脚步已清晰可见，在这样的时代里传统计算机技术还将持续发展，新兴计算机技术的发展更是一日千里。本章节将对新兴计算机技术的相关方面进行了介绍，包括云计算、虚拟化技术、移动互联、物联网技术和大数据。

4.4.1　云计算与虚拟化技术

云计算（Cloud Computing）是利用网络技术来实现计算资源统一管理和调度，构成一个计算资源池向用户提供按需服务。云计算是基于互联网的相关服务的增加、使用和交付模式，通常涉及通过互联网来提供动态易扩展且经常是虚拟化的资源。

云计算作为一种新型的计算模式，利用高速互联网的传输能力将数据的处理过程从个人计算机或服务器转移到互联网上的计算机集群中，带给用户前所未有的计算能力。云计算的产生与发展，使用户的使用观念发生了彻底的变化，他们不再觉得操作复杂，他们直接面对的将不再是复杂的硬件和软件，而是最终的服务。云计算将计算任务分布在大量计算机构成的资源池上，使各种应用系统能够根据需要获取计算力、存储空间和各种软件服务。

我们拿自来水来打个比方。以前没有自来水厂，每个家庭自己打井，或建造水塔供水，资源浪费严重，现在建立城市大型自来水厂后，人们不用挖井、不用抽水机、不用水塔，打开水龙头就出水，要多要少自己控制，按照使用量计费。这个新建的城市大型自来水厂就是云，自来水就是提供的云服务。

因为云计算具有很强的优势，其应用已越来越普遍。现在我们享受的很多互联网服务其实已经在云端了，如日常的网购、支付、余额宝等；现在网络叫车的过程几乎都采用了云计算，开车导航（高德）用的是云，共享单车也使用了云技术；iPhone 自带的日历程序，其实就是一种云服务；Android 手机内置了 Google 的系列云服务，这些手机中的日历、联系人、Email 等，都随时与服务器保持着更新；全球电视台、全球电台、优酷网、土豆网、中国统一教育网等网站的内容涵盖了超过 30 万小时的视频、200 万首正版音乐，还有丰富的戏曲、评书、相声等内容。数以万计的服务器随时待命，超乎想象的海量娱乐资源任您随意享受、典藏、分享，却不必花一分钱。所有这些都是因为云技术，才成为现实。

（1）云计算的特点及组成

1）云计算的特点

① 高可靠性。"云"使用了数据多副本容错、计算节点同构可互换等措施来保障服务

的高可靠性，使用云计算比使用本地计算机可靠。在云计算系统中，出现节点错误甚至很多节点发生失效的情况，都不会影响系统的正常运行。因为云计算可以自动检测节点是否出现错误或失效，并且可以将出现错误或失效的节点清除掉。

云计算提供了安全的数据存储方式，保证数据的可靠性。用户无需担心软件的升级更新、漏洞修补、病毒攻击和数据丢失等问题，从而为用户提供可靠的信息服务。

② 高扩展性。"云"的规模可以动态伸缩，满足应用和用户规模增长的需要。云计算能够无缝扩展到大规模的集群之上，甚至容纳数千个节点同时处理。云计算可从水平和竖直两个方向进行扩展。

③ 虚拟技术。云计算是一个虚拟的资源池，它将底层的硬件设备全部虚拟化，并通过互联网使得用户可以使用资源池内的资源。

④ 廉价性。由于"云"的特殊容错措施可以采用极其廉价的节点来构成云，"云"的自动化集中式管理使大量企业无需负担日益高昂的数据中心管理成本，"云"的通用性使资源的利用率较之传统系统大幅提升，因此用户可以充分享受"云"的低成本优势，经常只要支付低廉的服务费用，就可完成数据的计算和处理，大大节约了成本。

2）云计算的组成

云计算的组成可以分为六个部分，它们由下至上分别是：基础设施、存储、平台、应用、服务和客户端。

3）云计算发展展望

随着云计算的发展，互联网的功能越来越强大，用户可以通过云计算在互联网上处理庞大的数据和获取所需的信息。目前看来，云计算的发展前景虽然很好，但是它未来发展所面临的挑战也是不容忽视的。

① 数据的安全问题

数据的安全是企业关心的问题之一。数据的安全包括两个方面：一是保证数据不会丢失；二是保证数据不会被泄露和非法访问。

② 网络的性能问题

提高网络性能也是云计算面临的挑战之一。用户使用云计算服务离不开网络，但是接入网络的带宽较低或不稳定都会使云计算的性能大打折扣，因此要大力发展接入网络技术。

③ 互操作问题

在对云计算系统进行管理时，应当考虑云系统之间的互操作问题。当一个云系统需要访问另一个云系统的计算资源时，必须要对云计算的接口制定交互协议，这样才能使得不同的云计算服务提供者相互合作，以便提供更好更强大的服务。

④ 公共标准的开放问题

目前，云计算还没有开放的公共标准，这给用户造成了许多不便。用户很难将使用的某个公司的云计算应用程序迁移到另一家公司的云计算平台上，这样就大大降低了云计算服务的转移弹性。因此，云计算要想更好的发展，就必须制定出一个统一的云计算公共标准。

云计算现在还存在着一些问题，但是它的优点是毋庸置疑的。云计算不仅大大降低了计算的成本，而且也推动了互联网技术的发展。在众多公司和学者的研究下，未来的云计算将会有更好的发展，一定会有越来越多的云计算系统投入使用。

4）云计算在供水行业的应用

由单个公司生产和运营的私人计算机系统，被中央数据处理工厂通过互联网提供的云计算服务所代替，计算机应用正在变成一项公共事业。如此一来，越来越多的公司不再花大钱购买电脑和软件，而选择通过网络来进行信息处理和数据存储。不论是国内还是国外，云计算替代传统 IT 架构已然是一种趋势。在云计算上，阿里云有着较强的优势，尤其是在基础设施和能力方面。一些供水公司已经将自己的应用部署到阿里云上，使用者感觉不到有什么不同，虽然应用及服务部署在云端，但感觉就像是在公司内部的一台服务器上，只要能够联网就行，省去了诸多硬件购置、网络维护的成本。

（2）虚拟化技术

虚拟化是一个广义的术语，在计算机方面通常是指计算元件在虚拟的基础上而不是真实的基础上运行。虚拟化技术的提出可扩大硬件的容量，简化软件的重新配置过程，模拟多 CPU 并行，允许一个平台同时运行多个操作系统，并且应用程序都可以在相互独立的空间内运行而互不影响，从而显著提高计算机的工作效率。

1）虚拟化技术的分类

① 从实现层次来划分，虚拟化技术可以划分为：硬件虚拟化、操作系统虚拟化、应用程序虚拟化等。

② 从应用领域来划分，虚拟化技术可以划分为：服务器虚拟化、存储虚拟化、网络虚拟化、桌面虚拟化、CPU 虚拟化、文件虚拟化等。

服务器虚拟化，应用了硬件虚拟化和操作系统虚拟化技术，在一台服务器运行安装多个操作系统，并且可以同时运行，就相当于多台服务器同时运行，利用率大大提高。

存储虚拟化，是将一堆独立分布的硬盘虚拟地整合成一块硬盘，存储虚拟化的目的是方便管理和有效利用存储空间。

网络虚拟化，一般是指 VPN，它将两个异地的局域网，虚拟成一个局域网，这样一些企业的 OA、B/S 软件，就可以像真实局域网一样进行电脑互访了。

桌面虚拟化，是在服务器上部署好桌面环境，传输到客户端电脑上，而客户端只采用客户机的应用模式。即只安装操作系统，接收服务器传输来的虚拟桌面，用户看到的就像本地真实环境一样，所有的使用其实是对服务器上的桌面进行操作。

CPU 虚拟化，是对硬件虚拟化方案的优化和加强。以前是用虚拟化软件把一个 CPU 虚拟成多个 CPU，而 CPU 虚拟化直接从硬件层面实现，这样大大提高了性能。

文件虚拟化，是将分布在多台电脑的文件数据虚拟成一台电脑上的，这样以前找文件要去不同的机器上查找，而现在则像在一台电脑上操作一样。

2）虚拟化技术应用

虚拟化技术具有降低服务器的过度依赖、提高设备利用率、减少总体投资、增强 IT 环境的灵活性、共享资源等优点，但虚拟化技术在安全性能上较为薄弱，虚拟化设备是潜在恶意代码或者黑客的首选攻击对象，因此在使用时我们要注意做好安全防范措施。目前常用的虚拟软件有 VMware、Virtual PC 以及 Windows Sever 2008 中融入的 Hyper-v1.0。供水工作中使用虚拟化的场景有很多。其中最典型的应用就是一些软件及服务只能运行在某个特定的服务器操作系统上，而这样的操作系统并非主流的操作系统，专门使用一个服务器运行它，既没有必要又很浪费资源。可以在安装了主流操作系统的机器上安装一个 VMware Workstation 的软件，模拟出一台非主流操作系统的机器，两个系统在一台机器上，但两者可同时运行，可以有各自独立的 IP 地址，互不干扰，就像真实拥有两台服务器一样，从而低成本、高效率地解决了问题。例如，集团公司收购了一家小型自来水厂，其使用的数据库，只能安装在 Windows Server 2003 上，现集团公司服务器都是运行在 Windows Server 2012 上。此时只要在某台 Windows Server 2012 的机器上安装好虚拟机，模拟运行 Windows Server 2003，安装好需要的数据库即可。此外，虚拟化技术在软件测试与维护方面也能发挥积极作用，可利用这一技术模拟真实环境，对营业收费系统等软件进行测试。如在供水价格调整时，为了测试新水价算法是否正确，我们也可以使用虚拟化技术，将数据同步复制到虚拟机上，运行模拟环境，就像是在真实环境中一样进行测试，及早发现可能存在的问题。

4.4.2 移动互联网与大数据

（1）移动互联网

现在日常生活中都少不了用手机直接进行即时信息查询，或者用手机 QQ 客户端、微信与别人进行通信，或者将自己即时拍摄的照片上传到某个网站上，这些生活中的应用都是实用的移动互联网。移动互联网，就是将移动通信和互联网二者结合起来成为一体，是互联网的技术、平台、商业模式和应用与移动通信技术结合并实践的活动的总称。移动互联网的意义在于它融合了移动通信随时随地随身和互联网开放、共享、互动的优势，代表了未来网络的一个重要发展方向，改变了人们的生活方式，蕴藏着巨大的商机。4G、5G 时代的开启以及移动终端设备的凸显必将为移动互联网的发展注入巨大的能量，移动互联网产业必将带来前所未有的飞跃。

1）移动互联网的基本结构和接入方式

从层次上看，移动互联网可分为：终端—设备层、接入—网络层和应用—业务层。

其最大的特点是应用和业务种类的多样性（继承了互联网的特点），对应的通信模式和服务质量要求也各不相同：在接入层支持多种无线接入模式，但在网络层以 IP 协议为主；终端种类繁多，注重个性化和智能化，一个终端上通常会同时运行多种应用。

移动互联网支持无线接入方式，根据覆盖范围的不同，可分为无线个域网（WPAN）接入、无线局域网（WLAN）接入、无线城域网（WMAN）接入和无线广域网（WWAN）接入。

2）移动互联网的关键技术

移动互联网的关键技术有以下几个方面：

① 移动性管理：支持全球漫游，移动对终端和移动子网是透明的。

② 多种接入方式：允许终端接入方式的多样性。

③ IP 透明性：网络层使用 IP 协议簇，对底层技术不构成影响。

④ 个性化服务：提供用户指定信息。

⑤ 安全性和服务质量保证：提供网络安全、信息安全和用户服务质量保证。

⑥ 寻址与定位：保证各用户通信地址的唯一性，能够全球定位，以提供与位置相关的服务。

3）移动互联网的发展

在最近几年里，移动通信和互联网成为当今世界发展最快、市场潜力最大、前景最好的两大业务。它们的增长速度都是任何预言家未曾预料到的。未来几年移动互联网将继续以技术进步和市场需求为驱动，加强创新和融合，在移动化、宽带化、个性化和可信可管性方面取得进一步的突破，为用户提供更多更好的服务。

4）移动互联网在客户管理服务中的应用

李克强总理在作2015年政府工作报告时，提出要制定"互联网＋"行动计划，推动移动互联网、云计算、大数据、物联网等与现代制造业结合，促进电子商务、工业互联网和互联网金融健康发展。"互联网＋"中的"＋"，指的是传统行业的各行各业。"互联网＋"的思路就是利用互联网的平台，利用信息通信技术，能够把互联网和各个传统行业结合起来，能够在新的领域创造出一种新的生态。"互联网＋"写入政府工作报告，这意味着"互联网＋"被纳入了顶层设计，处在了国家级战略的高度。互联网具有打破信息不对称、降低交易成本、促进专业化分工和提升劳动生产率的特点，为经济转型升级提供了重要机遇。"互联网＋"是互联网思维的进一步实践成果，它代表一种先进的生产力，推动经济形态不断地发生演变。互联网的发展是迅速的，互联网给人们生活带来的改变也是巨大的。

移动互联网对供水行业的影响是巨大的。前文提到的各大业务系统都离不开移动互联技术。如智能手机业务系统主要就是移动互联技术在手机抄表及其他相关业务工作中的应用。在抄表过程中，发现水管、水表异常等情况，可及时申报工单，后台自动转发处理，能够高效及时解决问题；此外，用户在家就可以通过银行、支付宝、微信等方式缴纳水费，许多公司还开发了自己的手机APP、微信公众号、对外服务网站，用户可以足不出户缴纳水费及办理相关业务；电子发票的推广使用是移动互联技术又一重大应用成果，反过来也进一步推动了移动互联技术的发展。用户缴纳水费后，可通过手机、网络等设备获取电子发票，节约了巨量的社会成本；在互联网浪潮的带动下，许多城市都推出了政务大厅一站式服务，在这里水、电、气、公交、社会保险等多项服务"同堂"办理，就是得益于移动互联技术；一些城市还在积极推广"水、电、气"互联互通及三表合抄业务。利用移动互联技术，在任意一家水、电、气服务营业点，可同时缴纳所有费用及办理相关业务，实现真正意义的互联互通。水、电、气三家还可共享数据信息，进行深度分析，在用户管理及抄见管理等多方面查找可能存在的问题，提升管理水平。

（2）物联网

1）物联网及其体系结构

物联网被称为继计算机、互联网之后，世界信息产业的第三次浪潮。目前多个国家都在花巨资进行深入研究，物联网是由多项信息技术融合而成的新型技术体系。

射频识别技术（RFD）、无线传感器网络技术（WSN）、纳米技术、智能嵌入技术将得到更加广泛的应用。可以认为，"物联网"是指将各种信息传感设备及系统，如传感器网络、射频标签阅读装置、条码与二维码设备、全球定位系统和其他基于物—物通信模式的短距无线自组织网络，通过各种接入网与互联网结合起来而形成的一个巨大智能网络。

物联网是互联网向物理世界的延伸和拓展，互联网可以作为传输物联网信息的重要途径之一，而传感器网络基于自组织网络方式，属于物联网中一类重要的感知技术。物联网具有其基本属性，实现了任何物体、任何人在任何时间、任何地点，使用任何路径、网络以及任何设备的连接。因此，物联网的相关属性包括集中、内容、收集、计算、通信以及场景的连通性。综上所述，物联网以互联网为平台，将传感器节点、射频标签等具有感知功能的信息网络整合起来，实现人类社会与物理系统的互联互通。将这种新一代的信息技术充分运用在各行各业之中，可以实现以更加精细和动态的方式管理生产和生活，提高资源利用率和生产力水平，改善人与自然间的关系。根据国际电信联盟的建议，物联网自底向上可以分为以下的过程：感知、接入、互联网、应用。

2）物联网典型应用——自来水水质自动监测

自来水水质自动监测是物联网的一个重要应用领域，物联网自动、智能的特点非常适合环境信息的监测。一般来讲，环境监测物联网系统结构包括以下几个部分：

感知层：该层的主要功能是通过传感器节点等感知设备，获取环境监测的信息，如温度、湿度、光照度等。由于环境监测需要感知的地理范围比较大，所包含的信息量也比较大，该层中的设备需要通过无线传感器网络技术组成一个自治网络，采用协同工作的方式，提取出有用的信息，并通过接入设备与互联网中的其他设备实现资源共享与交流互通。

接入层：该层的主要功能是通过现有的公用通信网（如有线 Internet 网络、WLAN 网络、GSM 网、TDSCDMA 网）、卫星网等基础设施，将来自感知层的信息传送到互联网中。

互联网层：该层的主要功能是以 IPv6、IPv4 为核心建立的互联网平台，将网络内的信息资源整合成一个可以互联互通的大型智能网络，为上层服务管理和大范围水质监测应用建立起一个高效、可靠、可信的基础设施平台。

服务管理：该层的主要功能是通过大型的中心计算平台（如高性能并行计算平台等），对网络内的环境监测获取的海量信息进行实时的管理和控制，并为上层应用提供一个良好的用户接口。

应用：该层的主要功能是集成系统底层的功能，构建起面向环境监测的行业实际应用，如供水系统水质监测与突发事故水体水质实时监测、趋势预测、预警及应急联动等。通过上面几个部分，供水水质监测物联网就可以实现协同感知环境信息，进行态势分析，并预测发展趋势。

物联网是由各种技术融合而成的新型技术体系。物联网在多种应用中具有潜在、显著的技术价值和应用需求，物联网的发展必将推动物物相联、人物互动的信息化社会建设。影响物联网大规模应用的关键问题是技术繁多，而且需要互联互通，因此物联网具有巨大的深入发展和提升的空间。

（3）大数据

2014 年，"大数据"首次出现在国务院总理李克强的《政府工作报告》中，与新一代移动通信、集成电路、先进制造、新能源、新材料等一起，被列为未来引领中国产业发展的新兴产业。2016 年 3 月 17 日，《中华人民共和国国民经济和社会发展第十三个五年规划纲要》发布，其中第二十七章"实施国家大数据战略"提出：把大数据作为基础性战略资源，全面实施促进大数据发展行动，加快推动数据资源共享开放和开发应用，助力产业转型升级和社会治理创新；具体包括：加快政府数据开放共享、促进大数据产业健康发展。

1）数据来源

大数据是在人们长期对数据研究应用基础上，尤其是随着移动互联网、云计算、物联网等技术的深入应用产生海量数据的情况下应运而生的，是当今时代信息技术发展的必然产物。

大数据离不开人类的日常生活，更离不开广袤的物理世界。如今，传感器及微处理器的广泛使用，产生了大量的数据，就一个 720P（8Mbps）的摄像头而言，一个小时能产生 3.6GB 的数据，可想而知，在现代的都市，用来维护交通网络的摄像头就成千上万个，每月产生的数量将达到 PB 级。

大数据与云计算是密不可分的，云计算的架构支撑了大数据处理和大数据应用，反过来，因为大数据处理和大数据应用的存在，云计算才变得更有意义。大数据离不开云处理，云处理为大数据提供了弹性可拓展的基础设备，是产生大数据的平台之一。自 2013 年开始，大数据技术已开始和云计算技术紧密结合，预计未来两者关系将更为密切。除此之外，物联网、移动互联网等新兴计算形态，也将一齐助力大数据革命，让大数据营销发挥出更大的影响力。

2）数据分析与应用

大数据技术的战略意义不在于掌握庞大的数据信息，而在于对这些含有意义的数据进行专业化处理。大数据重视事物之间的关联性，其价值大小重在挖掘，必将颠覆诸多传统，具有筛选和预测功能，"大数据"之"大"，并不仅仅在于"容量之大"，更大的意义在于通过对海量数据的交换、整合和分析，发现新的知识，创造新的价值，带来"大知识""大科技""大利润"和"大发展"。

在企业方面，大数据可以促进销售与盈利。凭借自有的卫星信息系统进行商品管理的沃尔玛公司，发现在他们的卖场里凡是购买婴儿尿布的顾客，很多都要买上几罐啤酒。这是为什么？暂时不知道。但是，掌握了这种关联性的卖场经理，就可以告诉上架员，要把灌装啤酒与婴儿尿布两种商品摆放在一起。这么做，果然提升了这两种商品的销售量。

在供水行业，一个现代化调度系统，经过多年的运行收集了大量的管网运行数据，在此基础上，技术人员结合历年的管网抢修数据和用户投诉数据，以及工作人员丰富的管网调度经验，经过科学整理、汇总分析，形成了日常、高温、高峰供水期以及各种应急突发情况下的标准化调度模式，为提高抢修、维修效率，加强水厂、管网的联动以及管网规划建设提供了强有力的科学指导和供水保障。

此外，供水行业各大系统在多年的使用中，也产生了海量数据。对这些数据进行深度挖掘，为生产管理提供决策参考具有重要意义。如通过对远传水表的历年数据挖掘，对于区域水量的增减量进行分析，可分析出该区域内新增或减少的人口数，将这一数据与深度挖掘出的数据或相关行政部门提供的数据以及其他数据源等进行对比、验证，查找可能存在的无表用水户、违规建筑施工、水价串规或水表运行异常等问题；根据远传水表历年夜间流量的数据进行分析，结合水表之间的层级关系，查找可能存在的管网漏点，确定损漏的具体范围；还可以利用历史数据对未来市场情景进行预测等。

云计算、虚拟化技术、移动互联网、物联网、大数据等新技术密不可分，它们相互作用、相互影响、互为依赖。虚拟化技术是云计算技术的重要组成部分，可以说没有虚拟化技术，就没有云计算技术。物联网、云计算为大数据提供数据来源，正因为有了物联网和云计算，大数据才有生存空间。反过来，因为有了大数据，物联网和云计算的存在才更有意义。

第5章 表具管理与应用

5.1 表具的流程管理

水表是测量水流量的仪表，是供水企业计量的基础工具和水费收取的依据。对计量水表的管理关系到整个供水企业的水量计量、费用生成，是供水企业主体收入来源的保障。本章主要介绍表具管理流程相关内容。

所谓表具管理，即围绕水表从出厂至消亡的整个生命过程所作的一系列程序控制，通过各种管理手段使其规范、科学地在企业内部发挥作用。它大致包括了采购仓储、过程使用、报废处置等内容。

5.1.1 表具的出厂到抄见的流程管理

（1）计量水表的出厂及检定

2017年12月27日，国家主席习近平签署第八十六号主席令，公布《全国人民代表大会常务委员会关于修改〈中华人民共和国招标投标法〉、〈中华人民共和国计量法〉的决定》，取消了制造、修理计量器具许可的审批事项。

取消行政许可后，计量行政部门将通过严格执行《计量法》第十三条规定的"计量器具型式批准"许可，依法加强对计量器具产品质量的监督抽查，推行行政执法信息公开，建立信用联合惩戒机制等措施，加强事中事后监管。任何单位和个人不得违反规定制造、销售和进口非法定计量单位的计量器具。

按照《中华人民共和国强制检定的工作计量器具检定管理办法》，水表出厂后应进行检定，确保水表计量的准确性，检定合格的表具上要贴有合格标志（图5-1），包括合格证编号、检定日期、有效期、检定员编号等。如有检定不合格的表具，应贴有不合格标志，并单独放置，不能投入使用。

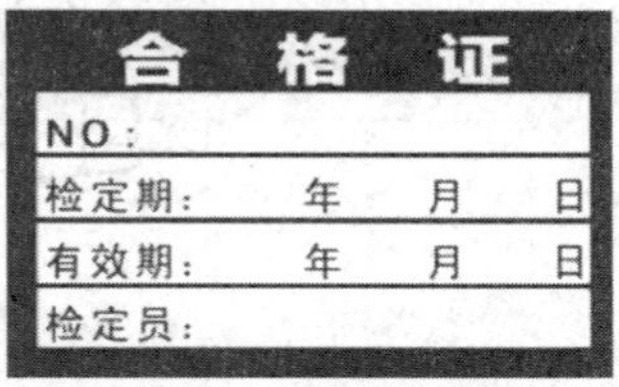

合 格 证

NO：

检定期： 年 月 日

有效期： 年 月 日

检定员：

图5-1 合格证标签

（2）水表的保管与发放

存放表具的仓库应保持清洁、干燥，水表应摆放整齐，不得倒置，堆码不得过高。水表的发放应本着"先进先出"的原则发放，搬运过程中应做到轻拿轻放。发放时应根据领用申请填写《水表发放登记表》（表5-1），登记所发水表的类型、规格、数量、编号（表号）、安装地址、领用人等，发放记录一般一式三份，发表表库一份，领用水表部门一份，账务部门留存一份作为结算依据。

水表发放登记表 表5-1

序号	日期	水表类型	水表规格	数量	编号	领用人	经办人	备注
1	2017/12/1	垂直螺翼式水表	DN50	1	B17050RGC109832	张三	小明	
2	2017/12/1	旋翼式干式铜表	DN20	1	B17020SG17093745	张三	小明	

续表

序号	日期	水表类型	水表规格	数量	编号	领用人	经办人	备注
3	2017/12/1	旋翼式液封水表	DN40	1	B17040SY173645	张三	小明	
4	2017/12/4	垂直螺翼式水表	DN50	1	B17050RGC109835	张三	小明	
5	2017/12/5	垂直螺翼式水表	DN80	1	B17080RGC103826	张三	小明	
6	2017/12/6	旋翼式液封水表	DN40	1	B17040SY173646	张三	小明	
7	2017/12/6	旋翼式干式铜表	DN15	1	B17015SG17291847	张三	小明	
8	2017/12/6	旋翼式干式铜表	DN20	1	B17020SG17093746	张三	小明	

随着科技的不断发展，各种仓储管理系统也在水表的保管和发放使用中发挥着巨大作用，通过先进的仓储管理系统，使水表的领用和发放流程更为清晰，节省了表具库存盘点的时间，更加便于水表发放后的查询和水表去向的跟踪。

（3）水表的安装

1）水表的选择

应根据国家有关规范和标准，参照用户的用水性质，合理选择日、时变化系数，正确计算用户的用水量，以合理确定用户水表口径。机械水表的不断改进，电子类水表越来越多，各种远传及抄表系统不断发展，供水企业在进行水表选型时，可在保证计量规范的情况下更全面地考虑企业自身的经济状况、水表价格以及是否有利于企业管理、降低成本。

2）水表的安装

水表安装前，安装人员应检查水表的完整性，不符合要求的不得安装。水表的安装应按照设计图纸要求的水表施工及验收规范进行，文明施工，保障水表外观的完整性（图 5-2～图 5-4）。

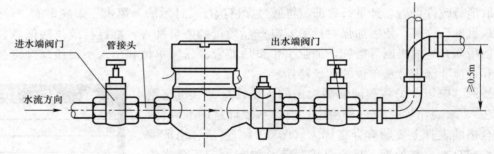

图 5-2　水表安装示意图（1）

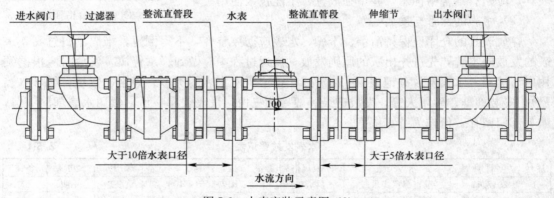

图 5-3　水表安装示意图（2）

图 5-4 水表安装现场图

（4）水表安装的验收

水表安装完毕后安装人员应详细登记安装的地址、用水人名称、水表安装时间、水表口径及水表类型等具体资料信息，经用水人签字认可。

施工单位在施工完工后按照供水企业的竣工规定，组织资料进行报验。报验资料一般包括接水业务单、质检报告、查勘设计图及竣工图、户表表位竣工图、领表单、资料交接单等。

对于资料齐全、表位、管线合格的通水工程，根据供水企业的验收规定，完成验收、审核及资料移交工作。施工不合格的工程应根据供水企业整改规定及时整改完毕并重新报验，直至验收合格后完成资料审核及移交。

（5）水表资料建档

营业部门在收到竣工资料后，应由资料员核对竣工档案文件是否相符，核对无误后，建立用户档案，配制用户水卡。档案内容一般包含用水人名称（用户名）、用水人地址（用户地址）、水表型号、水表编号（水表号）、安装日期、安装类型（安装位置）等内容。用户水卡一般标有用户户号（水费账号）、用户名、用户地址。水表建档后，抄表部门根据资料组织抄表。

5.1.2 表具的抄见到销户的流程管理

（1）水表的抄见

水表的抄见是保障水量发行、水费计费和账款回收的基础，是供水企业在城市供用水管理的重点工作之一。抄表员在抄表前，必须准备好抄表工具（例如笔、电筒、抄表钩等）。使用电子抄表设备的，必须保证设备电量充足；使用数据流量的，应保证流量充足，不得使用抄表设备做与工作无关的事。抄表员工作时应携带工作证件，随时接受用户的查验，穿着工作服，保持整洁，文明抄表。

影像拍照是保存抄见证据，建立抄表资料的重要内容之一，尤其是大口径水表，表具维护申报工单时也应同步提供现场照片，做到申报有据。抄表工作中必须按规定做好相应的照片获取和存档工作。抄表照片应根据对应不同的业务类型按照抄表照片、工程单照片、水费提醒、水费催缴、欠费停水、表位维护、违章用水等分类存档。

使用表卡抄表的应提前准备表卡，在规定抄表时间完成抄见工作。随着表具管理的智能化，很多供水企业已经采取抄表器，或者其他专业的抄表应用程序，本章重点介绍使用抄表设备抄表的内容。

使用抄表设备的，抄表前应根据表具的区、册在规定抄表时间下载数据，抄表员下载数据后，应在规定时间内完成抄见工作量，不得提前抄见或延迟交付工作量。

抄表前必须核对校准抄表设备系统日期和时间。水表字码必须现场即抄即录，不得延时集中录入。准确录入水表字码，确认提交前进行字码审核，避免出现录入错误。按顺序抄表并及时在系统中查询漏抄户，不得出现漏抄户。按规定进行抄表照片的获取，抄表时及时查询或关注系统提示的欠费情况，进行欠费的催缴提醒工作。按规定程序录入抄表字码，录入抄表字码前必须根据现场情况准确选择录入相对应的见表类别。常用见表类别见表 5-2。

常用见表类别　　　　　　　　　　　　　　　　　　　　　表 5-2

见表类别	操作流程	备注
正常	录入本次抄见字码，自动结度	大水量异常的，应拍照，并提醒用户
空房	贴单，拍照，暂收	有联系方式的用户，先联系用户
自报	录入用户自报见表字码，自动结度	不能连续两次以上使用，协调用户配合见表
拆迁	拍照，按照《供用水合同》约定暂收水量	录入信息，申报工程单转外处理
拆表	根据记录现场表已拆除，拍照	确定表位完好，并无私接现象，如有应申报违章转外处理
倒表	拍照，录入字码，自动结度	应判断倒表原因，申报违章转外处理
表坏	拍照，按照《供用水合同》约定暂收水量	录入信息，申报工程单转外处理
特殊表位	拍照，按照《供用水合同》约定暂收水量	录入信息，申报工程单转外处理

抄表卡片、抄表机、抄表 APP 如图 5-5～图 5-7 所示。

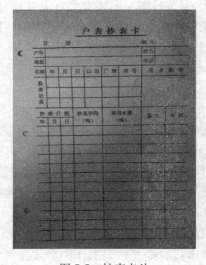

图 5-5　抄表卡片　　　　　　　　　　图 5-6　抄表机

图 5-7 抄表 APP

（2）水表的维护

水表是千家万户不可缺少的法定计量器具，要想长久地保证水表准确计量，并能够正常的抄见，除了水表本身的特点和质量外，表具维护也是供水企业在城市供用水管理的重点工作之一。一般包括表具日常巡检维护、防冻维护、资料维护、数据平台维护、换表及表位维护等，本章 5.3 节将详细介绍表具日常维护的重点内容。

（3）水表的拆除销户

水表原则上不允许私自拆除，用水人在不使用该处供水时可采取以下两种方法申报拆除水表。

1）暂时不使用

短期不使用水表通常建议用水人自行关闭表后阀或协助关闭表前阀。拆表一般出现在用水人搬离用水点且在较长时间内不在该用水点用水，但在将来仍有可能使用、不能废除用水点的情况下，由用户自行申报。通常称做"报停拆表"。

申请"报停拆表"的用水人需要向供水企业提交拆表申请，个人用户提供房屋产权证、水费缴费账号、个人身份证等材料；单位用户提供单位工商营业执照、组织机构代码证和税务登记证（或三证合一的工商营业执照）、加盖公章的单位申请、水费缴费账号、单位介绍信、经办人身份证等材料，并填写《停水申请表》（表 5-3），留好联系电话。

停水申请表　　　　　　　　　　　　　　　　　　　　表 5-3

用户号		申请日期	
用户名称		地址	
用水性质		表径	
水表编号			
联系人		联系电话	
申请原因			
			申请人签字（盖章）

　　申请用户须缴清旧水表所有水费，供水企业拆除旧表退库保存，并维护表具状态为"报停拆表"，原则上报停拆表有效期参考各供水企业规定，如需延期用户可以办理续期。

　　用户需重新复装水表的，提供申请时相同材料并填写《复水申请表》（表 5-4）。供水企业受理后复装水表，如现场表位损坏，用水人应承担相应的表位维护费用。复装完毕后，维护表具状态为"正常使用"。

　　另外还有一类拆表是因用水人"欠费停水"造成，由供水企业发起，用水人缴清拖欠的水费后，供水企业会将拆除的水表重新安装回去。也属于短期不使用拆表的一种。

复水申请表　　　　　　　　　　　　　　　　　　　　　表 5-4

用户号		申请日期	
用户名称		地址	
用水性质		表径	
水表编号			
联系人		联系电话	
申请原因			
			申请人签字（盖章）

　　2）永久不使用

　　装表用水点今后不再使用该水表的则称为永久不使用水表，由用户自行申报后进行拆表。通常称做"拆表销户"。

　　用水人通常需要向供水企业提交拆表申请，个人用户提供房屋产权证、水费缴费账号、个人身份证等材料；单位用户提供单位工商营业执照、组织机构代码证和税务登记证（或三证合一的工商营业执照）、加盖公章的单位申请、水费缴费账号、单位介绍信、经办人身份证等材料，并填写《拆表申请表》（表 5-5），留好联系电话。

　　"申请"受理前用户须缴清水费，受理后由供水企业查勘拆表现场条件，根据实际工作量预算拆表费用（包括施工费、需拆除旧水表结度水费等）。申请用户缴清费用后，供水企业拆除旧表退库待报废处置并维护表具状态为"销户"。

拆表申请表　　　　　　　　　　　　　　　　　　　　　表 5-5

用户号		申请日期	
用户名称		地址	
用水性质		表径	
水表编号			
联系人		联系电话	
申请原因			
			申请人签字（盖章）

5.2　表具的选型与性能

供水最常见的计量器具就是水表，水表是用来测量流经封闭满管道清洁水的体积总量的仪表。水表不仅仅是供水客户服务员所要掌握和使用的计量器具，也是在家庭生活中常见的一种仪表，有着深远的发展历史。

在使用时，根据计量表具的测量原理、计量等级、介质温度、介质压力、水表型式、公称口径、用途等划分为不同类型。

（1）按计量元件的运动原理分类

速度式水表：安装在封闭管道中，由一个运动元件组成，并由水流运动速度直接使其获得动力速度的水表。分旋翼式和螺翼式两类，旋翼式水表又可分为单流束和多流束两种，螺翼式水表又可分为水平螺翼式和垂直螺翼式。速度式水表根据安装方向还可分为水平安装水表和立式安装水表，具体是指安装时水表流向平行或垂直于水平面。安装时如不指明，一般均为水平安装（图 5-8）。

容积式水表：安装在封闭管道中，由一些被逐次充满和排放流体的已知容积的容室和凭借流体驱动的机构组成一种水表。容积式水表有单缸往复活塞式、旋转活塞式及圆盘式几种。与速度式水表不同，容积式水表测量的是经过水表的实际流体的体积。容积式水表没有安装水平与否的要求（图 5-9）。

图 5-8　速度式水表

图 5-9　容积式水表

电子式水表：计量元件无机械传动，通过电学变化原理转换成水流量，从而间接地记录出水量（图 5-10）。

（2）按计数器的指示型式分类

指针式：计数示值全部由若干个指针在标度盘上指示出来（图 5-11）。

字轮式：计数示值全部由若干个字轮上的字码直接排列为一线而显示出来，因而又称为"直读式"（图 5-12）。

图 5-10　电子式水表

字轮指针组合式：一般示值中的整数位由字轮显示，小数位由指针在标度盘上指示。组合式既具备"直读"的优点，又具有指针式结构简单、最小示值利于检定的特点。

液晶（或电子）显示型：计数示值由液晶显示屏或数码管显示屏显示（图 5-13）。

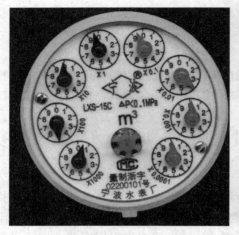

图 5-11　指针式水表表盘图

图 5-12　字轮式水表表盘

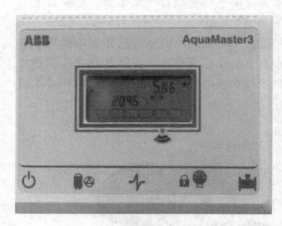

图 5-13　液晶（或电子）水表显示屏

（3）按计数器的工作环境分类

湿式水表：计数器浸入水中的水表，因表盘和指针都是"湿"的而得名。其表玻璃承受水压，传感器与计数器的传动为齿轮联动，使用一段时间后水质的好坏会影响水表读数的清晰程度。

干式水表：计数器不浸入水中的水表，表盘和指针都是"干"的。结构上传感器与计数器的室腔相隔离，水表表玻璃不受水压，传感器与计数器一般用磁钢传动。

液封水表：计数字轮或整个计数器全部用一定浓度的甘油等配制液体密封的水表，密封隔离的计数器内的清晰度不受外部水质的影响，其余结构性能与湿式水表相同。

（4）按口径分类

可分为小口径表、大口径表两类。小口径包括 15～40mm 四种常用规格；大口径包括 50～300mm 六种常用规格。小口径表用管螺纹与管道连接，而大口径表则以法兰与管道法兰连接。

（5）按被测水温度分类

冷水水表：流经水表的水温在 0.1～50℃范围内，如 T30 或 T50。

热水水表：流经水表的水温高于 50℃，如 T90。

（6）其他分类

根据水表的使用用途，除了用于居民住宅的结算水表称为民用水表，其他工业、消防、区域监控等水表均可称为工业水表；我国普通水表的公称压力（或最大允许工作压力）一般均为 1MPa，高压水表是指最大使用压力超过 1MPa 的各类水表，主要用于流经管道的油田地下注水及其他工业用水的测量。

随着科技的发展，在继续使用传统机械水表的同时，智能化水表在近十年被广泛地使用。

传统的机械水表主要由表壳、滤水网、计量机构、指示机构、表玻璃及密封件、表罩等主要部分组成。其工作原理是水由表壳进水口进入，通过叶轮盒的进水孔进入叶轮盒，冲击叶轮转动，叶轮转动带动计数器齿轮组（字轮组）转动，齿轮轴上的指针指示出通过水表的水量。

这类机械水表的优点是结构简单、成本低，对表位的要求不高。缺点是精度低，特别是对于小流量的计量；由于结构的原因造成过表介质压力损失、水压损失大，与电子类水表相比体积偏大。一些常用水表规格和技术参数，见表5-6。

常见水表规格参数　　　　　　　　　　　　　　　　　表5-6

序号	表类型	规格（mm）	量程比 R	常用流量 Q_3		分界流量 Q_2		最小流量 Q_1		备注
				m^3/h	m^3	m^3/h	m^3	m^3/h	m^3	
1	垂直螺翼	80	200	63	2	0.5	0.1	0.32	0.1	
2	垂直螺翼	100	200	100	2	0.8	0.1	0.5	0.1	
3	垂直螺翼	150	200	250	5	2	0.5	1.25	0.5	分辨率5L
4	垂直螺翼	200	200	400	10	3	0.5	2	0.5	分辨率5L
5	垂直螺翼	50	100	40	0.7	2.52	0.01	0.4	0.01	$Q_2/Q_1=6.3$
6	旋翼液封	80	63	63	2	6.3	0.2	1	0.1	$Q_2/Q_1=6.3$
7	旋翼液封	100	63	100	2	10	0.2	1.6	0.1	
8	旋翼液封	150	63	160	5	16	0.5	2.6	0.1	
9	旋翼液封	40	80	16	0.3	0.32	0.1	0.2	0.1	

电子类的智能水表是计量流经自来水管道体积流量的仪表，同时具有电子采集、数据存储、通过无线信道发送水量数据的功能。其性能特点主要体现在以下五个方面：

1）水量计量精确。

2）通过无线通信网络进行数据通信。

3）准确可靠。可选择光电直读式水表，采样数据准确可靠。

4）抗干扰能力强。采用窄带通信技术，灵敏度高、抗干扰能力强。

5）易于维护。水表采用无阀门结构，不会出现诸如阀门故障使水表该关断时关不上，不该关时却关断的现象而影响用户生活的问题。

智能化水表的主要应用为电磁流量计、超声水表以及运用现代窄带物联网（NB-IoT）技术的水表。

电磁水表又称电磁流量计（Electro magnetic Flowmeters，简称 EMF），电磁流量计是根据法拉第电磁感应定律进行流量测量的流量计。电磁流量计的优点是压损极小，可测流量范围大。最大流量与最小流量的比值大，适用的工业管径范围宽，最大可达 3m，输出信号和被测流量成线性，精确度较高，可测量电导率 $\geqslant 5\mu s/cm$ 的酸、碱、盐溶液、水、污水、腐蚀性液体以及泥浆、矿浆、纸浆等的流体流量，但它不能测量气体、蒸汽以及纯净水的流量。

超声水表是通过检测超声波声束在水中顺流逆流传播时因速度发生变化而产生的时差，分析处理得出水的流速从而进一步计算出水的流量的一种新式水表。超声流量检测原理是利用超声波换能器产生超声波并使其在水中传播；当超声波在流动的水中传播时产生"传播速度差"，该速度流量差与水的流速成正比，超声水表就是利用了这一原理，因此又被称为速度差法超声流量计。超声流量计和电磁流量计一样，因仪表流通通道未设置任何阻碍件，均属无阻碍流量计，它的测量准确度很高，几乎不受被测介质各种参数的干扰，尤其可以解决其他仪表不能的强腐蚀性、非导电性、放射性及易燃易爆介质的流量测量问题。

NB-IoT 技术是物联网领域一个新兴技术，具有支持海量连接、深度覆盖、低功耗、低成本等优点，支持设备在广域网的蜂窝数据连接，是实现万物互联的突破性技术。使用 GPRS 作为水表发送数据的手段，一个基站只能同时负载几百个水表。采用窄带物联网后，一个基站可同时并发上万个水表数据。

水表口径的选择，除了考虑设计月用水量以外，还需要兼顾考虑水表前后设计的管道口径大小，原则上水表的口径比管道的口径小一档为优选方案。特殊情况下的水表选型，需要另行商量决定（表 5-7、表 5-8）。

流量仪表选型参照表——入户管线　　　　　表 5-7

用水性质	设计用水量（m³/月）	设备口径 DN(mm)	设备型号	量程比	是否配备远传装置	备注
基建表	＜850	20	旋翼式液封冷水水表	160	/	每天按 10h 常用流量计算
	850～1400	25				
	≥1500	40	宽量程、电磁或超声水表			
普通户表	/	15	旋翼式液封冷水水表	80		
工业企业、机关事业、医院、学校等用户结算水表	＜850	20	旋翼式液封冷水水表	160	需要配备大表远传装置	每天按 10h 常用流量计算
	850～1500	25				
	1500～5000	40	垂直螺翼可拆卸式水表			
	5000～12000	50	宽量程、电磁或超声水表	200		
	12000～21000	80		200		
	21000～35000	100		200		
	35000～85000	150		200		
	85000～150000	200		160		
	≥150000，且最低小时水量大于 100m³/h	300	电磁流量计或电磁水表	/	需要配备实施远传装置	需要预留更换成 DN100～DN200 水表的安装条件，或同步设计并联水表的管道，解决大表小流量现象
	≥400000，且最低小时水量大于 200m³/h	400	电磁流量计或电磁水表	/		

流量仪表选型参照表——小区管线　　　　　表 5-8

用水性质	设计用水量（m³/月）	设备口径 DN(mm)	设备型号	量程比	是否配备远传装置	备注
总考核表	＜20000	100	宽量程、电磁或超声水表	200	需要配备大表远传装置	每天按 6h 常用流量计算
	20000～85000	150		200		
	＞85000	200		160		

续表

用水性质	设计用水量 （m³/月）	设备口径 DN(mm)	设备型号	量程比	是否配备 远传装置	备注
消防表	/	100 或 150	高精度宽量程水平螺翼式 可拆卸液封冷水水表	160	/	
别墅区户表	/	20	旋翼式液封冷水水表	125	/	
商业或绿化用表	/	20 或 25			/	
单元考核表	/	25 或 40			/	
进水箱、进水池 或进游泳 池水表	<4000	40	垂直螺翼可拆卸式水表	160	/	每天按 6h 常用流量 计算
	5000～12000	50	宽量程、电磁或超声水表	200	/	
	12000～21000	80			/	
	21000～35000	100			/	
	35000～85000	150			/	
	85000～150000	200		160	/	

5.3 表具的检定与维护

5.3.1 计量表具的检定和校验

根据强制检定的工作计量器具的结构特点和使用状况，强制检定一般采取以下两种形式：

第一种，只作首次强制检定。按实施方式分为两类：

1）只作首次强制检定，失准报废。

2）只作首次强制检定，限期使用，到期轮换。

第二种，进行周期检定。

关于强制检定更换，《中华人民共和国计量法》第二章第九条规定，县级以上人民政府计量行政部门对社会公用计量标准器具，部门和企业、事业单位使用的最高计量标准器具，以及用于贸易结算、安全防护、医疗卫生、环境监测方面的列入强制检定目录的工作计量器具，实行强制检定。未按照规定申请检定或者检定不合格的，不得使用。实行强制检定的工作计量器具的目录和管理办法，由国务院制定。

前款规定以外的其他计量标准器具和工作计量器具，使用单位应当自行定期检定或者送其他计量检定机构检定，县级以上人民政府计量行政部门应当进行监督检查。

根据《中华人民共和国强制检定的工作计量器具检定管理办法》第十六条，国务院计量行政部门可以根据本办法和《中华人民共和国强制检定的工作计量器具目录》，制定强制检定的工作计量器具的明细目录（图 5-14）。

图 5-14 中供水企业常用计量器具为目录 23. 水表、24. 流量计。又如竹木直尺、（玻璃）体温计、液体量提只作首次强制检定，失准报废；直接与供气、供水、供电部门进行结算用的生活用煤气表、水表和电能表只作首次强制检定，限期使用，到期轮换。

除上述规定的计量器具外，其他强制检定的工作计量器具均实施周期检定。

检定。具体项目为：

1、尺：竹木直尺、套管尺、钢卷尺、带锤钢卷尺、铁路轨距尺；

2、面积计：皮革面积计；

3、玻璃液体温度计：玻璃液体温度计；

4、体温计：体温计；

5、石油闪点温度计：石油闪点温度计；

6、谷物水分测定仪：谷物水分测定仪；

7、热量计：热量计；

8、砝码：砝码、链码、增铊、定量铊；

9、天平：天平；

10、秤：杆秤、戥秤、案秤、台秤、地秤、皮带秤、吊秤、电子秤、行李秤、邮政秤、计价收费专用秤、售粮机；

11、定量包装机：定量包装机、定量灌装机；

12、轨道衡：轨道衡；

13、容重器：谷物容重器；

14、计量罐、计量罐车：立式计量罐、卧式计量罐、球形计量罐、汽车计量罐车、铁路计量罐车、船舶计量仓；

15、燃油加油机：燃油加油机；

16、游体量提：游体量提；

17、食用油售油器：食用油售油器；

18、酒精计：酒精计；

19、密度计：密度计；

20、糖量计：糖量计；

21、乳汁计：乳汁计；

22、煤气表：煤气表；

23、水表：水表；

24、流量计：液体流量计、气体流量计、蒸气流量计；

25、压力表：压力表、风压表、氧气表；

26、血压计：血压计、血压表；

27、眼压计：眼压计；

图 5-14 制定强制检定的工作计量器具的部分明细目录图

虽然合格的水表出厂符合国家计量法规定的标准，但水表在安装使用过程中，由于受到各种因素影响，在计量上也会出现与正常用水量偏离的现象，一般在查不到漏水或其他原因时，需要考虑到水表的故障问题，即需要进行检定。

水表检定装置可分为容积式、称量式、标准表式和活塞式。目前我国大多数的冷水水表的检定装置为容积式，其余型式由于检定效率高而越来越多被采用。而热水水表检定装置考虑到安全性和介质密度变化，采用称量法和标准表法的居多。

在线检定（或称使用中的检验），可用标准表法进行检定，所用试验设备为标准表类的现场校验仪，也可用三等标准金属量器或相应等级的衡器进行校准。目前这方面使用器具标准有《便携式水表校验仪》GB/T 25918—2010。

也有需要超声波流量计进行大表在线检定的情况，这要在安装水表时设计好在线检定条件，如标准直管等。

如用户对水表计量存疑的，需由用户提交水表校验申请、产权证（或复印件），单位用户需提供申请单位组织机构代码证或营业执照复印件，并加盖公章。拆表送检时在运送途中应注意避免震荡。用户应随同到场，如校验结果误差在允许范围内的为计量合格，用户须根据水表计量缴费；如校验结果误差超出允许范围的，根据结果退还多收水费或补收少收费用。

5.3.2　计量表具的常见故障

水表常见问题有：在用水情况基本不变的前提下，更换后的用水量比更换前的大；无人居住且管道及用水器具无漏水的情况下，水表也有计量；水量异常增大等。

水表常见问题（故障）分为生产中和使用中，经常出现的问题和解决的方法见表5-9。

常出现的问题和处理方法　　　　　　　　　　　　　　　　　　　　　　　　　表 5-9

问题现象（有的不是水表故障）	原因	处理方法
校表时发现水表走得快或特别快	① 叶轮盒进水孔有溢边或毛刺； ② 叶轮盒进水孔太小； ③ 叶轮位置过低； ④ 错装大一档规格水表的计数器，或前三位齿轮装错	① 去除有溢边或毛刺； ② 修正进水孔； ③ 调高叶轮； ④ 按要求更正
校表时发现始动流量差及最小流量负超差	① 中心齿轮与第一位相邻齿轮啮合过紧，齿轮组转动不灵活，前几位指针碰标度盘或上夹板； ② 前两位齿轮啮合面上有毛发或垃圾； ③ 叶轮轴与上夹板衬套配合过紧； ④ 顶尖头过平； ⑤ 顶尖、整体叶轮、上夹板衬套同轴度差； ⑥ 齿轮158的大齿片吸附在上夹板下平面； ⑦ 调节孔开启过大； ⑧ 叶轮盒、滤水网与表壳台肩平面接触不严； ⑨ 叶轮上有毛刺； ⑩ 上夹板变形后叶轮上下顶死； ⑪ 叶轮位置过低； ⑫ 进水孔切线圆半径过小； ⑬ 水温过低； ⑭ 机芯组装后，叶轮转动不灵活	① 调整中心距或调小齿轮直径，检查轴孔配合、齿轮径向跳动，调整标度盘位置； ② 清除脏物； ③ 使间隙为 0.15～0.20mm； ④ 适当修尖及磨光顶尖头； ⑤ 分别找出原因剔除； ⑥ 计数器充满水或换齿轮； ⑦ 叶轮调高，孔关小； ⑧ 旋紧中罩或换不合格零件； ⑨ 去除毛刺； ⑩ 调顶尖，使叶轮窜量约 0.8mm； ⑪ 调高叶轮，关调节孔； ⑫ 放大切线圆半径，重新调试； ⑬ 等水温高时，或改进材料； ⑭ 查找原因，改进机械阻力
校表时发现水表走得慢或特别慢	① 大口径水表齿轮盒筋低于表壳平面，使盖板盖不住机芯； ② 叶轮盒、滤水网与表壳台肩平面接触不严； ③ 叶轮盒进水孔太大； ④ 叶轮空间位置过高； ⑤ 错装小一档规格水表的计数器，或前三位齿轮装错	① 筋上垫橡皮，使略高表壳平面； ② 旋紧中罩或更换不合格零件； ③ 更换叶轮盒； ④ 调低叶轮空间位置； ⑤ 按要求更正

续表

问题现象（有的不是水表故障）	原因	处理方法
使用中变快	① 叶轮盒进水孔表面结垢或杂物堵塞； ② 滤水网孔严重堵塞； ③ 顶尖头略有磨损（叶轮下降）； ④ 水表不用水自走	① 换表； ② 换表； ③ 换表； ④ 解决自走问题
使用中变慢	① 顶尖严重磨损，机械阻力增大； ② 叶轮村套落下碰叶轮盒； ③ 上夹板变形； ④ 叶轮盒中有杂物； ⑤ 被冻过； ⑥ 被烫过； ⑦ 人为破坏	① 换表； ② 换表； ③ 换表； ④ 清除杂物； ⑤ 换表，防冻； ⑥ 换热水表； ⑦ 换表，追责
水表发出"嗒嗒"声	管网水压剧烈波动	装排气阀；避免在管网中直接抽水等
不用水自走 （不是水表故障）	① 漏水； ② 管网中有气和水压波动	① 分辨是漏水还是其他原因； ② 如不是漏水，要在管网中装排气阀或开龙头排气；在水表进或出水端装单向阀
灵敏针停走	① 叶轮被异物卡住； ② 第一位齿轮损坏； ③ 人为破坏； ④ 叶片折断； ⑤ 冻、烫坏变形； ⑥ 干式表脱磁	① 清理异物。装滤水器、单向阀； ② 换表； ③ 换表，追责； ④ 换表，提升水表流通能力； ⑤ 阻隔热水进入（换热水表）、防冻； ⑥ 改进磁铁或用湿式表
指针或字轮停走	① 齿轮被异物卡住或损坏； ② 字轮被卡住或损坏	① 换表； ② 换表，改进字轮结构
水表乱跳字	① 字轮在字轮盒中间隙过大，拨轮对字轮失去自锁作用； ② 指针孔大而松动	① 改进结构； ② 减小指针孔径
度盘起雾	① 湿式表水没充满水； ② 干式表进水或气密性差； ③ 温差引起	① 现场热毛巾热敷； ② 使用液封表或液晶显示表； ③ 改进水表加工工艺
度盘发黑	① 表盖没有盖好； ② 阳光照射	① 表盖、表井盖盖好； ② 使用干式表
烫坏	① 太阳能热水器热水流入； ② 供水停水	① 换热水表； ② 装耐高温单向阀
倒转	有多路供水；有二次泵站供水	装单向阀
偏针	① 装配不对； ② 指针孔大而松动； ③ 被冻过； ④ 人为拨表	① 减小间隙的影响； ② 减小指针孔径； ③ 防冻； ④ 防范和打击
用水量突增（非正常用水）	① 马桶漏水（有时漏，有时不漏）； ② 管道漏水； ③ 太阳能漏水（有时漏）； ④ 多路供水	① 马桶进出水阀有时会失效，关注解决； ② 通过夜间流量识别，找到漏点解决； ③ 关注到并解决； ④ 每个水表出水端装单向阀
远传数据与基表不一致	传感器出故障；电源出故障	专业人员现场检查处理

5.3.3 表具的日常维护

（1）防冻维护

在寒冷气候下，水表及管道的冬季防冻已经成为供水企业极为棘手的工作。即使采用各种措施，如用破棉絮、草垫等保暖物品覆盖在水表井内的供水设施上；下雪后及时将水表井盖上的积雪清除；露在外面的管道和闸阀及时用专业保暖材料或旧棉衣加以包裹等，也无法避免水表及水管因受冻而损坏。因此，在管道、水表安装时就应该根据不同的条件，采用相应的防冻保温方案，设计时符合国家、地方相关标准、规范要求；设计文件中有供水设施防冻保温设计说明，明确选用的保温材料（图5-15）、厚度、施工方法以及保护层做法等，并有保温做法节点大样图，以更好地起到预防作用。

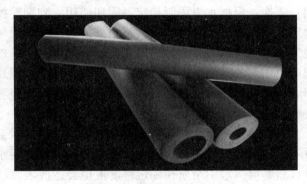

图 5-15　某种保温材料图

供水立管在楼道内的，要楼道门窗齐全，供暖正常，非进户水表须有表箱防护，立管进水（出水）与水表箱连接处、与阀门管件连接处、穿墙入户连接处的保温安装要严密。表箱内水表及前后阀门应采用保温套进行包裹，供水管需加保温材料。保温材料应采用不小于10mm厚的棉质保温套或不小于35mm厚的聚乙烯泡沫保温套；保温套宜采用对水表本体及其前后管路进行全包裹式设计，其形式结构应便于水表抄见。棉质保温套面料、填充物、里料应具有良好的防水保温性能，所有材料应符合《国家纺织产品基本安全技术规范》GB 18401—2010。

地埋式水表的埋深须符合防冻保温需要，表箱中应采用粗砂填充至表面，水表箱应安装底板防止粗砂流失，表后管与立管连接的转角处应采用保温材料进行包裹。

在防冻保温的具体要求上由于气候原因，南北方存在差异。从水管铺设开始，北方水管深埋，南方浅；广东、福建、海南等南方的水表、水管裸露于户外；北方冬季供暖，实际屋内及供暖管道附近温度并不低于0℃，而南方湿冷。但不论北方还是南方，供水客户服务员都应该掌握通用的防冻知识。

表具及附属设施的日常维护管养，务必保持水表箱门或盖板严密闭合，无表箱门、盖板的应加装。

如发现表后管与立管连接的转角处出现裸露、保温层脱离、水管扭曲等情况，应及时进行修补；如发现水表箱内黄沙厚度减少，应及时补充；对于易被雨水、污水渗漏的表箱需要进行表位整改或加固；对于无表箱盖的水表应加装表箱盖。

采取"穿衣"的方式，暴露在外的水管、水表、水龙头等供水设施，可用保温材料

（如棉麻织物、塑料泡沫）进行包扎，外附塑料布，包裹紧密。水表安装在楼道内的，要及时关闭楼道门，预防水表及闸阀冻坏。

居民夜晚应关闭厨房、厕所以及所有背阴房间的窗户，保证室内温度在0℃以上。气温很低时在夜间用水后可以稍稍拧开水龙头，保证水管内有水流动，"滴水成线"，防止夜间被冻住。滴下的水可以用容器接着，加以利用，节约用水。已被冻住的水表、水龙头，宜先用热毛巾包裹，然后浇温水（不高于30℃）解冻，切忌直接烘烤或用开水急烫，造成管道或水表爆裂引发次生危害。同时，在晚间做好储水准备，遇到冻表等问题及时求助供水企业（图5-15）。

（2）防损维护

水表在使用过程中的更换分为以下几种：

强制检定（周期）更换：根据水表强制检定、限期使用、到期轮换的要求，供水企业应对水表进行强制检定（周期）更换。由换表人员根据换表工程单，领取备换新表，更换水表后现场填写换表工程单的各项内容，记录旧表底数、换表时间、新表表号及底数、换表人员等内容，工程单由用户签字确认。拍摄换表前后照片存档，照片要求包含新旧水表表号、底数。换下旧表移交退库，报废处理，抄表发行部门进行换表登记反馈，更新用户水表资料，做好旧表结度水量发行。

急性故障更换：水表安装使用后，由于水表本身原因或外来因素会造成水表故障、停走、失灵或表面不清等。机械类水表的长期运转、装表时间过长或用水量过大、超过安全流量等均会造成机件自然磨损；水中杂质在一定程度上也会造成表具故障。水表急性故障发生后影响正确用水计量以及正确的水表抄读，必须及时更换。涉及漏水的水表故障更应尽快换表完毕，减少水量损失。

随着大管道流量计的发展，电子类表具在用水计量中越来越多地被使用，主要为超声波水表和电磁流量计。这类水表几乎无压力损失，在智能化方面相对于传统机械水表有着无可比拟的优势，但也有其局限性，如量程较小、易受管振、电磁环境干扰，还有就是大口径流量计的周期检定和现场测试始终是个难题，相较于传统机械水表安装简单、维护成本低的特点，这类水表的法制计量管理还有待加强。

换表人员根据换表任务，领取备换新表，更换水表后现场记录换表的各项内容，如旧表底数、换表时间、新表表号及底数、换表人员等，并由用户签字确认。同步拍摄换表前后照片存档，照片可以体现新旧水表表号、底数内容。换下旧表移交退库，报废处理。抄表发行部门进行换表登记反馈，更新用户水表资料，做好旧表结度水量发行。由于水表故障造成计量不准的换表，在换表后的水量发行时应根据供用水合同未抄见水表水量计算标准发行。某企业使用换表工程单样图如图5-16所示，换表流程图如图5-17所示。

（3）其他维护

除了水表本身，水表的使用人、使用信息、与水表相关的附属设施及计量统计平台等，也必须有专人进行日常维护，保障供水企业水表计量工作的有序开展。

1）表具资料的维护，是指用户表具发生更换、扩径、移装、拆表后的资料更新。

① 水表更换，根据上文5.3.3表具的日常维护中（2）防损维护中换表流程，水表更换完毕后，施工部门将旧表退库，登记换表相关信息，表具管理部门更新用户的新水表表号、新水表类型、老表拆表读数、新表起始读数、新水表安装时间。

换表工程单								
年 月 日							NO:	
							区 册	
装设地点								
户号		户名				换表原因		
水表	口径	厂牌	表号	字码	拆装日期		换表类型	
原装水表							1. 地表	
							2. 出户表	
换装水表							3. 进户标	
							4. 远传表	
上次抄见字码		上次抄见水量		换表结度字码			结度水量	
认定工作注意事项				完工情况				
1. 与资料是否相符：是☐ 否☐				1. 换表前后外阀门状态：开☐ 关☐ 失灵☐				
2. 封铅是否完好：是☐ 否☐				2. 施工完成后阀门是否开启：是☐ 否☐				
3. DN80以上水表是否有过滤箱：无☐ 有☐ 无法判断☐								
4. 水表实际故障原因：不走☐ 打顿☐ 不明☐ 其他☐								
经办人		经办时间		认定人			认定时间	
审核人		主管人		施工人			用户签字	

图 5-16 换表工程单图样

② 水表移装、扩径、拆表，来源于供水企业内部（为保障抄见移装）和外部（用户）申请，根据申请内容查勘员到达水表所在地点进行实地查勘，记录水表表号、户号、地址、现场施工条件、申请内容与现场相符情况。综合评定查勘结果设计施工方案，包括施工表具、表位、管道及费用等。现场根据施工方案，文明施工，记录施工过程。完工后整理维护资料归档并移交营收部门。

2）表具附属设施的维护

表具的附属设施指与表具直接相关，用于保障水表抄见、水费计算的设施，包括远传表具的远传设备、数据系统平台、表具所在表位（表箱、阀门及其他）。

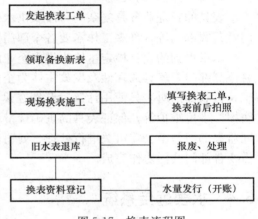

图 5-17 换表流程图

① 数据平台

随着智能化应用的发展，表库的收发存管理系统、智能抄表系统、远传数据系统、营收系统等在供水企业的表具管理中发挥着巨大的作用，一体化的营业管理系统更是为供水企业的业务管理提供了各项便利。各类系统的日常维护、升级、更新直接关系到供水企业日常工作的顺利开展。企业的信息部门每日须对数据服务器进行巡查，确保系统正常连接，并对各类数据系统平台定期维护和升级，保障各项业务工作。

② 表位环境

除去表具自身，表具所在环境（包括表位）也是准确计量的基础。表位维护的重要目的在于保障抄见。由于表具所处环境的复杂性，表位堆、埋、淹、锁、拆迁、被破坏等都会造成表具抄见困难，这类非正常表位表具会造成水量流失、偷盗水、水费回收困难、固定资产流失、用户矛盾等危害。

常见表位维护类别有移表、改造表箱、加箱、清理、加栓、提高表位、降低表位、提高表箱等。

工作人员在收到表位维护任务后，首先进行现场查勘（认定），核实申报内容与现场是否一致，根据查勘结果确定维护方案。

常用的现场查勘标准如下：

查勘工作主要包括：见表难度、安全隐患、防冻隐患、短期内是否做过表位维护工程情况、造成表位问题的原因、申报内容是否与实际相符、查勘结果及施工方案。

当查勘结果与申报结果存在分歧时，应逐级再次进行二次查勘。

表位的维护因现场环境变化多样，所以必须注重时效性，否则必须重新查勘。如结束后，由于各种原因未能及时安排施工的，超过供水企业维护时效的需要在施工前再次现场查勘。

工程的首次查勘人应对此项目全程负责，承担查勘结果责任、施工监管责任、用户投诉责任、工程验收责任及项目结算责任。

具体施工时，施工人员严格按照施工方案，核对需施工的用户、地址、口径、表号及方案文明施工。施工完毕后工作人员对工程施工内容、规范、质量进行验收。

3）转外业务的处理

表具的管理业务是复杂的，涉及供水企业的计量部门、技术部门、工程部门、财务部门及营收部门等，许多工作需要各个部门紧密协作完成。

本章提到的表具检定主体为供水企业的计量部门管理，甚至涉及省市和地区的计量监督检测部门，表具的存储及发放主体为企业的物资部门管理，又由工程部门领用、安装施工，营收部门对表具使用计量后开展在途管理，各个部门相互配合完成表具的日常防冻、防损、表位维护等，保证表具的正确计量和正常抄见，对于用水人发生的违章用水行为协同监察部门乃至公安机关进行处理、处罚，表具的拆除、退库、报废、资料状态更新也都需要各部门共同协作完成。

5.4 水表远传系统

水表远传系统是远传水表、电子采集发讯模块的总称，电子模块完成信号采集、数据处理、存储并将数据通过通信线路上传。

5.4.1 水表远传系统的主要类型

（1）从工作原理分可分为脉冲发讯式和直读式

脉冲发讯式以水表为计量基表，配制无源或有源脉冲发信装置为一体的、随着基表技术指针的旋转向水表数据采集装置发送计数脉冲或开关信号的远传水表。这种类型的主要传感方式有光电传感、霍尔传感、干簧管传感等，远传水表本身不带电源，与采集器系统连成回路而输出信号，也有通过电话线等线路实现数据输送。

直读式又可细分为光电式、触点式（电阻式）、摄像式、计数式四类。直读式水表同样也有信号线与抄表系统连成一回路，但平时不工作也不用电，只有到要求抄表的瞬间或一段时间，抄表系统发出抄读指令，接通回路，才把当前的各字轮示值传送给管理系统。

（2）从线路布线方式分可分为一线制和分线制

一线制指远传水表内部集成数据采集、存储和通信功能，所有远传表只要挂在一根总线上即可。布线简单、施工方便，但系统整体可靠性差，易遭到人为或自然破坏，返修成本高。

分线制指远传水表进行数据采集是通过分线连接到各采集机上进行存储和通信。因发生损坏时只需要维修对应线路上的问题，故返修成本和难度相对较低。

（3）从形体结构分可分为一体式和分体式

一体式指远传水表的水表部分和电子元器件集成为一体，电子元器件使用寿命较水表使用周期长，往往造成电子部分的浪费，且一体化的维护成本较高。

分体式指远传水表的水表部分和电子部分无机械接触。在后期的维护过程中，如水表周检或日常维修无需更换电子传感部分，维护难度和成本较低。

近来还出现了无线发射式水表远传系统除安装常规数据采集、处理、存储模块外，另设置无线发射装置，通过远程接收信号，此种水表不需敷设线路和线路维护、安装方便。但由于单表设置无线发射装置，单表费用高，需长期占用频点，还需申请和交费。

按水表国家标准《饮用冷水表和热水表　第 1 部分：计量要求和技术要求》GB/T 778.1—2018，水表可配置远传输出系统，水表加上远传输出装置后不应改变水表的计量性能。所以，远传水表的计量性能、耐压性能、压力损失等均与普通水表相差不大，并满足国家标准。但其涉及远传功能的使用寿命受到电子元件的质量、机械磨损、制造工艺等因素的较大影响。

5.4.2　水表远传系统的应用

随着城市规模不断扩大和居民户数（抄表到户）快速增加，供水企业抄表和收费的工作量将不断加大。沿用传统的上门抄表模式，将很难适应这种变化，人工入户抄表的效率已经在逐渐下降并且使这种模式的成本不断增加。水表远传系统是解决这个问题的一个途径，这种依靠技术进步的方式更值得提倡。

（1）安装及使用注意事项

1）易于安装的适合设备。

2）现在的远传系统都达到一定的防水、防护等级，但安装时仍要避免贴底，防止受潮、进水，以及污浊和油污影响使用寿命。

3）信号连接线应有专用保护，避免勿碰和人为损坏。

4）和主线接头应牢固、密实，避免影响信号传输。

5）水表和信号连接线应远离供热管道。

6）安装时应避免水表周围磁场干扰数据的采集，防止通信屏蔽的问题。

7）合理设定数据传输时间，防止传输数据堵塞和数据掉包。

8）对水表更换和表位维护时，注意对远传部分的设备保护。

（2）抄表管理中的水表远传系统

伴随传输技术的进步，供水客户服务员的抄表工作有了充分的发展，从过去劳动密集型的简单抄读水表，向能够有针对性地查询、分析、校核、反馈并适当地排除一些系统故障的轻技术岗位转变，即从"抄表"向"核表"转变。基于"抄表"的开账（水量发行）则转变为对远传数据准确性和稳定性的校验，这对供水客户服务员的技能和知识储备是一个考验。既要学会使用远传系统的平台系统操作，熟悉系统各功能模块的原理及应用，也要了解水表远传系统的基本工作原理，利用远传技术更好地进行数据分析和故障识别。

1）远传抄表系统的组成

远传抄表系统由远传表、采集器、集中器与主站，或远传表、集中器与主站，或远传表与主站构成，通过本地信道/或远程信道连接起来组成网结构，能够运行抄表系统软件，实现远程自动抄表功能的系统。

采集器，设置于远传表与集中器之间，采集一个或多个远传表的信号或数据，进行数据处理和传输，并与集中器或主站进行双向数据通信的电子装置。

集中器，设置于多个采集器和/或远传表与主站间，可实现数据采集、存储与传输等功能，通过远程信道与主站交换数据的电子装置。

主站，具有选择一个、一组或全体采集终端的能力，并启动与采集终端进行信息交换的设备。

信道，信号传输的媒介和各种信号变换、耦合装置，包括远程信道和本地信道。

远程信道，采集终端与主站之间通信时，数据传输的信道。

本地信道，集中器、采集器、远传表之间直接通信的信道，以及集中器、采集器和远程表的维护用通信信道。

远传抄表系统中，信道主要有专线（如 RS 485 总线、M-BUS 总线等）、低压电力线、无线网络（如微功率短距离射频网络、Zigbee、GPRS、CDMA、4G、NBIOT 等）。

远传抄表系统宜采用星形和总线型拓扑结构，采用双向通信方式，远传抄表系统的物理结构示意图如图 5-18 所示。图 5-18 中的主站实现公共信息平台及其支撑的应用层功能。主站采用如下部署方式：本地部署，系统的主站部署在本地；云部署，系统的主站部署在商业云或行业云中。

图 5-18（a）所示结构由本地信道、远程信道、集中器（或采集器和集中器）、远传表、主站组成。该结构适用于能源计量、能耗监控与能源管理应用领域。

图 5-18（b）所示结构在本地信道和远程信道之间配置了智能家居/智能楼宇/数字安防控制器。该结构的控制器具有双向功能；对本地信道上的数据进行采集和集中，并转发至主站（或物业服务器），主站功能可通过物业服务器实现；能接收主站（或物业服务器）的控制命令对远传表进行控制。该结构适用于居住区或楼宇。

图 5-18（c）所示结构采用远程信道通信，占用较多的远程信道资源。该结构的远传表本身应具有数据采集和存储等功能，并配置远程信道接口及远程通信协议，为点对点的系统。

2）远传水表抄见管理的主要内容包括：

① 远传系统平台的数据查询与分析；对数据疑问和设备报警进行反馈和处理。

② 基表数据与远传数据的现场校核与分析。

③ 远传设备信号传输稳定性的检查确认。

④ 远传设备的电量、通信卡、接线等状态检查。

⑤ 现场远传设备的简单维护和数据重置。

3）常见远传系统问题如图 5-19 所示。

随着行业标准《民用建筑远传抄表系统》JG/T 162—2017 的修订，为供水企业提供了远传抄表系统装备（远传表、采集器、集中器和主站）时的质量保证和检验的依据；解决系统远程通信协议的统一问题；对供水管网的漏损可以实时监控，降低产销差，为供水企业管理提供决策依据，为智慧水务提供所需的实时基础计量数据。

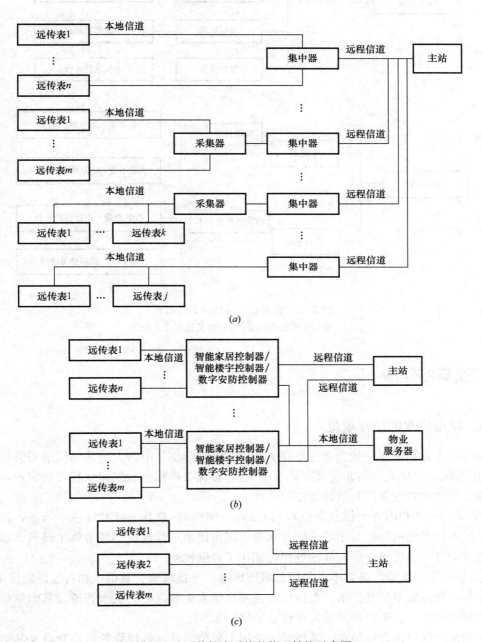

图 5-18　远传抄表系统的物理结构示意图
（a）能源计量、能耗监控与能源管理远传抄表系统的物理结构示意图；
（b）居住区（或楼宇）远传抄表系统的物理结构示意图；
（c）点对点远传抄表系统的物理结构示意图

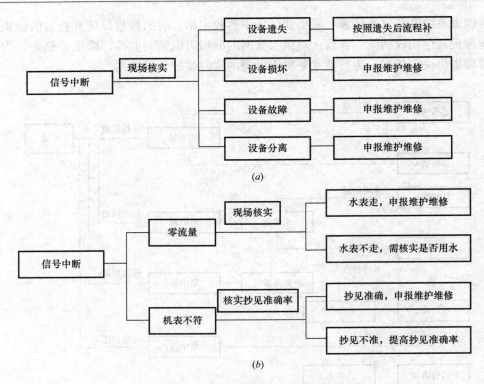

图 5-19　常见远传系统问题及处理
(*a*) 常见远传设备问题；(*b*) 常见远传设备处理

5.5　违章的处理

5.5.1　城市供水的法律规范

城市供水常用法律法规包含《中华人民共和国刑法》《中华人民共和国治安管理处罚法》、国务院《中华人民共和国城市供水条例》、各城市根据自身供用水特点制定的《城市供水和节约用水管理条例》及其他法律法规。

《中华人民共和国城市供水条例》（以下称《条例》）总共七章共计三十八条，详细地介绍了城市供水的内容。对于城市供水水源、城市供水工程建设、城市供水经营、城市供水设施维护以及违反条例所应受的处罚等都作了详细说明。

《条例》第一章第二条：本条例所称城市供水，是指城市公共供水和自建设施供水。

本条例所称城市公共供水，是指城市自来水供水企业以公共供水管道及其附属设施向单位和居民的生活、生产和其他各项建设提供用水。

本条例所称自建设施供水，是指城市的用水单位以其自选建设的供水管道及其附属设施主要向本单位的生活、生产和其他各项建设提供用水。

《条例》第六章第三十五条：违反本条例规定，有下列行为之一的，由城市供水行政主管部门或者其授权的单位责令限期改正，可以处以罚款：

未按规定缴纳水费的；

盗用或者转供城市公共供水的；

在规定的城市公共供水管道及其附属设施的安全保护范围内进行危害供水设施安全活动的；

擅自将自建设施供水管网系统与城市公共供水管网系统直接连接的；

产生或者使用有毒有害物质的单位将其生产用水管网系统与城市公共供水管网系统直接连接的；

在城市公共供水管道上直接装泵抽水的；

擅自拆除、改装或者迁移城市公共供水设施的。

《条例》第六章第三十六条：建设工程施工危害城市公共供水设施的，由城市供水行政主管部门责令停止危害活动；造成损失的，由责任方依法赔偿损失；对负有直接责任的主管人员和其他直接责任人员，其所在单位或者上级机关可以给予行政处分。

《条例》第六章第三十七条：城市供水行政主管部门的工作人员玩忽职守、滥用职权、徇私舞弊的，由其所在单位或者上级机关给予行政处分；构成犯罪的，依法追究刑事责任。

各城市在公共供水管理中，人民法院、人民检察院、公安局等政府部门也会发布《关于打击盗用城市公共供水等违法行为的通告》，供水企业参照执行。

5.5.2 违章的判断与处理

(1) 违章常见类型

供水企业员工在日常抄表、维护的工作中发现违章行为均须申报至供水监察部门处理。其中常见的违章类型有：

1）发现用水人无表计量私接管线用水，洒水车无表直接从消火栓接水；

2）水表铅封损坏，水表被烫坏，水表被盗，用水人私自改装水表；

3）用水人私自改造表位，供水设施被圈、压、占、埋；

4）私自开启消火栓；

5）转供水或公共供水管道上直接装泵抽水、接水等。

违章行为的发生一般均是以非法占有为目的，大部分破坏供用水设施的行为都是用来盗用城市公共供水的手段。

盗用城市公共供水，即采用非法手段盗取城市公共供水的行为。对于国家来说，偷盗水行为严重扰乱了城市供水正常的生产经营秩序，危害了城市公共基础设施安全，造成国家水资源的损失。对于供水企业来说，偷盗水行为使供水企业管网漏损率增高，影响经济效益，还会造成供水设施的损坏，影响正常安全供水。对于居民来说，偷盗水行为会造成水压降低、水流减小，影响居民高峰用水时段的正常用水。

盗用城市公共供水主要包括以下几个方面：

1）未经城市供水企业批准，擅自在城市供水管道及附属设施上打孔，私接管道盗水的；

2）非火警、消防演习擅自启用公共消火栓和无表防险装置盗水的（图5-20）；

3）绕越城市供水企业贸易结算水表盗水的；

图 5-20　私接消火栓

4）拆除、伪造、开启法定或授权的计量检定机构加封的贸易结算水表铅封盗水的；

5）毁损或采取技术手段致使贸易结算水表停滞、失灵、逆行，使水表少计量或不计量盗水的；

6）擅自将自建设施供水管道系统与公共供水管网系统连接盗水的；

7）用其他方法盗用城市公共供水的；

8）向任何单位和个人专供城市公共供水的；

9）非居民用户超计划用水拒绝交纳超计划累进加价水费的。

（2）违章用水处理的流程

1）违章来源及确认

违章举报的来源为供水监察部门自主巡查、供水企业内部及外部人员举报。供水监察部门接报违章用水信息后，对违章用水行为进行调查确认。

在进行违章查处时，须向当事人明确指出违章行为，调查取证，现场保护，做好笔录，发放《违章用水通知书》等。情节严重符合立案条件的应及时立案。

2）违章处理

确认违章事实后，监察人员填写《违章事实确认书》，内容包括违章用户信息、违章详细内容、签字确认。

① 对于擅自在城市供水管道上偷盗水的应根据口径、流量、盗水时间计算处罚水量。

违章用水量计算标准：

违章用水量＝单位流量（m³/h）×总违章用水时间（h）或参考用户的历史用水数据

单位流量按表径或管径的常用流量计算方法确定。

用水时间一般按个人用户每日不少于 2h 计算，起止时间如有依据按实际时间确定，无法明确的按不少于 3 个月计算，特殊用水的视现场情况和用水实际综合确定。

② 对非火警、消防演习擅自启用公共消火栓和无表防险装置盗水、擅自将自建设施供水管道系统与公共供水管网系统连接盗水、擅自拆除、改装或者迁移城市公共供水设施等违章行为要进行罚款处理。对于转供水的还要追缴差价。

③ 案件建档

违章案件办结后，对案件的文档资料和证据（包括影响资料、记录文件、费用计算表等）应于结案后 7 个工作日归档完毕。归档资料除了供历史查询外，有严重违章行为的在城市供用水巡查中常态化管理。

第二篇 专业知识与操作技能

第6章 客户服务管理

6.1 客户服务员的工作职责及业务范围

供水客户服务员主要从事水表抄读、水费催收，以及围绕抄表收费所开展的对外服务及其他相关业务的办理工作。从岗位职能划分，主要包括抄表收费员、抄表复核员、服务大厅工作人员、资料整理及录入人员、"三来"接待处理人员等岗位。

根据营销管理的需要对上述工种岗位的工作安排具有一定的灵活性，可以进行岗位的细分或者合并。一般情况下，围绕售水发行所开展的一系列生产经营活动中，与客户服务相关的工作内容均可纳入其岗位职责范畴。

6.1.1 抄表收费员的工作职责

1) 做好水表的抄读和水量发行，不断提高水表抄见率、准确率。

计量水表的抄读是客户服务的必备技能之一，也是做好售水发行工作的基础。供水转化为售水是通过抄表员的水表抄读工作完成的，这不仅涉及企业的经济效益，还涉及客户的利益。抄表员必须在规定的时间完成额定的水表抄读任务。然而，鉴于供水管道上所安装计量表具的复杂性，水表的抄读工作有时会存在一定程度的困难。克服这些困难，寻求必要的解决途径，以尽可能地见表抄读水表，同时，掌握各种类型计量水表的抄读方法以确保水表抄读的准确，是抄表岗位、复核监督岗位以及其他外业客户服务人员的基本职责。

① 水表的位置分类及不良表位处理

由于供水规模的扩大和计量到户的要求，贸易结算水表的数量越来越多。有必要对水表的安装位置、安装环境进行分类标注，以更好地管理这些表具，并适应抄表过程中可能需要面对的不良表位、水表维修等表具管理的需要。按照水表的安装位置可以将所抄水表主要划分为进户表、出户落地表、出户嵌墙表、管道井表四种类型。

A. 进户表

指安装在用户家中的水表，抄表时需要进入用户室内。进户表的安装位置根据建筑设计的不同，多数在厨房或卫生间内。进户表在抄见时，除了入户耗时较多外，也常遇到水表被杂物堆埋，或在橱柜夹缝中，抄表难度相对较大。抄表员在抄进户表时对不良表位可以采取以下措施处理：

a. 清除杂物后抄读；

b. 利用随身携带的小型反光镜抄读；

c. 使用智能手机拍照抄读；

d. 发放表位整改通知单，请客户整改表位后抄读。

B. 出户落地表

指水表安装在户外地面表箱内或直接裸露于地面以上的水表（我国南方地区较多将水表直接安装于地面上，而北方大部分地区则将水表下地，以更好地避免出现水表受冻等问题），如图 6-1 所示。

图 6-1　出户落地表

虽然在给水设计时较为充分地考虑了出户落地表的抄表便利因素，但户外环境的复杂性导致了堆、埋、淹、锁等不良表位的大量存在。出户落地表不良表位的主要形式有：

a. 杂物、垃圾堆放等可简单清理的情况，如图 6-2 所示；

b. 车辆或重物压占需配合处理的情况；

c. 雨水、污水、粪水淹没的情况；

d. 建筑施工、道路施工、违章建筑以及小区物业设施施工后等埋没的情况；

图 6-2　出户落地表不良表位

e. 被锁在围墙或用户院内的情况；

f. 位于慢车道或者快车道上的情况；

g. 表箱遭受破坏或被更换为不易开启的非标准表箱的情况；

h. 其他一些违法违规压占、埋没等情况。

客户服务员抄表时要履行对表位的保护、监管职责，真实地反映不良表位状况，并按要求进行适当的处理。出户落地表的主要表具管理方法包括：

a. 根据需要使用定位设备或其他定位方法对表位定位，以在发生不良表位时查找水表位置；

b. 进行简单清理、清除杂物，或联系用户及时移除表位压占，以确保当期水表的见表抄读。

c. 发放《表位整改通知书》，请用户配合尽快恢复表位，以确保二次回抄或下期的水表见表抄读。

d. 记录不良表位类型并根据需要拍摄现场照片，上报其他部门进行表位整改。

C. 出户嵌墙表、管道井表

指安装在建筑物内部公共楼梯道处或专用管廊内的非用户室内的两种表位形式。这两种类型水表可能存在的不良表位情况包括：水表安装位置过高；水表之间的间距过小造成表位读数遮挡；水表箱（井）内杂物堆放以及消防系统、热水表等其他管位遮挡等。客户服务员抄表时可依据出户落地表不良表位的处理方法进行现场处理，以确保水表当期或下期的见表抄读。

因全国各地建筑设计、施工以及气候条件的差异较大，水表的安装位置在施工设计上没有统一的规范和标准。除以上四种表位类型外，还可能存在其他的一些类型。例如，安装在建筑物楼顶的水表、统一安装在地下室的水表、裸露在室外地面之上的水表、在水泵房内或专门的建筑室内的水表等。客户服务员要对不同安装类型的水表做好现场管理，对影响正常抄读和水表计量的不利情况尽自己最大努力克服和改善，确保供水设施的完好。

② 智能手机在抄表工作中的使用

智能手机抄表界面如图 6-3 所示。

互联网应用早已普及。移动计算的发展为包括抄表收费在内的各行各业带来了变革。使用智能手机 APP 记录水表数据，开展抄表收费工作已然成为趋势。智能手机 APP 不但可以根据各水司工作的特点进行定制开发，重要的是可以进一步释放劳动力，提高工作效率：实时查看历史数据、缴费情况、表位状况，甚至可以与 GIS 系统联动以快速定位水表，自动结算并实时发行水量、水量异常预警、水表及表位现场拍照并实时上传、用户日志和备忘提醒，各种报表、台账、工作单的无纸化办公等。

客户服务员使用智能手机 APP 开展抄表工作的主要流程包括：

A. 下载抄表数据，做好抄表前的准备工作。

B. 在手机上录入实时抄表数据，并根据系统提示对水表及表位进行拍照。

图 6-3 智能手机抄表界面

C. 打开手机通信网络，确保抄表数据的实时上传。

D. 根据系统提示做好水费催缴工作，并做好催缴录音、拍照等工作。

E. 使用手机 APP 上报各类水表故障及表位异常，录入抄表日记与用户备忘。

2）掌握各种计量表具的特性，辨别并反馈水表可能存在的计量故障。

在商品交换过程中，计量准确是公平交易的基础。对于自来水的销售、购买和使用来说，计量仪表始终是交易双方关注的焦点，也是客户服务好坏的一杆"秤"。如果客户服务员仅仅只是"读表"，对水表发生故障或者对其他计量特性、计量误差置之不理，企业的损失将不可估量，客户也不会对企业的服务感到满意。无论是机械水表还是电子水表，因其设计和制造的原因，在使用过程中都难以避免发生故障或计量误差。而安装和使用环境的不断变化都会使得故障可能性增大。机械水表的部件磨损、电子水表的电磁干扰会使计量精度受到影响；管网杂质和用量负荷变化也是使水表计量特性发生变化的重要因素。作为客户服务员，在抄表工作中，除了简单地"读表"之外，还需要对水表故障进行判断，对水表计量特性的影响因素进行查找和分析，继而确保水表读数能够真实地反映出客户的用水量。

水表故障的辨别：

水表故障通常有两类：一种是计量误差过大；另一种是水表损坏失灵。可以通过以下方法进行故障的辨别。

① 经验判断法。抄表时通过对水表外观的观察，可以直观地发现一些水表出现故障的现象，包括机械水表指针脱落、水表漏水、水表玻璃或显示屏碎、水表封铅损坏或脱落、电子水表不显示、电子水表接线脱落、水表安装不符合计量规范等。

② 试水法。指通过打开或关闭用水器具测试水表在有水流经过时的运转情况进行故障辨别的方法。下列故障现象可以通过这种方法进行初步判断：机械水表指针卡顿、水表失灵不走、水表空转、液封表字轮卡住、水表倒走或倒装、水表冻住（干式表）等。试水法对于口径较小的居民用水户效果较好；对于大口径水表则往往需要结合经验判断法和量多量高核查法进行故障辨别。

③ 量多量少核查检验法。通过对用户用水历史的分析和用水过程的了解来判断水表是否产生故障的方法称为量多量少核查检验法。现场结度后，当期水量与往期用水量出现较大差异时应特别关注，并积极查找差异的原因。一般来说，水表空转、机械表指针卡顿、水表安装不符合计量规范影响计量准确性的，以及水表冻坏、失灵不走等现象都可以用此方法作进一步验证。

量多量少的原因核查是客户服务员抄表时的主要工作内容之一。除了建筑施工等特殊行业，如居民用水、商业用水、工业用水等，通常都会表现出用水的周期性规律。用户用水量除了随季节发生有规律的变化外，一般会保持大致均衡。在抄表后一般要将当期结度水量与上期或者同期进行比较，对超出正常波动范围的情况进行原因查找，以确定水表计量的正确性，发现潜在的偷盗用水行为，以及对有可能出现的管道漏损进行报修。量多量少的波动范围针对不同原因、不同的比较方式可以设定不同的衡量标准。一般来说，变化率在50％以上时必须进行特别关注。

产生量多的原因主要有以下几种：

A. 用户用水习惯发生改变造成量多。如居住人口增多、学校开学、部队驻训、生产量大、经营性质变更、建筑施工量大等。

B. 季节性用水规律造成量多。如夏季中央空调冷却用水多、游泳池开放用水多等。

C. 内部漏水造成量多。内部管道漏水、用户抽水马桶或热水器漏水等。

D. 水表空转造成量多。水表空转是由于管道内空气在压力的作用下压缩或膨胀继而造成在用户不用水的情况下水表转动计数的现象。水表空转的主要判断方法有两种：一是在用户不用水的情况下观察水表是否存在非匀速转动的现象；二是开关邻近用户（户表用户）用水龙头，观察水表是否会发生非匀速转动。水表空转现象以小口径居民户水表比较多见。主要解决办法是排出管道内气体或在水表前加装单向截止阀。

E. 水表故障造成量多。如机械水表计数装置故障，此种情况较少见。在某种情况下，由于计数装置的机械故障会造成计数的显示错误而致多计水量。此种量多的结果与空转一样，是虚高的。这也正是量多量少核查需要特别关注的水表故障类型。

产生量少的原因主要有以下几种：

A. 用户用水习惯发生改变造成量少。如居住人口减少、学校放假、部队外出拉练、生产减少、经营性质发生变更、建筑施工结束等。

B. 季节性用水规律造成量少。如冷却塔关闭、冬季游泳池关闭等。

C. 内部漏水已修复，造成与上期对比出现量少的情况。

D. 采取了强有力的节约用水措施。目前全社会的节约用水意识不断加强，在国家节能减排的政策环境下，各行业尤其是学校、政府机关等都加大了节水投入，用水量往往会出现较大波动。

E. 用户内部存在未计量用水的现象。一种情况是故意的偷盗用水行为，这是量多量少核查时应该重点关注的，特别是一些敏感性用水行业。另外，也存在用户无意识造成的无表用水情况，此种情况也应注意查验及时予以纠正。

F. 水表计量故障造成量少。客户服务员现场结度时发现量少，应该在第一时间查证水表计量的准确性。水表失灵不走是常见的量少原因。对于大口径大用量的水表，在使用一定周期后会出现机械性能的大幅下降，也是造成计量减少的常见原因。

④ 用水曲线分析法。周期性行业用户的用水规律性较为明显，呈现季节性规律变化或每月、每日的规律。在当前远传水表、电子水表已经普及的情况下，水表运行特性的记录和对各时点的用水数据分析已大量应用。对用户不同时段用水量的对比分析，可以为水表计量故障以及计量性能的鉴定提供数据支撑。客户服务员除了现场抄读水表、了解用户用水情况以及进行远传读数的现场校核以外，还需要对远传数据进行定量分析，通过一些分析模型的建立，对用户用水进行监控，对水表特性进行分析，作出水表故障判断、提出合理的水表选型意见。这种方法可以对水表计量误差先作初步的判断，继而再由专业仪器进行校验定性。

⑤ 专业仪器校验。无论是机械水表还是电子类水表，对于安装环境和施工标准都有严格的要求。实验室环境与现场总会存在一定的差别。因此，这种方法主要用来对水表计量特性下降造成的水表计量故障进行判断鉴定。水表失灵不走等现象多数时候可以进行专业仪器检测，但有时会无法检出。

在通过以上方法无法准确判断水表计量是否出现问题时，还可以进行总表与分表（二级计量水表）的水量分析，或者相隔一段时间反复抄读水量以进行数据比对分析，求出总表用量与分表用量之间的差额，在比对结果的基础上进行判断。

客户服务员对量多量少的原因核查所得出的结论，应在表卡或者抄表 APP 上简要注明。水表故障问题必须按照规定的程序申报，以进行下一步的处理。

3）调查了解用户用水情况，核查用户用水性质，发现违法违规用水现象，及时反馈并进行查处。

对用户用水调查了解主要目的有两个：一是出于售后服务的需要，了解用户对供水服务的需求；二是由于水作为商品的特殊性，除了检验计量偏差外，各种偷盗用水现象的发生也使得这一步骤的工作显得更加重要。客户服务员应在做好供水服务的基础上，掌握违法违规用水的主要类型特征，熟知供用水的法律法规、供用水合同的有关约定，学会辨识各种违法违规用水现象，保持对偷盗用水的敏感性，规范用户用水行为，减少无收益水量损失以及用水性质不符造成销售收入减少。

① 违法违规用水核查

违法违规用水主要是指违反国家或地方城市供用水的相关法律法规的规定，发生各种危害供用水安全和损害国家及企业公共利益的行为。主要包括两个大的类别：

A. 法律法规所禁止的用水行为、破坏或干扰水表正常计量的行为、拆卸及倒装水表、拆卸及无表接管用水、表后加泵抽水、私自移改水表位置、私自改扩水表口径、表前私接接管用水、违规开启消火栓用水等。

B. 违反供用水合同约定的用水行为：用水性质违反合同约定、超出合同约定用水范围转供水的行为。

② 违法违规用水的处理程序

A. 现场拍照取证。

B. 发放违法违规用水通知书。

C. 重大违法违规现象及时上报至供水稽查部门处理。

D. 用水性质改变的，上报更改水价并补收水费差价。

E. 违约转供水，上报供水稽查部门处理。

4）催缴水费，确保水费回收率。

作为国计民生必须品的"水"，在其供给销售形式上，依传统必先使用而后付费（虽然也有预付费的充值卡表的销售模式，但计量器具研发未完全成熟而未成主流）。基于后付费的原因，水量一旦发行就形成了应收账款。应收账款的回收是营销部门的主要经营工作之一。因此，客户服务员的职责之一则是对未及时缴纳水费的客户进行欠费催缴。水费回收率也成为客户服务员工作的重要考核指标。

很多供水企业实行"抄收合一"的岗位设置方式。抄表人员必须同时负责抄表和水费的催缴工作。这样设置的合理之处在于抄表质量与水费回收有紧密联系。用户产生欠费的原因之一可能是因为发行的水量与实际用水情况出现偏差。这种情况下，水费催缴人员必须对水量发行环节的工作进行校核，以确保水费催缴成效。无论如何，作为一名客户服务员，抄表与催费的所有业务流程及工作技巧都必须全面掌握。

① 水费缴费期

作为信用消费，必须要对缴纳水费的期限作出规定和限制，逾期即视为违约。每一个抄表周期对应一个缴费周期。水费缴费期一般由各地水司企业根据回款需要和服务用户的要求自行规定，但必须在《供用水合同》中予以明确。有的限制在抄表水量发行之后的一个星期至一个月以内，也有放宽至两个月的情况。

② 催缴水费的主要工作内容

水费催缴通常包含了缴费截止日之前和之后两个阶段的工作。前者一般以提醒告知的形式开展：有上门张贴友情提醒单、短信、微信或电话提醒等形式；后者一般以张贴催缴水费通知、发放欠费停水通知等催告、警告或停止供水的形式开展。

③ 水费回收的考核指标

与"水表抄见率""抄表准确率"等工作质量指标一样，为确保水费催缴工作成效，需要对水费催缴的工作质量进行规范和考核。水费回收的考核采用"水费回收率指标"。根据管理的需要还可以细分为以下指标：当月户比回收率、当月量比回收率、累计户比回收率、累计量比回收率、往年老欠回收金额、当月或当年应收账款余额等。

5）接受用户咨询，解答用户疑问；现场调查并处理用户投诉。

① 用户咨询服务

售后服务是绝大多数企业生存和持续发展的关键。作为供水企业的对外服务窗口人员，为用户提供服务咨询、解决抄收环节的各类服务问题是客户服务员的重要职责之一。

有些供水企业设有专职的用户咨询和投诉的接待人员。无论如何,抄表员、催费员、柜台收费人员等都将直接面向用户提供服务,必须能够答疑用户问题,解决用户合理诉求。在用户投诉的处理过程中也必然会涉及水表抄读、水费催缴的相关业务和工作,因此,全面掌握供水营销各个关键岗位的基本业务知识,了解企业的所有应知应会常识,按照对外服务的规范要求提供优质的售前售后服务,是对供水客户服务员进行上岗考核的主要内容。

② 涉表计量问题用户投诉的处理流程与规范

A. 严格遵守企业的对外服务规范。

B. 处理前先查询用户的历史抄表记录及相关的用水信息。

C. 在规定的时限要求内与用户取得联系。

D. 现场复核水表抄读数据及用户用水的所有相关信息。

E. 分析并处理用户投诉,取得用户满意。

6.1.2 客户服务员其他岗位职责

(1) 抄表复核岗位的工作职责

抄表复核岗位是供水客户服务员工种中的一个重要岗位,其岗位设置的主要目的是确保抄表质量和对外服务工作的质量。通过抄表的内复和外复工作,将使正确抄读、合理收费、优质服务得到保证。

1) 对水表抄读准确率进行审核、核查,对每一用户的水量结算、量多量少等情况进行复核。

2) 对抄表人员填报的故障水表及不良表位进行现场的再次复核。

3) 对用水性质变更做好现场的二次复核和确认,确定水价调整方案。

4) 对违法违章用水进行现场调查、取证并做好违章处理工作。

5) 对抄表人员的抄表质量进行监督,现场抽查一定数量的水表抄读数据,并进行抄表质量的分析。

6) 对拆迁、拆表的地区进行用水情况复核,处理抄表人员上报的各种非正常疑难表具。

(2) 涉表工程验收岗位的工作职责

确保水表计量准确的前提是水表安装要符合计量规范的要求。同时,水表的安装位置、表箱的规范使用都将对后续的抄表工作产生影响。客户服务员必须根据水表计量和抄读的专业知识对新装挂表、水表移改、扩缩径施工、换表施工等工程进行质量监督、指导和验收。

1) 熟知水表计量特性及各种类型计量水表的安装规范。

2) 现场检查水表的安装是否符合计量规范,是否符合日后便利抄读的要求,是否符合日后更换维护的要求。

3) 对水表防冻、防压等安全性条件进行必要的检查。

4) 根据要求进行现场拍照及填写各类验收质量单。

5) 对施工部门进行施工前和施工中的水表安装指导。

(3) 资料业务员岗位的工作职责

客户资料管理是客户管理的重要工作之一。大多数水司都设有专职的用户资料业务员负责客户资料的审核、整理、信息录入以及归档管理。客户资料管理的关键工作是审核，核心工作是信息变更的处理，基础工作是资料整理和分类归档。

1）对客户资料的完整性进行审核。包括供水合同的签订是否符合规范，用户名、门牌地址等填写是否符合要求，用水性质及水表信息是否齐全，其他必要的信息是否完整等。

2）将纸质保存的各类信息按要求录入至电脑数据库中。

3）对客户原始资料进行编号，按分类进行归档，以便于日后的维护和查阅。

4）对用户过户、水表更换、水价更改以及其他信息变更的动态客户资料进行录入、整理和归档。

5）做好客户资料的借阅管理。

（4）业务接待岗位的工作职责

业务接待岗位是为了建设用户的沟通渠道而设立的供水客户服务岗位。因工作时要直接面对用户进行服务，其工作态度及工作质量的好坏将直接影响到企业的声誉。

1）遵守职业道德，执行服务规范，热情礼貌地接待用户来访或接听来电。

2）做好来信、来电、来访的登记、分发、催办、销号以及工单的统计归档工作。

3）解答用户咨询，处理一般性用户诉求。

4）做好用户投诉平台的工单转接处理，确保接待处理及时率的要求。

5）按规定办理水费调整、减免等业务。

（5）柜台收费岗位的工作职责

无论各种便捷缴费渠道如何发展，仍有必要设置自营的收费柜台。这是确保水费回收、建设用户沟通渠道的必要选择。由于无柜缴费渠道的快速发展，自营柜台网点的选址相对不是那么重要，但作为客户服务的重要窗口，其业务范围及对应岗位人员的业务水平和服务水平则显得尤其关键。目前情况下，自营柜台应主要提供现金缴费、用户过户、缴费卡补办、信息地址查询、发票补开以及增值税办理、账户托收办理以及用户接水申请受理等相关业务。柜台收费人员应具备抄表等相关岗位的基本业务知识，除收取水费外，还应能够处理用户的一般性咨询。

1）收取用户水费并开具收费凭证。

2）提供供水业务办理咨询，受理用户接水相关业务。

3）受理用户过户、缴费卡补办、信息查询等业务。

4）增值税发票的开票业务、水费托收业务受理。

5）负责向用户解释宣传水费构成、违约金收取等相关政策。

6）负责做好水费销账、票据管理等相关账务工作。

供水客户服务员是供水企业营销环节的基本工种，其岗位覆盖范围较广，涉及营销工作的方方面面。各地水司根据需要或合并或分散一些岗位的职能，继而形成具有企业特色的工作模式。除了上述主要的岗位外，有的企业还会设置水费账务岗位、表库保管员岗位、供水热线话务员岗位、营业厅大堂经理岗位等，其处理的业务也基本都围绕上述岗位的职能开展。

供水客户服务员工作的好坏将直接关系到营销部门的业绩完成，关系到供水企业的对外服务形象，关系到水司的整体利益。因此，要牢记职责，不断加强业务学习，做一专多能、业务全面的供水客户服务员。

6.2 水表抄见管理的基础工作

6.2.1 抄表收费岗位服务规范

（1）抄表收费岗位服务规范

1）遵守企业对外服务规范。

2）进户抄表敲门时轻重适度，主动表明身份来意；进门穿鞋套，使用文明礼貌用语，工作完毕要致谢道别。

3）抄表到位，准确抄读，发现水表或水量有疑问应向用户说明，并在表卡或抄表APP中注明；水费账单要发放到户。

4）出户表抄完后要盖好表箱盖，确保行人车辆安全。

5）催缴欠费，问清原因，耐心解释，向用户做好缴纳方式说明。

6）抄表收费不弄虚作假，不刁难用户，不要挟报复，严禁利益收受。

（2）抄表收费岗位服务规范实施要求

1）仪表规范

① 统一着装，衣着整洁。

② 仪表大方，举止文明。

③ 佩戴服务标志。

④ 使用统一的工作包及抄表收费用具。

2）敲门规范

① 一般应用手指节处敲门，轻重缓急恰到好处。

② 按门铃应有间隙。

③ 在敲门或按门铃时要向用户表明身份和来意，使用文明礼貌用语。

④ 对用户配合要致谢。

3）抄表规范

① 努力抄到并抄准每一只水表。

② 量多量少要提醒用户，并尽快查明原因。

③ 对符合试水条件的要进行试水以确保水表正常运转无故障。

④ 需发放抄表缴费通知的要发放缴费通知，对欠费进行提醒。

4）安全规范

① 开启表箱盖时要注意来往车辆和行人。

② 开启铁表箱盖时要注意插销是否完好，开启角度必须大于$90°$。

③ 表箱盖开启后不得中途离开，抄表完毕应盖妥。

④ 对缺损的表箱盖要做好记录，及时填报维修工作单。

5）催缴规范

① 催缴欠费前应认真核对用户资料和欠费信息。

② 催缴欠费应先问清原因，并做到文明礼貌。

③ 对用户产生的水费疑问应努力查明原因并做好解释处理。

6）作风规范

① 文明礼貌服务，对用户提出的意见建议要耐心听取，及时答复。

② 严禁在抄表工作中弄虚作假，捞取好处。

③ 不以任何借口刁难、要挟、报复用户。

④ 不以水谋私，不向用户吃拿卡要。

6.2.2　抄表册及抄表日程管理

为实现规范化管理和对外服务承诺，以及考虑到阶梯水价的计算等因素，用户每个抄表周期内的抄表日期通常是固定的。抄表员按照排定好的日期进行每日的水表抄读工作。为此，为提高抄表效率对供水辖区内的用户按照科学的抄表路线进行归类划分，把一定数量的水表归为一册，称为抄表册，抄表员按册抄表。抄表册有时也称为抄表本子。即使在无纸化的今天，抄表器或者抄表 APP 里的水表资料也依然需要归类整理，编组分册。

（1）抄表册的管理

1）抄表册的划分

① 抄表册的划分以抄表员为单位，可以用字母表示，如"A"册，每个抄表员按抄表日期分为若干个子册，子册用数字表示，如"1"册；每个抄表员每月的工作任务即可分为"A-1"册、"A-2"册等。

② 一般按日抄表量来划分抄表册，也可按 2 日一册、3 日一册或 4 日一册，通常不超过 5 日一册。每册水表数量按照抄表定额划定。

③ 抄表册的划分需要熟知街巷地理和表位的人员或者根据地图软件按照线路进行，确保抄表工作效率。

④ 抄表册的划分要充分考虑日后新装户的插入和拆表销户的抽出减少因素。

2）抄表册工作量的编排

抄表册工作量的编排通常以每天规定的抄表时间内完成一定的抄表定额量为依据，成立一册，而不是每册以相同的表数来编排，主要原因是：

① 各表位间距离长短不等，所耗时间不一致。

② 各抄表册册址路程远近不等。

③ 各种水表安装方式不一，表箱数量和大小并不一致，所付出的体力和工时不等。

④ 各抄表册所在的地区及表位环境不一样（注意市区和郊县的区别）。

从上面的原因看，如果每册以相同的表数来编排会造成抄表工作量劳逸不均，工作时间也会有很大的差异。

抄表册工作量确定后，抄表册内部各水表的抄表先后次序排列方式大致有：

① 按线性方式（又称环回方式）编排。这种编排节省抄表时间，避免路程的往返重复。

② 按先近后远的方式编排，即先抄最近表位的水表，然后一直抄到最远表位的水表。

③ 进户水表或楼梯水表的编排：没有电梯的工房水表一般由下而上排列，有电梯的大楼或高层水表一般由上而下排列。

总之，编排水表册既要减少走路、减少工作时间、提高工作效率，又要有利于抄表，并要对水表检修、养护工作带来方便。

3）抄表册的线路编排

供水营销部门在所辖的区域内抄表册的线路编排一般采用"蚕食法"，即根据供水的区域范围、给水管网布局及用水户数多少等因素，以整个区域划分为块，按块排列依次抄表。"蚕食法"编排的优点主要是有利于水费的回收，有利于养护小修，有利于服务工作；缺点是抄表地点的变化大，不利于整个区域内用水户的产销差管理。

其次还有"街块法"编排。即根据供水区域范围、给水管网布局、用水户多少等因素，以整个区域（街道）划分成与抄表人数相同的街（道）块，各人负责一个街块，依次抄表。其优缺点正好与"蚕食法"相反。

4）抄表册的编号

除了上述以抄表员为基础的字母数字的区册编号方法外，为了便于抄表册的管理，有利于资料的区别和为统计测算售水量提供技术资料数据，一些大中城市抄表册的编号采用＊区＊＊＊册或＊字＊＊＊册。

＊区——用于表示该抄表册所在的行政区域；

＊字——用于表示该抄表册所属某水厂的供水范围；

＊＊＊册——用于表示该抄表册的册号。

四位数的册号，前两位表示抄表员的代号，后两位表示抄表工作（又称水费开票）的次数，如图6-4中"南1201册"中的"南"表示抄表册所在的行政区域的简称，12代表抄表员，01代表抄表工作次数。

5）抄表日程表及编排

抄表日程表的编排应以自来水企业供水区域管辖范围为依据，结合企业建设发展、生产计划、经济核算等方面的关系，同时要以供求服务要求的目标为出发点，因此抄表日程表有一定的权威意识

图6-4 抄表区册号

和强化作用，一经编排成立，任何部门或人员都不得擅自更改、变动，尤其是抄表员更应严格遵守，认真按照抄表日程表所规定的日期进行抄表工作。抄表日程表见表6-1。

某年1～6月份抄表工作日程　　　　表6-1

1月			2月			3月			4月			5月			6月		
日期	次数	限期	日期	次数	限期	日期	次数	限期	日期	次数	限期	日期	次数	限期	日期	次数	限期
1	元旦		1	日		1	日		1	1	9	1	劳动节		1	空	
2	日		2	1	10	2	空		2	2	10	2			2	1	10
3			3	2	11	3	1	11	3	3	11	3			3	2	11
4	1	12	4	3	12	4	2	12	4	日		4	1	12	4	3	12
5	2	13	5	4	13	5	3	13	5			5	2	13	5	4	13
6	3	14	6	5	14	6	4	14	6	4	14	6	3	14	6	日	
7	4	15	7	日		7	日		7	5	15	7	4	15	7		
8	5	16	8			8			8	6	16	8	5	16	8	5	16
9	6	17	9	6	17	9	5	17	9	7	17	9	日		9	6	17
10	日		10	7	18	10	6	18	10	调休		10			10	7	18
11	7	19	11	8	19	11	7	19	11	日		11	6	19	11	8	19
12	8	20	12	9	20	12	8	20	12			12	7	20	12	9	20

续表

1月			2月			3月			4月			5月			6月		
日期	次数	限期	日期	次数	限期	日期	次数	限期	日期	次数	限期	日期	次数	限期	日期	次数	限期
13	9	21	13	10	21	13	9	21	13	8	21	13	8	21	13	日	
14	10	22	14	日		14	日		14	9	22	14	9	22	14		
15	11	23	15			15			15	10	23	15	10	23	15	10	23
16	12	24	16	11	24	16	10	24	16	11	24	16	日		16	11	24
17	日		17	12	25	17	11	25	17	调休		17			17	12	25
18	13	26	18	13	26	18	12	26	18	日		18	11	26	18	13	26
19	14	27	19	14	27	19	13	27	19			19	12	27	19	14	27
20	15	28	20	15	28	20	14	28	20	12	28	20	13	28	20	日	
21	16	29	21	日		21			21	13	29	21	14	29	21		
22	17	30	22	16	31	22			22	14	30	22	15	30	22	调休	
23	18	31	23	17	22	23	15	31	23	15	52	23	日		23	15	71
24	19	21	24	18	33	24	16	41	24	16	53	24			24	16	72
25			25	19	34	25	17	42	25	17	54	25	16	61	25	17	73
26			26			26	18	43	26	18	55	26	17	62	26	18	74
27			27			27	19	44	27	19	56	27	18	63	27	19	75

（2）抄表日程表的管理

每月的抄表日程表的编排中，其工作日不宜太长，也不宜太短。如日程过长，虽可控缩人员，但留给用户的缴款日期可能要跨月，影响当月的水费回收；如日程过短，对水费回收有利，但要扩增人员。总之，编排抄表日程表尽可能将收费期限压缩于月内，以减少人员为前提。

考虑到月份有大有小，加上节假日每月均有 8～10 天左右，一般以每月 19～21 天抄表工作日为宜。遇到节假日较多的月份，可安排一、二日假日加班。但考虑到法定节假日尽量避免上门抄表对用户的打扰，则一般在日程编排上尽可能让出月头几日。

有些城市对每日耗水量大的工矿企事业单位、用水大户汇编成立专册抄表，既有利实施计划用水管理，又可通过银行无承付托收及时回收水费，这类专册可编排在抄表日最后几天的抄表工作日。有些城市则对比较集中用水量大的用户供水区域编排在抄表日程表的前几天。总之，尽可能在提高企业经济效益上发挥最大作用。

在编排抄表日程表时，每月抄表日差幅不宜过大，以确保抄表周期平衡，避免在统计、分析、预测水量供求等问题上人为造成过偏现象。

（3）抄表卡的使用

在使用抄表器、智能手机记录抄表数据以前，抄表员抄表时使用的一种叫做"表卡"的卡片登记水表基础信息资料，记录每次水表抄读数字以及附属信息。每个抄表册由几十张表卡活页装订起来，套上硬质或皮质封套。抄表员抄表前先清点表卡数量，做好登记，然后至现场抄读时，将每次的水表读数依次写于卡片之上，回厂后做账、审核，然后再录入至电脑中发行水量。每张表卡正反两面最多可记录 24 次的抄表信息。表卡用完之后，更换新卡，旧卡归档保存。表卡目前已被绝大多数水司所淘汰，不再使用这种原始、不方便的载体记录信息。

6.2.3 各类抄表工作单及水费催缴单的使用

客户服务员在工作中经常会用到一些格式表单。主要包括两类：一是用于对外服务的通知、告知、提醒、催收等工作，称之为"对外服务格式表单"；二是在遇到一些无法自行处理，需要按照规定流程进行流转处理的情况时，使用"抄表工作单"。

（1）对外服务格式表单

主要包括以下几种：

1）水费缴纳通知单。用于抄表结束后即时向用户发放的水费缴纳通知。

2）预约抄表通知单。对于一些进户或被门锁的水表，为了提高见表率，可在抄表之前向用户发放或张贴此类通知单。

3）用水量异常友情提醒通知单。用于提醒用户水量同比或环比异常变化，尤其要在水量突增时发放。

4）水费缴纳提醒通知单。此类单据一般在水费缴纳截止日之前发放，用于提醒用户按时缴费。

5）水费催缴通知单。用于水费过期未缴时发放或张贴。

6）欠费停水通知单。经过反复催缴仍未缴费，进行停水之前向用户履行告知义务。

7）违法用户通知单。情节较轻的需告知用户自行整改的违法用水行为，可发放违法用水通知单。

8）不良表位清理整改通知单。由用户原因造成的表位不良，出现影响到抄表或者供水安全的情况，可以向用户发放"不良表位整改通知单"，请用户配合整改表位。

除以上所列几种格式表单外，根据实际工作的需要可以增加或减少表单种类。对外服务格式表单要根据用户服务和经营管理的需要来设计制作，且必须经过严格的审批程序。审批的主要内容包括格式表单的用语、用词规范、表单里的业务内容以及所有可能涉及的法律责任条款等方面。所谓格式表单是指所有表单的格式基本相同、风格统一（由用户抬头、表单正文内容、落款三部分组成），先批量印制底单，不同的用户、水量、费用等内容则在发放前统一打印在空白处。列举"水费催缴通知单"如图 6-5 所示。

对外服务格式表单的使用不仅是服务工作的需要，更保障生产的重要手段。供水客户服务员在发放、张贴各类表单时要严按照流程规定，确保发放无误、符合要求，否则将引发诸多纠纷投诉、经济损失，甚至法律问题。

非纸质化的通知服务：

随着移动互联网信息化进程的飞速发展，纸质化的格式表单已加快进入了淘汰的阶段。短信、微信、支付宝、微博、APP 通知提醒等各种即时通信方式，改变了人们过去的生活方式，也改变了企业与客户的沟通方式。在做好用户基本联系信息的收集之后，经过推广宣传，成功使用户关注企业的微信公众号、官方微博以及其他信息平台，上述纸质化的格式表单即可转化为无纸化的电子通信。后者的优点不言而喻：配合已广泛使用的智能手机抄表 APP，可以做到即时通知，即时推送，效率大大地提高了，也节省了大量的人工成本。

（2）抄表工作单

在抄表工作中经常会遇到一些当场无法解决，需要进一步处理或转其他部门解决的问题。由于问题的性质不同，情况不一，涉及面广，故需根据实际情况填写各种工作单。工作单经摘录登记后，转交有关部门处理。

SWBD-JF023-00

×××水务集团有限公司
催 缴 水 费 通 知

_____用户您好：

　　按期缴纳水费是每个用户应尽的义务，已在双方供用水合同中明确约定。用户应主动按期足额缴纳水费，不应拖欠。

　　你户在_____月份累计用水_____立方米，欠水费_____元，尚未缴纳，请你户在_____月_____日之前持缴费卡（或本通知）到我公司所属缴费点缴清水费及违约金。（供用水合同约定，用水人逾期不缴纳水费，经供水人书面催告，除应补足应缴水费外，**还应从逾期之日起按照欠缴金额同期同档贷款利率的×××倍标准支付的违约金。**）逾期仍未缴纳水费者，我公司将按有关规定处理。由于受出单时间影响，可能您收到此通知时已缴清费用，敬请谅解。

　　友情提示：为节约您宝贵的时间，建议办理银行代扣水费。

　　我公司缴费地点

　　城西：×××路58号　　　　　　　　　　电话：×××××××
　　城东：×××路167号（原址：锁金村83号）电话：×××××××
　　城南：×××路531号　　　　　　　　　　电话：×××××××
　　城北：×××路71号　　　　　　　　　　　电话：×××××××

　　客服热线：×××××××（24小时服务）

　　水费查询电话：×××××××

　　　　　　　　　　　　　　　　　　　　　　　　年　　　月　　　日

图6-5　催缴水费通知

1）抄表工作单种类

① 延迟抄表工作单。有时也叫"事故工作单"。抄表工作中会碰到用水量量多量少或偏离用水规律，水表针位与走率有疑问，水表堆没、水没、门闭等情况，当场无法解决需事后进一步调查处理的问题，抄表员无法在抄表日程表规定的当日完成水表抄读和水量发行工作，填写"延迟抄表工作单"，并随当天的抄表册一起交内复人员。内复人员核对、摘录、登记后根据填写的内容一部分反馈给抄表员进行再处理，一部分转交给外复人员处理。

② 水表养护工作单。在抄表时发现水表附属管件（如内外友林、闸门等属于供水企业义务维修的）渗漏、破裂、损坏等情况时，抄表员应填写水表养护工作单，写明具体内容，经过内复人员登记后交由检修养护部门进行维修和调换。对漏水影响水量的用户，水表养护工作单可作为水费减免时的依据。

③ 故障水表更换工作单。抄表时发现水表停走、损坏或走率不准等情况，抄表员要填写故障水表换修工作单，经外复人员认定其开单正确无误并按用户用水情况或相关规定估算水量后，交内复人员登录，转养护部门更换新表。

④ 定期水表换修工作单。有时也叫"周期换表工作单"。根据计量相关法律法规及质量监督部门的有关要求，计量水表必须进行周期检定，以确保计量准确。进行定期水表更换时，需开具"定期水表换修工作单"。

⑤ 检漏工作单。抄表时发现用水量过高，经了解用户并无特殊用水变化情况，通过检查又无发现明漏现象，此时若关闭用户全部用水设备，水表仍然匀速走动，可初步确定有暗漏。这种情况下，可填写"检漏工作单"，由内复登记后转检漏部门协助检漏。发现漏水后，抄表员要提醒和督促用户及时修复，避免损失。

⑥ 拆表工作单。用户书面向供水部门申请办理销户手续，或者房屋拆迁、改扩建需要拆除水表和管网的，供水部门接申请后要开具"拆表工作单"，转相关部门拆除水表。

⑦ 水费减免申请单。用户内部的用水管道和用水设备均属用户自行维修和养护的范围，一旦发生漏水，原则上不予减免，应由其全部承担。但有些城市的供水企业有相应的政策可以作出适当减免。而由于供水企业过错造成的多收、错收或者非用户责任应承担的水费，必须进行水费减免，填写"水费减免申请单"，按规定流程和审批权限进行相应处理。

除以上一些抄表工作单类型以外，可以根据自身管理的特点和工作流程的需要制作相应的工作单。内部使用的各类工作单主要是为了便于各项工作的流转处理，同时也可以明确相应的工作责任。

2）智能手机抄表工作单的信息流转

在智能手机广泛使用的今天，抄表工作早已摒弃了表卡和大部分纸质工作单，转而使用更加高效快捷的移动平台进行业务的流转。上述大部分业务除基于财务或档案管理时原始凭据的需要，已经能够全部通过平台程序进行信息流程化的管理。延迟抄表、水表故障、水表维修、拆表申报等工作只需要在抄表程序的相应功能模块中做出操作，即可转入下一步流程的工作。信息记录完整，易于保存和查询，可以明确责任人并全面控制工作的质量。

信息电子化流程代替各种纸质工作单正如对外服务工作单的电子化一样，可以做到即时通知，即时推送，效率大大地提高了，也节省了大量的人工成本。

3）智能手机抄表程序工作单流转的步骤

① 抄表员将现场情况根据业务类型选择相应的模块进行工作单信息录入。

② 按照管理规定即时获取现场的照片。

③ 选择申报类型或下一步的执行部门。

④ 后台接收到申报信息后进行审核确认并转有关部门进行业务处理。

⑤ 维修或施工部门完成任务后进行信息反馈。

6.2.4 用水性质分类及水价管理

如本章第6.1节所述，供水客户服务员的职责之一是对用水性质进行现场核对检查，发现用水性质变化需要进行水价的调整和纠正。用水性质是按照用户的职业类别进行划分，不同职业对应不同的用水价格。用水性质的管理是销售环节中的重要一环，直接关系到销售收入的增加或减少。

（1）用水性质的分类

用水性质分类基于水价类别，在某种意义上，水价类别与用水性质、职业类别表达的是同一层含义。

自来水是国计民生行业。水作为一种资源，同石油、煤炭等资源一样必须纳入国家价格管控体系。自来水的销售价格是由政府根据水资源价格和制水、输送及销售环节的各项成本进行定价，以维持民生需要和自来水企业的扩大再生产。因而，各地自来水企业对于用水性质的分类并不统一，各类性质的价格也不尽相同。

通行的定价分类方法：

1）居民生活用水；

2）非居民生活用水；

3）特种行业用水。

用水性质的详细分类取决于各地物价部门对于当地物价指数的研究分析和控制。每一次价格调整都会作进一步的规范。有的城市或地区会对上述分类作进一步的细分：比如，居民用水中有的会包含学校及福利机构的用水；非居民用水也可能细分为行政事业机关用水、商业用水和工业用水；特种用水通常是指以自来水为原料的酒类生产、饮料加工等生产性企业，而洗浴、洗车、建筑施工一般也会纳入特种用水类别。一些地区出于对环境保护的需要，会在水、电、气等价格上保持对高污染行业的制衡，将化工、水泥等行业归入特种用水或另立新的价格类别。

随着节约用水和水环境保护意识的增强，为贯彻科学发展观的指导思想，利用价格手段来保证国民经济的可持续发展，近些年来，大多数城市和地区实行了居民阶梯水价和非居民生活用水的计划用水管理。

（2）居民阶梯用水价格的实施内容

1）居民阶梯用水价格的实施范围一般只针对已实施抄表到户的一户一表居民用水户。

2）居民阶梯用水价格的核算方式有"月阶梯"和"年阶梯"两种。

3）居民阶梯用水价格的核算基础是居民用户的常住人口，按照每人每月或每年的用水量制定标准。

4）居民阶梯用水价格一般分为第一、第二和第三阶梯，每个阶梯对应不同的水价标准。

5）阶梯用水价格是供水价格的组成部分。

（3）非居民生活用水的计划用水

1）计划用水由政府行政部门负责管理，对非居民生活的机构单位编制用水计划。

2）对非居民生活用水按月下达用水计划，实际使用量超出计划将征收惩罚性费用。

（4）混合用水性质

当某一计量水表的供水范围内出现多种类型的用水户时，其水费中将会产生混合用水性质的价格类别。每个企业对于混合用水性质的定价标准不一。有的采取"就高"的原则，按价格较高的职业水价计算水费；有的则根据内部各性质用水量的多少以不同价格按比例计算水费。不论何种形式计价收费，都难以保证计价的绝对公平，所以，对于混合用水性质的用户，仍然以分表到户为最终的解决方案。

（5）用水性质的分类代码

为更好地做好信息统计，需要在用户信息系统中对不同的用水性质进行编号，而在日常的抄表工作中只使用用水性质的编号代码表示不同的用水性质。

用水性质分类代码的作用是为方便各种用水性质分类水量的汇总、统计与分析，同时这些代码也是编制售水量计划不可缺少的原始凭据内容，是指导企业生产、销售和发展、确保用水供求需要的第一手资料，这些资料数据的提供使企业对生产供求的现状进行观察，并为正确编制售水量计划和其执行情况提供了必要的科学依据。

用水性质编号代码的设计要符合数据库规范的要求，一般使用字母加数字的组合来表示。用水性质进行二级或三级的细分时，也要增加不同的字母和数字，例如非居民生活用水中的工业用水类别，可以用"B01"来表示。其中"B"代表非居民用水，"01"代表工业用水。

正确使用用水性质代码：

统计工作是一切管理工作的基础，离开了正确的统计数据就无切实可行的管理计划和措施可谈。错误的统计数据会给工作带来很大的危害，甚至比没有数据更糟，因为它会制造某种假象欺骗管理者。因此，要保证售水量分类统计资料的正确，必须正确使用用水性质代码。

供水客户服务员应充分认识到用水性质分类代码的重要性，正确真实地使用分类代码。

6.2.5 各类型水表的抄读与处理

（1）抄表前的准备

抄表员在抄表前必须做好抄表的一切准备工作，除了对外服务规范要求的必要准备之外，还要做好以下几个方面的工作：

1）抄表工具

抄表工具是抄表员在抄表过程中必须使用的工具，缺少任何一件都会影响到工作的完成。因此抄表前要对工具进行清点，并检查其完好性。

抄表工具包括：笔、电筒（含电池）、钩子、勺子、刷子、擦布、抄表包、智能手机的相关备件。

2）抄表设备

抄表设备主要是指抄表使用的抄表器或者智能手机。要确保设备运行正常，智能手机通信正常，软件运行正常。

3）其他准备工作

① 表卡或抄表数据下载。如使用表卡抄表，要事先清点表卡，做好历史数据检查，排好表卡顺序，写好抄表日期等。如果是智能手机抄表，则要提前下载好数据或者检查可用的抄表数据信息，并做好抄表线路的准备。

② 检查要抄表的用户备忘信息，记录需要特别服务或者有特别要求的用户情况。

③ 做好需要提醒或催缴用户缴费的用户情况统计，如需打印对外服务工作格式表单，提前做好准备。

④ 检查新装水表的信息，提前了解表位状况。可以调取水表安装竣工图，或者根据GIS系统信息做好记录。

⑤ 做好交通工具的检查。

4）智能手机抄表的注意事项

① 熟知抄表程序各功能的操作，严格按流程操作。

② 确保智能手机的定位、网络传输等功能正常无故障。

③ 工作使用的手机不装游戏等其他程序，经常查杀病毒，确保程序流畅运行。

④ 抄表前充满电并携带备用电池。

（2）室外表的抄读

室外表指安装在室外，包含地下表、地上表、嵌墙表、管廊表、楼顶表等五种类型。其中以地埋表、嵌墙表、管廊表最为常见。

地下表又分正常情况下的地下表抄读、堆没水表的抄读和水没水表的抄读，以下就此几种类型的水表抄读，分别叙述之。

1）正常情况下地下表的抄读

抄表员按照抄表日程表编排的抄表册进行抄读，不得自行选择抄表册提前或延迟抄表（使用抄表器或智能手机抄表时，程序会设定好当日允许下载的抄表册），到达抄表地点应按抄表卡排列顺序依次抄表。

首先，在开启水表箱前要注意周围情况，表位在厂门口、弄口等要道的要注意来往车辆和行人，在建房修房工地抄表要注意上空坠物和地下尖利物，在院内的要注意防止狗咬。

开启表箱时要集中精力，两腿分开站在表箱框外，对大的水泥表箱盖可采用"移动法"慢慢开启，对铁箱盖应注意插销是否完好，箱盖开启的角度必须大于 $90°$，防止箱盖失去平衡翻倒压伤手脚。冰冻天撬表箱盖要防止碰伤，不要用力过猛，以防铁钩打滑、断裂。在掏挖水表时要先摸清表位周围情况，防止损坏地下供电电缆、电信电缆等市政设施，避免触电事故。抄完水表要盖好水表连接的小盖，再缓慢盖好表箱盖，表箱盖要盖平整，不能虚掩或高低错开。

抄读水表时要先核对水表号、水表口径和用水地址等信息，尤其是第一次抄读该地区水表或者一箱多表的情况下更要仔细核对，防止张冠李戴错误的发生。

水表信息核对工作结束后开始抄读水表并录入水表读数。如果水表面玻璃较脏，可用刷子或擦布将水表面清洁干净。抄读时要面对水表计量标志（如表面上的立方米或 m^3）方向站立，切勿斜看、倒看，否则容易抄错。抄读水表一律从左方高计量指针或字轮数字看起，逐一读至右方个位指针或数字。一般情况下红针（字）不必读写录入，红针（字）只作参考作用。只求黑针（字）抄读写齐。

对于指针式水表，抄读水表读数时要读准针位，特别要把握好关键针位。所谓"关键针位"就是该用户水表的常用量的首位针。例如，某用户常用量的幅度为 $350\sim450m^3$ 的话，那么百位针就是该用户水表的关键针。在关键针有偏差的情况下，可先分析指针偏差的百分比，一般情况抄码应向百分比小的读数靠拢。如某一针读"1"快40％，读"2"慢60％，那么就应读"1"而不应读"2"。如指针误差50％或百分比无法确定，此时就需轧用量，即过几天再抄一次，以日平均数推算月平均数，再确定读数，同时必须备注指针快慢百分比，也可以参照上次读数和用量进行判断。

如图 6-6 所示，抄码读数应为"9879"，不能读"9889"，因为十位针指"8"，但个位针"9"还没有高过"0"，所以十位针只能读"7"。

将抄好的读数写在表卡对应栏中，或者在手机程序对应界面录入。使用表卡抄表需即时计算水量并写在表卡对应栏中，以用于与上月或同期比对和次检验抄读是否正确以及对水表故障或量多量少进行判断处理。使用手机程序抄表时，程序设定会自动计算结度水量并自动提醒量多量少的情况。

2）水表安装资料差错问题

水表安装资料差错是指水表在安装结束后建立水表与门牌地址一一对应关系时发生张冠李戴错误。例如将 101 室的水表号在资料图纸上错写在 201 室上面。水表安装资料差错多发生在楼房一户一表的情况下，尤其是一箱多表（包括管廊表）的情况。

图 6-6　指针式水表抄读

水表安装施工规范必须明确要求表箱内水表安放的顺序，比如从左到右依次排列楼房由下到上或由上到下的对应水表。但是，由于施工人员失误可能导致顺序错误，此时产生水表安装资料差错的可能性最大。抄表人员在抄表时必须核对水表号与房号的对应关系，一旦发现错误，要在水表上或抄表资料上做出显著的标识，防止每次抄表出现水表读数张冠李戴的错误。

批量的周期性换表或者其他拆装水表施工也会产生以上类似错误。

3）水没表的抄读处理

抄表时，经常会遇到水没表。所谓"水没表"是指水表被水整体淹没，看不到或看不清水表读数，严重影响见表抄读。根据水的污染程度和积存量，有不同的抄读方法，常用的有以下几种处理方法：

图 6-7　避水法抄表示意图

① 隔水抄读法

当表箱内的水较清，能基本看清水表指针的方向和数字，此时可采用隔水看的方法进行抄读。

② 清除法

当表箱内的水很脏，水表安装较深，看不清水表指针时，就需采用勺子等工具将污水舀尽，再用刷子或擦布将表面刷清，按正常水表抄读方法进行抄读。

③ 避水法

即用牛奶瓶、玻璃瓶、饮料瓶或专用避水器（图 6-7）套在水表表面，通过瓶底将脏水排挤掉，借用瓶底进行抄读。

④ 划水法

当水表位置较浅，表箱内的水虽有一定的浊度，但覆盖过表面并不很多，此时，用刷子在表面划水后，水表表面出现的瞬间进行抄读，此方法要经过反复划水才能确保正确抄读。

4）堆没表的处理

随着城市的不断发展，老城改造、道路出新以及小区内各种绿化、建筑施工、各类垃圾堆放等因素，水表经常地会被垃圾、杂物堆掩，甚至被路面或其他材料封死，致使抄表员无法抄读水表，此时的水表称为"堆没表"。抄表时若遇到水表箱被堆没，要视堆没的情况分别进行处理。

当表箱被大量杂物堆没，当时无法抄见，则应开出延迟抄表工作单或在抄表手机程序中注明未抄原因并拍照上传；同时与用户或有关部门取得联系，确定清除日期，改日再抄，并做好水表箱上严禁堆物的宣传工作。

若水表箱上只有少量堆物应及时设法清除，保证当场抄见。

若现场已无法辨认水表位置，应及时上报有关部门进行检管定位，改造表箱表位。

地下表抄读完毕后要将表箱盖放平盖好。对已损坏、影响操作、影响安全的表箱盖及时填写维修工作单或使用手机抄表程序及时上报有关部门处理。

抄表工作结束后要核对已抄和未抄的数字，确保没有漏抄户。

5）楼道表的抄读

楼道表一般有嵌墙表、管道井表（俗称管廊表）两种安装方式，也有的直接安放在楼梯间或者过道口。楼道表的抄读方法可参照地下表的抄表方式，但需要注意以下几点：

无电梯的楼道表通常由低楼层向高楼层依次抄见，而有电梯的则按相反的次序由高而低抄见。

嵌墙表箱及管道井内也会存在堆物的情况，此时应设法清除抄见，并向用户宣传表箱和表位的保护责任。

遇到门禁被锁或者表箱被锁死的情况，可以请物业或用户协助处理，确保水表当场抄见。

（3）室内表的抄读

因不同地区老户改造或者其他历史遗留原因，或多或少地存在水表安装在户内的情况，这种安装类型的水表，除按照正常水表的抄读方法外还应注意以下几个方面：

1）为增加室内表的见表率，除了应该选择早、晚或周末进行水表抄读工作外，还可以采取"提前预约抄表"的方式，提前告知用户计划抄表时间，请用户留人在家配合。

2）尤其要注意进入用户家门过程中的服务方式。遇到用户应主动打招呼，说明来意，若门掩或房门关闭，应按门铃或叩门示意。针对用户的不同情况，掌握叩门的轻重缓急，做到使用文明礼貌用语，得到用户的认可方能入内，切忌大声喧嚷。进入户内要穿戴鞋套。

3）抄读水表结束时应将水表读数告知用户，或者向用户发放水费缴纳通知单等对外服务工作单。遇用户有疑问应耐心作出解答。

4）室内表尽量打开龙头进行试水，确保水表无故障。

5）抄表过程中若发现用户将杂物堆放在水表上影响到水表抄读时，应向用户提出整改，并向用户宣传水表保护责任。

（4）量多量少的处理

用水户用水经由水表记录用水量。由于用水性质、用水设备的差异，用水量可能存在偏差。但是，不论何种用水性质的用户，大多都有自己正常的用水规律，所以供水客户服务员要能够掌握各类用户的用水规律，以便及时发现并解决用户在用水过程中出现的问题，也可以尽可能地减少企业或用户不必要的损失。另外，还应该了解水表的性能和构造原理，以判断是否由于水表自身原因造成了量多量少。

量多量少是指用水户本次的用水量与上次或上几次的用水量，或者与往年同期对比，有较大幅度的增减变化，也称做"量高量低"。

量多量少要查明原因，并做好节约用水宣传工作，估算水量要说明理由和依据，与用户协商解决。

1）量多量少的判别方法

① 用水天数

用水天数是指上次抄表日至本月抄表日的天数。用水天数的增减会造成当期水量的增减。

② 用水性质

用水性质的变化会引起用水量的增减。如生活用水改为生产用水或经营用水，或者由生产用水改为生活用水。

③ 气候变化

气温和季节的变化，会造成用水量的增减。

④ 多表用水

采用两表或多表贯通用水，由于各表进水压力的差异会引起此表量多而彼表量少的情况。

⑤ 地区水压变化

地区管网的水压增高或降低会影响用户用水量的增减。

⑥ 水表走率

表快、表慢或失灵停走等水表故障问题，会引起用水计量结度的量多量少问题。

⑦ 水表的抄算

水表抄错读数会造成用水量的增减。

一般来说，用水量的增减幅度是判别量多、量少最基本的依据。一般居民户的变化控制在50％以内，而非居民生活用水的控制在正常幅度的30％以内。

2）量多量少的处理程序

量多量少问题除了在以上几个方面进行判别外，还要做好以下工作：

① 反复核对抄码（读数）。

② 核对抄表的历史数据。

③ 观察水表：

有无走动：不用水时水表不走，说明无漏水；用水时水表不走，说明水表停走。

时走时停：说明水表机芯可能故障，或者存在水表空转的情况。

缓慢走动：说明可能存在内部漏水，或者用户龙头滴水的情况。

快速走动：说明用户正在用水，存在较大漏水的情况。

④ 检查水表指针有无松动等异常情况。

⑤ 询问用户，进一步了解用户内部用水有无变化。

3）用户抽水马桶漏水检查

在处理量多量少的过程中常常遇到抽水马桶漏水的现象。其漏水的主要原因有：

① 水箱内的橡皮球塞有裂缝或球塞不圆，造成球塞与球座不相吻合。

② 浮球有裂缝形成球内积水，浮球浮不起来，起不到关闭进水阀门的作用。

③ 溢水管有裂缝或松动，在正常情况下，水箱内的水面要低于溢水口，如果与溢水

口平齐时，白天往往看不出水溢入溢水口，晚上水压升高，水就会溢入溢水口。

检查抽水马桶漏水的方法：

① 直接观察有无渗漏。

② 加滴墨水进行观察。

③ 采取听漏法进行检查。

④ 停止用水片刻水表仍走，此时关闭抽水马桶进水阀门，若表停说明抽水马桶漏水，若表仍走则可能用户内部水管漏水或是水表故障。

6.2.6　抄表的复核与水量的计算发行

（1）水表的复核

抄表工作结束后，在水量发行以前需要对水表抄表数据进行复核，以发现抄表差错，避免水量计算错误，以及对故障水表判断的准确与否进行校核。

对抄表册中的抄表数据进行逐一复检，发现问题时开具不同的工作单进行再处理的整个过程称为"复核"。复核又分为自复、业务管理部门的内复和外复。抄表复核是保证抄表质量、减少用户投诉、确保销售水量不受损失的必要手段。

1）自复

抄表员不仅要做好现场抄表、数据记录等抄表工作，还要做好抄表数据的各项整理工作，如抄表册内的每张表卡或者抄表器内每条数据的复核校对、各类工作单的开发、尚未实行计算机账务处理的还需要核对开出的账单，这一系列的工作称为抄表员自复。

① 抄表记录的复核

抄表记录的复核即对抄表册内的每一条抄表数据进行抄码、结算用水量、水费金额逐项复核一次。虽然大多都已实现抄表器或者抄表手机程序自动进行水量结算，尤其是使用手机程序进行抄码记录的，还可以进行水量突多突少的实时提醒，但是抄表记录的再次复核工作依然重要。

复核的主要内容：

A. 对抄表册中的每一条抄表记录进行复核，检查是否存在抄码录入的明显差错（使用抄表程序抄表的可与抄表时拍摄的照片进行比对）；检查是否有漏抄现象（使用抄表程序的可利用抄表程序的漏抄统计功能）。

B. 检查是否遗漏了量多量少的原因调查。需要对每一条异常大水量进行仔细校核。

C. 检查现场处理的问题是否在备注栏中注明或录入抄表程序的备忘录中。

D. 检查需开具各类工作单的项目是否存在错开和漏开（可利用抄表程序中工程单统计功能进行核对）。

E. 使用手机进行抄表的，要检查是否按规定对需要现场拍照的各类情况进行拍照上传。

F. 进行抄表日报表统计和分析，做好水量发行前的准备。

② 水费账单的核对

主要适用于未实行计算机账务处理的企业。将账单存根和表卡相互进行核对，包括：检查账单与抄表卡上的字码、用量、金额是否相符；账单存根应按册号的顺序排列，为销账人员创造工作方便；账单存根字迹是否清楚，不符规范的要誊清写整。

③ 工作单的开发

根据抄表卡备注栏注明的情况，开具相应的工作单。工作单应逐类逐项填写清楚、正确。填写内容要具体、详细、完整，使用专业术语，便于后续工作的顺利进行。工作单摘录登记后转交相关人员或相应部门处理。

已使用手机 APP 程序进行抄表的，工作单一般在抄表现场即可以进行处理开发。根据程序设计的不同，操作方法也不同，一般利用手机的工作单申报功能或者在抄表录入界面使用相应的功能按钮即可操作。在抄表结束水量正式发行以前，也需要进行工作单的审核，检查是否漏开、错开，发现问题及时进行修正。

2）内复

内复又称内部复查。为确保抄表质量，抄收部门应设专职的内部复查审核人员，其主要职责是对抄表工作进行二次审核，减少抄表差错。主要工作内容包括：抄表数据的准确性复核、抄表工作规范的执行检查、各类工作单的复核、故障水表以及量高量低原因的审核以及抄表照片审核等。内复人员的业务水平高低将直接关系到抄表质量的好坏，甚至关系到整个营销部门的业绩水平。内复人员需要有多年的抄表工作经验，对辖区内的用户要有相当的了解，对水表性能、工作规范和要求非常熟悉，且有处理疑难问题的能力和经验。

内复的具体工作内容：

① 对抄表数据进行逐一复核，检查结度计算是否有误，当月用水量是否符合历史规律。

② 检查抄表员是否按规定填写各项抄表内容。检查抄表备注是否说明清楚明了。

③ 检查抄表员是否按照抄表备忘提醒开展抄表工作。

④ 对实抄水表数量进行统计，检查是否有漏抄等现象。

⑤ 检查是否按规定的抄表日期进行抄表。

⑥ 使用抄表册抄表的，要检查表卡填写是否规范，内容填写是否完整，新旧卡记录是否相符等。

⑦ 发现异常用水情况并开具复核工作单，转相关部门或人员处理。

⑧ 根据用水量规律初步判断水表故障情况，开具故障水表检查工作单。

⑨ 使用抄表程序抄表的，审核抄表照片是否清楚、是否符合拍照规范。

⑩ 对抄表人员填报的各项工作单进行复核检查，确认是否符合申报要求和规范。填报有关抄表业务的各项统计报表。

3）外复

外复又称外部复查。为配合内复人员的工作，抄收部门应设有进行外业工作检查的外复人员。其主要职责是对抄表人员的工作进行监督检查，配合内复人员对需要进行外业现场核实的问题进行再次抄表核对，并调查了解相应的问题原因，提供第一手的资料；并负责处理用户"三来"投诉所反映的问题等。外复人员的工作是对用户的第二次服务，是抄表质量的把关人员，其业务水平的高低与抄表质量的提高有着密切关系。应由有着多年抄表工作经验、熟知水表性能及运行的情况、对抄表的各项业务较为熟悉、业务能力相对突出、工作责任心强的员工担任。

外复的具体工作内容：

① 对抄表员申报的故障水表进行现场的二次复核。

② 对抄表员申报的水价类别变更进行现场调查了解，并确定最终的水价类别。

③ 对内复人员提出的用水量异常情况进行现场复核并调查了解相关原因。

④ 对抄表员未能妥善处理的其他问题进行现场的二次处理。

⑤ 根据内复人员或领导的要求对抄表人员的抄表质量、服务质量进行抽检复查。

⑥ 对用户的投诉和咨询进行现场调查了解并处理。

⑦ 对抄表人员或其他渠道反映的违规违法用水现象进行现场复核并调查取证。

⑧ 按照工作要求做好数据记录、现场拍照以及填写相关台账报表。

（2）水量的发行

水量发行又称为水费开账，是营收部门确认水费销售收入的过程。用户用水经水表计量，由抄表人员抄读录入数据并审核后，经过账务确认记入水费应收账款，把这一过程称为水量发行。

水量发行通常有两种形式：一种是人工开账发行，另一种是计算机开账发行。人工开账是在早前计算机应用没有普及时，由抄表员根据对应的水价，按照抄表并经过审核的水量数据向用户开票的过程。人工开账发行由于易出差错、对账困难、效率较低以及缺少监督等缺陷，目前已很少被使用。计算机开账发行，则是由抄表员在表卡或手机抄表程序上登记字码，经结算审核后录入或上传至计算机系统进行水量发行确认的开账过程，其主要阶段有结度、审核、统计报表、录入系统、数据生成和发送。计算机开账发行的主要优点是方便快捷，而且可以最大限度地减少人为差错的可能，是现在主要使用的水量发行形式。

抄表员在水量发行过程中所负责的主要工作是对用户用水量的确认。由于用户用水情况的复杂性以及水表计量性能的不同，使得用水量的数据确认成为水量发行过程的重要环节。狭义上通常所说的水量发行就是指水量结度计算。

根据水费的抄表结算过程，把水量发行分为四大类：正常抄见发行、暂收预估发行、补收发行、拆表结度发行。

1）正常抄见发行

在排定的抄表时间正常的见表抄见字码，且水表正常使用无故障，按照水表计量的度数发行水量，称为"正常抄见发行"。其水量计算方法是：本期抄码—上期抄码。例如：

某用户水表的抄表时间为每月 5 日，2017 年 4 月 5 日抄码为 0359，2017 年 5 月 5 日抄码为 0378，则 5 月份正常发行水量应为：

$$0378-0359=19m^3$$

正常抄见发行水量应特别注意水表定期更换时的水量计算：

在水表周期更换、改换口径等非水表故障原因换表后的水量计算发行方式叫做换表结度发行。其水量计算公式为：

$$Q=m+M$$

式中　Q——应发行水量；

　　m——旧表的用水量（换下旧表的字码-旧表上期抄码）；

　　M——新表的用水量（本期抄码-换装新表的底数）。

例如某用户在 2017 年 3 月 15 日进行了周期水表更换。更换旧表的上期抄码为 0359，换表时旧表底数为 0378，新表安装时底数为 0006，4 月 5 日正常抄表时新表抄码为 0010，请计算当期应发行水量。

代入公式：

$$Q = m + M$$
$$= (0378 - 0359) + (0010 - 0006)$$
$$= 19 + 4$$
$$= 23\mathrm{m}^3$$

当期应发行水量为 23m³

2）暂收预估发行水量

抄表员抄表时遇到堆埋淹锁等无法见表的情况，或者水表发生故障、发现违规违法用水等无法按照水表计量的字码正常结算水量时，需要估算用户当期用水量，进行暂收预估发行水量，简称暂收发行。

暂收发行水量根据是否见表分为两种情况：一种是可以见到水表，但水表计量数据已经失真，不能反映用户的真实用水量情况，不能按照水表读数直接结算发行水量；另一种是无法见表致使不能直接正常的抄表结算。对于第一种情况，水表字码虽然不能作为结算依据，但是依然要记录下水表的见表情况和抄码，以便进行后续的故障分析和判定等工作，并且在表卡上或系统中对这种不作为结算依据的见表字码进行标识处理。表卡上通常会用括号进行标注，如写作（0495），系统中可以进行标红或加粗等处理。

暂收发行的水量多少无固定标准，各企业有不同的做法。因暂收估算须经得用户认可，多数水司会在供用水合同相应条款中明确暂收的标准。如，"按照同期用水量""按照十二个月的平均用水量""按照上月的用水量"等。如未在供用水合同中明确，或者相关法律法规未予以明确的，暂收发行可参照以下方法：

① 参照上期或同期用量（考虑到季节变化因素，按同期暂收比较多用）。

② 参照上三个月（次）平均用水量或最高用水量。

③ 参照用户二级计量水表的用量进行估算。

④ 参照用户自报水量（字码）估算发行水量。

对于抄表员来说，经验至关重要。例如，暂收发行时关于用户内部生产经营、基建施工状况甚至用水人口变化情况的了解都对应暂收量多少产生影响。另外，因暂收发行的量多量少关系到用户水费缴纳，所以除了要建立相应的审核程序外，暂收发行注意以下问题：

① 适量原则。根据用户的职业类别和实际用水情况进行估算。例如施工用水各个阶段会产生不同用水量；又如学校用水要考虑寒暑假因素等。暂收应尽量接近实际用水情况。尤其是未见表暂收，多收可能涉及后期退费；有时甚至会引发法律问题；少收则会带来日后的补收问题。

② 户表用户未见表暂收时应注意是否空房无人用水。还应考虑阶梯水价的因素，避免出现计量纠纷。

③ 违规违法用水通常要先进行暂收发行，以避免水费损失。

④ 拆迁地区未见表情况较多，暂收发行时应考虑用水主体是否拆除的情况。

⑤ 引发暂收发行的因素必须尽快消除，以减少暂收周期或次数。未见表须暂收的要通过各种手段解决表位问题；故障水表要及时更换。

3）保留水量发行

对于未见表的暂收发行，在见表后进行多退少补。当见表后发现实际用量少于暂收发行水量时，除了可做退费处理外，还可以当期按零度发行，直至用户累计用量多于前期的暂收水量，这时，把当期零度发行水量的方法称作"保留发行"或叫作"保留零度发行"。

4）照结发行

保留发行是只记录抄码而不发行水量（发行零度）。有时用户用水情况在未见表期间发生较大变化，而暂收水量过多，需要长期保留发行。保留发行期间当用水主体发生的变化，或者发生水价调整需要进行量价折算，经与用户协商可终止保留发行；另一种情况是，上期由于水表故障等原因已按暂收发行水量，但经过后续核查，属于判断错误，水表并无故障。这时，本次发行与暂收量多少无关，而直接与上期的见表字码进行结算发行，按照当期抄码与上期抄码正常结算发行，称为"照结发行"。

照结发行是对长期保留发行或上期暂收发行的终止，因此必须与用户协商一致，经过严格的审批程序，避免用水量纠纷与水量损失。

（3）水量的计算

水表发生故障暂收发行，或者发现违章无表用水时，必须根据换装或加装新表的用量对前期无法准确计量的那部分用水量进行推算。平均发行主要方法有当期平均、多期平均两种。

1）当期平均：只对当期需发行的水量按照新表的用量进行平均计算。例如：某两月一抄用户 2017 年 5 月 15 日见表时发现水表失灵不走故障，当期按照 500m³ 进行暂收发行。2017 年 5 月 25 日换装新表，新表底数为 6m³。2017 年 7 月 15 日抄表时水表正常，见表字码为 0414，抄见记录如下：

抄表日期	抄表字码	发行水量	见表备注
2017-3-15	1080	490	正常
2017-5-15	（1495）	500	水表失灵
2017-5-25	0006（新表）		换表
2017-7-15	0414	?	

那么，按照当期平均发行的方法，2017 年 7 月应发行多少水量？

分析计算：

5 月 25 日～7 月 15 日共有 51 天，这 51 天中换装新表正常计量共用了：

$$414-6=408m^3$$

平均每天用量为：

$$408/51=8m^3$$

那么，从 5 月 15 日～7 月 15 日这个抄表周期的 61 天中用户的总用量平均计算可得：

$$61×8=488m^3$$

2）多期平均：对上期的暂收水量使用平均方法进行修正。

分析计算：

当需要多期平均时，就要对 5 月份发行的 500m³ 暂收水量进行修正，平均计算时需要用日均用量乘以两期抄表的时间间隔，再减去暂收的 500m³：

$$122 天×8m^3-500m^3=476m^3$$

因此，7 月份使用多期平均法应发行水量为 $476m^3$。

平均计算发行水量的关键是"天数"的确定。随着远传等技术手段的发展，计量的时间节点越来越精确，平均计算的误差会越来越小。在平均发行时，对于到底需要几期进行平均，需要怎样修正暂收过的水量，需要考虑以下因素：

1）用户的生产经营等用水实际情况。如有停产、学校放假等因素，必须在平均时予以考虑。

2）季节性用水变化规律，尤其是受天气变化影响较大的用户。

（4）零度发行管理

抄收管理中，对于用量零度的发行管理尤为重要。这涉及计量故障的判断、违法用水的发现等可能造成水量水费损失的多种因素。

零度发行按照是否正常抄见可分为抄见零度和暂收零度。

在对抄见零度管理时需注意以下几个方面：

1）要进行用户用水情况调查，以确定零度的真实性。

2）必要时进行试水，以判断水表是否存在故障的可能。

3）必要时需要进行用水量跟踪，以判断用户是否存在违法用水的可能。

在对暂收零度进行发行管理时，应注意以下几个方面：

1）要进行用户用水情况调查，以确定是否要以零度暂收水量。

2）需要考虑用水主体虽未用水但可能存在内部漏水的可能。

3）拆迁区域的暂收零度需要特别慎重。

综上所述，加强零度发行的管理可以采取以下基本方法：

1）定期复查和用水调查走访。

2）进行计量试水。

3）对长期零度进行关阀或拆表。

6.3 智能化抄表新技术

用户数量的不断增多使得抄表工作量越来越大，而服务要求的提高和技术的不断进步，使得探索新型的抄表记录方式以及加大对水表的监控查抄等方面的技术研究变得非常有意义。一方面来源于水司企业内部管理的需要，另一方面，市场需求推动力十足，各水表供应商也从未停止过这方面的研发和推广。在互联网和物联网快速发展、电磁及传感技术早已非常成熟的前提下，传统的计量方式和抄表方式在企业发展或是效率提高方面都显得格格不入，淘汰也成必然。

6.3.1 远传水表的抄见管理

最早出现的人工抄表替代方式是远传技术。从技术方式上，水表远传技术可以分为三大类：一是预付费远传系统；二是有线集抄远传系统；三是无线远传抄表系统。

（1）预付费远传系统

早期的预付费系统不联网、不抄表，用户通过预付费系统用水，即 IC 卡式水表。是带有可分离的接触式 IC 卡的水表：用户使用前先至自来水公司充值付费，然后插入水表中使用。这个系统主要优点是节省了上门抄表的人工，并且有利于水司资金快速回笼。缺点也非常明显，一是系统的稳定性存疑，且用水因欠费的突然中断对用户影响较大；二是这套系统相当于在用户家中置入了一台无人监管的"ATM"机，失去监管，偷盗用水现象增多；三是用户服务并不便捷，用户须至充值网点办理充值。

随着网络技术的发展，预付费系统增加了远程阀控、网上充值等远程控制功能，使得这一原本将被淘汰的技术又有了发展空间。目前这种抄收技术的应用仍在小范围内进行，瓶颈问题是系统的稳定性和成本费用。

（2）有线集抄系统

有线集抄系统的原理是将远传水表传感器采集来的电信号通过馈线传送到数据采集器上，在采集器上对信号进行处理、计数累加及存储，若干个数据采集器互连至集中器或计算机上，从而形成集抄系统。主要有分线和总线两种形式。无论哪种形式都存在安装维护成本高、易受干扰、故障差错率高等缺点。有线集抄系统很多水司仍在使用，多数集中在新发展用户中推广。

（3）无线远传系统及其应用优势

1）无线远传系统

无线远传系统是在普通水表上加装传感器和采集发讯设备，利用无线通信网络传输来采集远传数据。传感采集技术和无线通信技术早已非常成熟，系统加装成本对于大用户和水司来说性价比较为突出。无线技术有宽带和窄带之分。从移动互联网的发展趋势上看，无线远传取代有线集抄是必然趋势。技术的成熟和成本的不断降低使得目前各地水司远传系统安装使用逐渐增多，大表远传发展尤为快速，如图 6-8 所示。

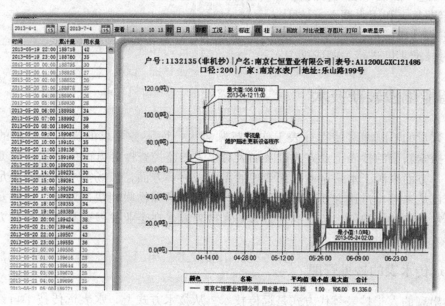

图 6-8　无线远传平台

无线远传技术是传感技术、无线通信技术在抄收管理中的典型应用，是表具智能化管理的发展趋势。

无线远传水表通过对现有水表的简单改造，并加装一套数据采集和无线传输设备，利

用移动无线网络进行数据传输，获取水表实
时的运行动态，如图 6-9 所示。

图 6-9　现场加装的无线远传设备

2）无线远传技术的应用及优势

① 抄表管理方面

实现远程抄表，可以同时解决部分不良
表位的抄表管理问题，如强雨雪天等恶劣气
候条件下无法现场见表的问题得以解决，常
常被锁、被车压等不良表位的水表抄见问题
也迎刃而解。另外，还可以通过远传信号报
警机制判断并反馈水表的堆埋淹锁情况，及时发现不良表位，迅速处理，降低疑难表位的
解决难度，提高处置效率。

远传机抄可以减少现场抄表工作量，降低抄表人工成本，提高工作效率。在远传水表
批量使用后，通过建立完善的机抄机制，可将抄表员岗位转化为远传系统管理维护的技术
岗位，对远传表的运行进行监控分析，对系统进行维护。

② 运行状态实时监控

远传系统可以实时监控水表运行，初步判断水表故障。解决与用户之间的计量纠纷，
减少暂收估表行为，实现计量公平。水表运行状态的 24h 监控，可以提供用户用水动态数
据，同时掌握水表的运行流量数据，为水表选型提供依据。比如，对于长期运行在最小流
量以下的表具进行缩径或选用量程更宽精度更高的表型，对于长期运行在最大流量以上的
表具进行扩径，对于部分易损表具选用电磁水表等。

③ 预防打击偷盗用水

通过对水表运行状态的无线实时监控，结合拆表报警技术，使用户在水表计量方面的
偷盗水行为从根本上得到控制，也可以杜绝人为估表和抄表行贿等各类违章事件的发生。
无线远传技术也常应用在管网压力监控方面，通过对消火栓加装压力远传实时监控设备，
在实现科学调度管网压力的同时，也可以及时发现消火栓的偷盗水行为。

④ 区域计量的应用

在进行 DMA 区域计量管理时，对小区用水加装大口径管理考核表并安装无线远传设
备，通过对夜间最小流量的监控，结合内部用水分析，可以及时发现管网漏损，进行快速
检漏修漏工作。比如，通常认为一个中型约 500 户的抄表到户居民小区夜间最小流量应为
3～5t/h 以下，超过这一数据，则有必要进行总分表的误差分析以及检漏工作。远传数据
的连续不间断特性为更精确的 DMA 数据分析管理提供有力保证，是降低产销差和无收益
水量管理的基础。

无线远传水表技术是表具智能化管理的一种应用形式，是无线通信技术和电磁传感技
术在抄表领域的应用，其发展前景广阔。各地水司在政府数字化城市等要求下都加大力度
推广。物联网建设和窄带通信技术等相关产业政策的积极推动，也是无线远传得到快速普
及的有利因素。

6.3.2　智能化抄表的应用与特点

随着移动终端和移动互联网技术的突飞猛进，各行各业的创新以不可思议的速度发

展。科技对于各行业的影响总是先从材料和工具开始。智能手机的出现，使得水司在抄表方式上也有了新的选择，无线实时通信对于效率的提高、GPS 定位功能对于抄表人员的管理和表位标记、抄表照片获取的简单可行对于水表现场的实景再现等，都是智能手机取代传统抄表工具的理由。物联网技术又为互联网工具提供了扩展应用空间，这也为探索抄表的智能化提供了想象空间。抄表工具的选择与无线远传系统的结合是未来一段时间内会较多采用的抄收方式。

（1）智能化抄表的原理

通过对在册水表加装 RFID 电子标签，利用带有读卡功能的移动终端（可选用带蓝牙功能的读卡器和智能手机相结合），在抄表时扫描电子标签，并使用智能手机的无线通信功能和拍照功能将抄表数据和影像资料实时发送至后台管理系统中，使抄表工作实现了实时高效的管理。然后再通过用户水表普查等基础工作建立一套完整的表具 GIS 地图系统，利用图形化操作处理表具管理的相关业务，最后进一步整合大表远传系统来实现智能表具管理、区域计量分析、管网损漏控制等功能。智能抄表实现方法如图 6-10 所示。

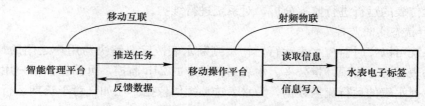

图 6-10　智能抄表实现方法

这样一种抄表模式可以弥补无线远传的一些局限性，其主要特点是成本低、收效快、易于大范围推广。在此基础上，建立基于图形化的表具 GIS 管理系统则是对这一模式的扩展应用，主要是实现水表的动态管理、水表地图定位管理以及抄表人员的工作轨迹和时效管理。

另外，将表具 GIS 管理系统与管线 GIS 管理系统相结合，可以更好地实现抄表收费、管网维护、区域计量、查勘设计等一系列的供水决策，是真正意义上的供水决策分析系统。

通过智能手机抄表实现抄表人员的轨迹控制，适时掌握抄表的工作状态，改变传统的跟抄复查模式，及时反馈抄见的表具情况，并以水表影像获取弥补抄表员业务不精和经验不足，通过水表定位系统掌握表位信息，通过实时通信技术实现任务分配及抄表数据的实时反馈。

（2）智能化抄表的特点

1）卡片抄表和微机录入操作成为历史，人为估表现象不复存在

使用 RFID 读卡器利用电子标签串码的唯一性直接读取水表的基本信息资料，省去了人工核对表号抄表的环节，杜绝了抄表时张冠李戴抄错的现象。抄表读数直接录入移动终端，并通过无线网络实时传输到后台管理系统，进行审核和水量发行工作；还可以用手机直接对水表拍照，解决计量争议和水表外复的问题。

在对水表加装电子标签后，抄表员必须用读卡器进行标签扫描，智能手机自动查找需要的信息并允许录入抄表字码，对因故障无法读取 RFID 的标签需注明原因并拍摄照片后

方可录入抄表字码，这样就从根本上保证了见表率水平，杜绝了人为估表现象。

2）记录抄表准确时间，实现数据实时传输，工作效率实现极大提升

智能手机抄表系统可以精确地记录下抄表的准确时间，抄表时间与录入时间将实现统一，这可以彻底解决抄表员不按规定时间抄表等员工管理上的一些问题。

① 抄表数据实时传输，缩短缴费等待周期。传统的抄收模式是：抄表后第二天录入数据，用户第三天方可以至银行等代收点缴费。户表抄表由于量大，录入时间更加滞后，有时需要抄表 7 天后用户才可以缴费。使用智能抄表系统后，审核人员几乎可以在抄表的同时进行数据审核和水量发行，用户缴费等待周期极大缩短，无论是水费的回收还是对外服务的形象都得到极大提升。

② 有效缩短换表结度等待周期。换表工人可以通过智能抄表系统将换表结度数据实时传输，不再出现因换表不能及时结度与抄表工作的时间差而造成暂收水量发行的问题。

③ 避免时间差造成的错误催缴问题。从打印欠费催缴单到上门张贴催缴通知往往有一天到两天的时间差，如果用户在此期间缴费，则容易引起错误催缴。智能抄表系统通过手机端实时传输查询欠费信息可以避免此类问题的发生。

3）水表影像资料的上传和调取更加高效

水表故障及不良表位的上报整改工作利用数码照片可以减少再次复查认定的过程，提高效率节约成本。抄表复查、欠费催缴时拍摄照片可以处理用户投诉和纠纷。智能抄表系统充分利用智能手机的拍照功能，并为照片载入地理位置信息和时间信息，照片的编号、上传、存储、调用等一系列工作变得更加方便高效。

4）实现水表 GPS 卫星定位和抄表人员定位

抄表区域的更换调整、新聘抄表员初次上岗，都需要有经验的抄表师傅传帮带，进行"摸生"抄表，导致抄表工作量增大、人力资源浪费。有时复查员也需要花费大量精力找表复查，工作效率较低。智能抄表可以利用 GPS 定位功能实现水表的定位，并通过建立表具 GIS 管理系统实现追踪抄表和复查，甚至在解决堆埋淹锁表具方面也可以发挥很大作用。

利用智能手机的 GPS 定位功能，系统可以对抄表员的智能手机进行跟踪定位，每一分钟记录一次抄表员的坐标位置，并在 GIS 地图上进行抄表员工作轨迹的回放，对抄表人员的工作起到了监督作用。管理者可以了解掌握抄表员的工作负荷，在员工的工作量测算方面发挥了重要作用，使工作安排更加科学，抄表线路等资源的优化配置将具有科学的理论依据。

对表具实施 GPS 定位是各水司谋求表具科学管理的目标，智能手机的出现使这一目标的实现成为可能。虽然手机定位存在一定偏差，但通过一定的数学模型进行修正，可以达到实用的目的。同时，通过手机内置 GIS 表具地图，实现表具的追踪，为抄表、复查、换表等工作带来极大便利。

5）实现短信提醒、故障申报处理以及抄表通知现场打印处理

智能抄表可以直接在现场实时就缴费通知、欠费催缴、水量异常波动等内容向用户发出短信或微信进行提醒。

故障水表、不良表位、水价变更、违章举报都可以使用智能手机在拍照取证后进行现场申报，通过移动网络将申报情况发送到后台进行审核并自动打印工程单，转相关部门进

行处理。工作流程简单快捷高效。

利用蓝牙通信功能，使用配备的无线蓝牙打印机对抄表缴费通知和欠费催缴通知进行实时现场打印也是智能抄表系统的优势之一。

6）在区域计量分析方面的应用

在对 DMA 小区或单元户表内部管道作漏损分析时，除了利用远传表的夜间流量进行分析外，还必须做好管理考核表与分户表之间的计量误差分析。传统表具管理模式下，由于总表与分表在抄表时间上的不一致，以及系统反映的抄见时间与实际抄表时间不一致，数据结果存在较大误差。通过扫描电子标签，利用智能手机抄表时实时传输数据，可以记录精确的见表时间，这对总分表误差统计分析至关重要。深度整合远传表数据平台和智能表具管理平台，可以进一步提高区域计量管理的科学性。

7）为处置应急事故及施工抢修工作提供决策参考

通过在表具 GIS 地图上建立管线与表具、表具与用水主体的关联关系，在重大爆管、供水管线停水施工时，可以全面了解受影响地区的面积及用户情况，便于供水部门及时应对、制定方案、作出决策。

智能表具管理系统应用于新装表具的验收、拆表和换表的结度工作，可以实现表具变化的动态管理。结合表具 GIS 系统的建立，可以实现管网维护的决策管理和供水方案的设计管理等功能。相关功能整理见表 6-2。

智能化表具管理系统的功能　　　　　　　　　　表 6-2

序号	解决问题	解决途径	解决效果
1	抄表员及其见表质量管理	电子标签识别、GPS 定位、抄表轨迹控制	确保见表抄见、杜绝估表、加强抄表员的工作控制
2	抄表员责任心及其业务水平对抄表质量的影响	采集水表影像	在后台通过影像进行读表审核
3	水表表位信息被少数员工掌握	水表 GPS 定位系统	任何人都可以独立地完成抄表、复查等工作
4	抄表交账延迟对水费回收的影响	抄表数据实时传输，移动客户端用户缴费信息的实时查询	抄表、审核、水量发行一气呵成，实现即抄即缴；催欠贴单时可以方便快捷地查询用户缴费情况
5	精确见表时间、换表时间及停水时间等对统计分析、对外服务的影响	电子标签读取，记录精确的见表时间、换表时间、停水时间、验收时间等重要时间信息	极大消除总分表误差统计的系统性误差，换表数据实时传输，停水时间实时掌控，提升服务形象
6	管网改造维护对用户的影响及漏损控制	管线 GIS 与表具 GIS 关联	实时掌握关停管线对用户的影响，方便快速地统计出某段管线的表具数及用户数，预测可停水时间，可准确测算出损失水量
7	区域售水量预测及分析	表具 GIS 系统	在地图上对任意区域的售水量进行统计
8	水表的动态管理	电子标签水表识别，实时传输水表数据，采集水表影像	新装和拆除水表的信息与在册信息同步更新，换表、移表信息的实时共享
9	用户工程的查勘设计辅助	表具 GIS 系统	查勘设计时掌握实时的水表动向，了解用户的历史用水情况及总表的供水范围

6.4 客户的发展、资料管理和销户

6.4.1 客户的发展

（1）接水工程

接水工程是给水工程中供水与配水管网系统中的一部分。即从城镇输配水干管（原则上从配水干管）上接出，将自来水送到用户用水管的那一部分进水管道（包括水表、配件等）工程。

接水工程包括接水查勘、接水设计、接水施工、工程监理、竣工验收等几个环节。供水客户服务员需要对接水查勘的主要内容掌握了解，接水工程验收则是供水客户服务的一个主要岗位职能。

1）接水查勘有关的名词解释

① 输水干管——从水源到水厂或从水厂到配水管的输水管线称为输水干管。

② 配水干管——一般是指从这些管道上可以直接接出进水管到用户的管道。

③ 进水管——从干管到水表之间的一段水管。

④ 进水设备——是指接水阀、进水管、水表、闸阀和各种配件。

⑤ 用水管——指水表以内的用户的水管，或称用户用水总管。

⑥ 用水设备——指水表以内的水管、各类闸阀、卫生设备、用水龙头、水池、水箱、水塔及工业用水设备。

2）接水业务分类及说明

公司供水的范围主要是城镇的建成区。凡公司配水管网到达的地区，并有供水能力的，可接受申请接水、放大、装表等业务。凡需公司供水者，应先提出书面申请，提供有关用水资料，经公司调查后，办理接装手续。接水业务分类说明如下：

① 企事业、单位（包括门面房）

是指工矿企业、政府机关、门面房、宾馆饭店、部队院校等单位，因无自来水接入或用水量不够需要放大的，此类接水费用全部由用户负担。

② 新建商业住宅

此类接水一般由房地产开发商等开发企业办理。接水费由开发企业全部负担，包括排水、接水、装表等。

③ 一般住户接水装表

一般住户是指零星公、私简屋用户装表接水。主要有公房、私房两类用户。公房接水由房屋所属房管所或单位提出申请，接水装表费用由房管所单位负担，用水设备属房屋附属设备，由房屋所有者装置及维修养护；私房由业主提出申请，并负担接水装表费用。

④ 分表到户

指总表用户进行的抄表到户申请。分表到户有居民单元楼水表抄表到户申请、院落及门面房等总表分表到户申请、小区集中供水总表分表到户申请。各类的接水装表费用根据各地区政策各有不同，一般有政府补贴、供水企业负担以及用水户负担等形式。

⑤ 受理申请户贴费排管

凡申请接水户在公司配水干管尚未到达的地区，或原有配水干管不敷供应时，申请户要求重新排配水干管或放大原有配水干管，根据市政设施情况可接受申请。所需排管的工程费用，凡在各水司非计划排管的地方，申请户全部负担。凡在水司有计划排管地区（即在用户未申请前，水司已有计划排管），由申请户负担部分工程费用。

3）申请接水（装表）的手续

用户申请接水（也称为报装）时需提供相关文件，说明用途，以供水司进行供水设计及施工。其主要的文件包括：

① 书面申请。需注明用水主体、用水地址（公安门牌）、联系人、联系方式，以及用水性质等。

② 用水建筑图纸、内部管网图纸。有时需要建筑规划许可，提供建筑面积。

③ 需提供规划用水人口、建筑面积等文件。

④ 需提供建筑产权证明等文件。

⑤ 其他给水设计所需文件等。

申请接水的程序依据各水司的具体要求而不尽相同，但一般有以下步骤：

① 柜面、网上等渠道提出申请，并提供所需相关文件。

② 客户经理安排前期现场查勘并进行给水设计。

③ 按程序进行审批。

④ 用户缴费并签订供用水合同。

⑤ 接水施工。

4）接水（装表）的查勘工作

每一个用水用户建立后，要在相当长的一段时间内保证用户用水安全，并为其抄表计量、收费、养护维修等，因此，对用户申请接水的查勘和审核必须慎重、妥善、按制度规范办理。

查勘前的准备工作：

① 用户按申请手续申请，并缴付查勘业务费后，查勘员与用户预约时间查勘。

② 查勘员审核用户申请时提供的图纸发现问题，应及时通知用户及设计部门改正。

③ 接水业务须查阅管线图纸、附近用户的用水资料，摘录相关资料。

④ 查阅用户征信记录及过往用水信息，包括违规用水记录及欠缴水费记录。

查勘要求：

① 申请接水受理后应在承诺的时间内安排并进行现场查勘。

② 查勘员现场调查时，须向用户说明接水装表的有关事项。

③ 凡输配水干管未到达区或原有输配水干管不敷供应时，可提出排管建议。

④ 凡用户申请接水装表、放大等，经查勘员现场查勘，根据原则手续齐全，符合条件者，查勘员应及时反馈现场情况并进行给水设计出图报批。不符合条件者，须向用户做好解释工作，并将案卷进行总结归档。

（2）新客户的发展

客户营销服务中有很多工作要涉及接水业务。供水企业要根据自身的特点，对新客户的报装接水，老客户的放大、移装、分装等制定相应的业务管理流程，以更好地服务客户。

1）新建住宅或商业体。城市的不断发展变化，旧有楼房建筑拆除重建（重新规划），城区的不断扩大，都存在大量的新接水需求。这类接水的主体通常是开发企业或自建住房单位。

2）一般用户申请接水。旧城区供水范围内，原来无自来水接入的由于建筑用途发生改变，需要报装接水，如一些门面房等。另外，一些自建翻建建筑物也存在接水需求。

3）分装接水。由于历史原因，老城区内存在大量的总表供水用户，如院落内很多平房共用一只总水表，楼房的单元总表，以及多个门面房共用一只总表的情况。这类用户由于内漏或自身的原因需要单独立户接水，即我们通常所说的抄表到户。

4）放大和移装接水。由于用水人口增多或用水性质发生改变，原供水的管径或水表口径已不能满足需要；因用水地点发生改变（用水主体未变）需要将原供水水表移换位置，这些情况一般都会产生新的用户发展。

5）二次供水改造。因历史原因，大多数城市以往的供水模式都是小区总表供水，物业代收业主水费后集中交费。随着社会的发展，人们对水压、水质、供水服务的要求越来越高，二次供水改造和计量到户成为必然。这种情况产生的直接服务用户不断增多。

（3）客户的全生命周期管理

从客户申请接水开始，到用户自挂表通水成为供水企业的正式用户，再到水表拆除销户结束，这一过程中的用户管理全部归纳入用户生命周期管理的范畴，包括用户资料管理、表具计量管理、水费收缴管理、客户服务管理等内容。客户生命周期管理的核心内容是计量表具的全生命周期管理。供水企业对客户的管理基础是计量表具，围绕计量表具开展抄表、收费、资料、服务等一系列工作。因此，用户管理须从表具管理入手，建立健全客户资料等表具属性，开展验收、维修、更换、检定、移装、拆除、销户等相应工作和服务，以达到计量准确、用户满意的目标。

1）新装户的水表管理

① 用户申请

用户申请接水时必须做好用户的信息管理。水表安装地址要明确规范，户名真实有效，提供用户有效的联系方式，明确用水性质，办理水费托收手续等。

详细审核上述有关信息，填写相应表格并按档案管理的有关办法进行传递和存档，签订有法律效力的供用水合同，建立唯一不变的用户编号等。

② 接水资格审核

在用户填写了相关的申请资料后，需要对用户的这些信息进行逐项逐级审核，确定其符合相关的政策，可以受理并发展成为企业的用户。审核项目有：

审核产权信息。关注无建筑产权用户接水的合法合规性，严格按照企业规定执行。

审核规费缴纳情况。关注用户是否存在过往管网建设费等规费未缴的情况。

审核接水户所在区域的拆表拆管信息。关注新建建筑用水，包括施工用水，是否存在较早遗留管线和水表，或者拆迁区域内拆表拆管费和水费未结清的情况。

审核用户水费欠费信息。申请接水的用户是否存在其他未缴水费的情况。尤其是分表到户的总表欠费和开发商的其他水表欠费。

审核违章违法用水信息。申请用户存在未结案的违法记录，需处理完相关的违法案件后方可受理接水。

审核其他信誉记录。如用户过往存在大量欠费记录或违章记录，则应在申请时采取一些特别措施，以确保以后按规用水按时缴费。例如，要求用户办理水费托收手续等。

上述信息的审核需要建立相应的审核流转程序。既要确保企业的利益不受损失，又要本着服务用户的宗旨，加快审批时间，承诺办结日期，提升服务质量。

为提升接水服务水平，很多企业建立了如"无柜式服务""接水一条龙"服务。这些举措着重点在效率方面。而供水客户服务员的业务水平和能力则是影响接水服务质量的关键。

③ 供用水合同的管理

在接水资格审核无误后，查勘设计出图，用户缴费，即可进入供用水合同签订环节。供用水合同签订应在挂表施工之前。合同签订须注意主体的民事行为能力。建立合同审核审批程序，为日后可能产生的法律纠纷，尤其是水费纠纷，做好前期工作。

④ 挂表设计与领表施工

新用户的接水设计根据给水排水设计规范和企业拟定的挂表施工设计规范执行。尤其是水表安装设计要特别注意表位的选址、管理考核总表、消防表的设计安装，要考虑日后表具管理的需要提出防盗阀门、防盗水表选用方案。而表具计量方面要着重考虑水表选型（根据用水量大小和用水方式）、水表安装直管段要求、逆止阀及垃圾过滤器的加装等因素。

新装户的水表领用管理是水表全生命周期管理的开始。建设水表管理平台，在领用人、领用日期、安装地点、在途表具管理，以及退表赔表等方面加强管理和控制。水表领用管理的重要原则是可追踪性。每一只水表出库到安装再到抄见要做到能够实时掌控。

⑤ 新装户水表资料的建立

客户资料管理的源头在装表环节。水表与用户的一一对应关系的建立是客户资料管理的重点。随着抄表到户工作的推进，用户数量不断增多，集中挂表数量也不断加大。尤其是新建住宅小区，一箱多表的情况非常多，如果新装环节有所疏漏，就会造成大面积的资料错乱，给日后的抄表收费和用户服务工作带来极为不利的影响。用户水表资料的建立一是要做到核对每只水表对应的门牌地址，二是在挂表后要开通试水以校对表号填写是否正确。

⑥ 新装水表的验收

施工单位挂表施工全部结束以后，按程序向抄表收费管理部门报验。水表验收主要包括以下几个方面的工作：

A. 资料核对。验收工作人员接到挂表报验资料至现场验收，首先要对客户资料进行核对，包括用户名、门牌地址、用水性质、水表类型、水表口径、水表安装时间等。

B. 安装规范检查。各不同类型的水表有不同的安装规范和标准。围绕水表计量规范要求和水表抄见维修管理要求。检查内容包括直管段是否符合要求，是否按规范加装了伸缩节，是否按规范加装了垃圾过滤器，水表是否水平安装，是否存在前高后低等；抄见方面，主要检查表位位置是否合理，是否易被车压或是安装在施工工地内，水表检查井是否符合规范以便日后的维修和更换，表箱选用是否符合有关规定等。

C. 结度收费。水表验收时对应该向用户或施工单位收取的水费要做好水表底数的确认和结度水量发行工作。尤其是新建住宅小区，由于挂表期间或验收之前存在大量的施工用水的情况，为避免水费纠纷，应做好总表及分户表的底数确认和收费工作。

D. 时效管理。从挂表安装到验收，验收完成到资料的移交直至正常抄收之间，各阶段的时限，都应符合企业的相关规定。时效管理是提升对外服务水平和工作效率的关键。

2）水表的抄见与使用周期管理

水表验收之后转入抄表收费管理阶段。水表在使用过程中可能出现故障，应及时进行故障分析与判断，做到故障水表的及时更换。而按照有关计量法律法规的要求，水表应进行周期性强制检定。通行的做法是到期轮换。无论是故障更换还是周期性检定更换，都涉及水表的再次安装施工与水表资料的重新建立问题。应按照新装水表的程序或根据自行拟定的相应流程开展工作，避免出现资料错乱的情况。

用户全生命周期管理中还存在用水主体变更的问题，即水表过户。过户不涉及安装施工及水表属性的重新建立，只变更户名，按照企业的相关规定开展水表过户工作即可。

3）水表的拆除与销户

用水主体建筑拆除或用户报拆，需要进行水表的拆除和销户工作。

水表的拆除施工应与表前管线的拆除同步进行。由给水设计部门进行现场查勘并设计出图，施工单位按图纸进行拆除施工。水表的拆除与销户按以下流程进行：

① 用户申请。水表拆除一般分为拆迁区域的整体拆除和单独建筑的水表拆除两类。用户申请拆除水表需要进行书面申请。申请时要提供书面申请、产权证明，拆迁红线图等相关资料。

② 水表拆除的审核或备案。用户年交申请后，应将相关的申请资料转有关部门进行审核备案。针对水表的缴费情况，申请的区域内水表概况进行核查处理。

③ 现场查勘与设计出图。现场查勘的主要工作是对用户申请拆除水表的供水范围进行确认，避免错拆水表，造成其他用户无水。拆迁区域按片区申请拆表的，要进行现场水表数量的一一确认。现场查勘后再根据管网的图纸资料确定需要拆除的管线和水表，出查勘设计图。

④ 水表及管线的拆除。拆除施工必须按图施工，避免错拆管线与水表造成用水安全问题。拆迁区域的拆除工作可能耗时较长，根据拆迁整体的工作进度分阶段有序开展。

⑤ 水表结度与用户缴费。拆除水表时应现场结度并与用户进行确认。用户需要缴费的费用除了结度水费之外还包括拆表拆管的施工费用，依据收费标准进行收费。

⑥ 水表的销户。在确定施工结束且用户已结清全部费用后，即可进行水表的销户工作。水表销户涉及水表的报废处理等资产的账务处理工作，依据财务管理的相关规定进行。至此，用户的全生命周期管理结束。

6.4.2　客户资料的建立

（1）客户资料的内容

1）客户接水信息资料。主要有接水申请、产权证明文件、经办人、联系人相关信息、历史用水资料（含以往的水费缴费发票等）、建筑规划许可、建筑设计图纸、接水协议及供用水合同等。

2）客户用水信息资料。主要有用户的户名、地址、用水性质、水表类型、水表口径、装表时间、水表位置、联系人信息等基础信息资料。客户的用水信息资料围绕日后抄表收费和客户管理的需要建立。

3）管网信息资料。主要有管线图、管线管径、阀门类型、阀门位置、内外管的类型及位置、管线材质、水表表位图（设计和竣工）等。

（2）客户用水资料

1）关于用户名

用户申请接水时需要反复核对用户名资料，特别关注对公单位用户的户名，确保准确无误。必要时要将录入至系统的信息由用户再次核对并签字确认。用户名关系到用户日后的缴费及税务开票等工作。

新建住宅小区接水时应在挂表通水前实行客户实名制。

2）供用水合同的签订

用户必须在接水施工前签订供用水合同。新建小区应在挂表前完善已售楼房的用户名信息并完善供用水合同。

3）关于地址

地址信息一般指用水建筑地址。但用水地址与水表表位地址相距较远时，应将用水地址与水表表位地址尽量区分开来，分别登记记录。

新建小区一般先有建筑门牌，后有公安门牌。用户档案资料须使用公安门牌。在开发商确实无法提供公安门牌而又急需挂表时，务必要求开发商在取得公安门牌后，提供建筑门牌与公安门牌的对照表，并更新地址信息。

4）关于水表号与地址的对应关系

正确的资料建立流程对于确保资料准确无误至关重要。对于抄表出户工程，尤其是新建楼房或小区，批量接水时，一箱多表的情况，如果没有对照图纸施工并进行试水，在挂表并填写表号的过程中可能造成水表号与门牌地址的错乱，出现张冠李戴资料差错的现象，这会给以后的抄表收费、用户服务带来极大困扰。应注意以下问题：

① 新建小区挂表必须在立管施工结束后进行，不允许出现先挂表后接笼表后水管的情况，尤其要关注由开发商负责施工的表后管。

② 在挂表后立即对照表后水管上的标识填写水表号。确保水表号与门牌地址对应正确。

③ 水表号（含水表口径信息）与门牌地址对应关系建立后应安排两人进行放水试验，以核对资料填写是否正确。

④ 如使用手机APP现场直接录入资料，结合水表领用系统，为对应门牌号分配好的表号进行挂表时，应按上述程序的反向进行操作：先试水再挂表。

⑤ 一箱多表的，应按照门牌地址的顺序将表箱内水表依次排列，减少以后抄表时水表字码录入差错的现象。

5）关于装表时间

装表时间主要用于对用户用水状况的分析，或为水表发生故障时的水量估算提供依据。另外，在进行总分表误差（产销差）分析时也起着关键作用。装表时间在施工后及时填写。使用手机APP工作的，在录入水表号等信息时装表时间由程序自动生成。

6）关于用水性质

用水性质即用户的职业类别。对照用水性质即可以确定用户的水价类别。用水性质的确定应在用户接水的申请或查勘环节确定，并录入系统内，在新装水表验收和首次抄表时予以二次复核。

7）客户其他用水信息

在上述客户用水信息完善以后，可以正常开展后续的抄表收费工作。但是，为不断提升服务水平，加强客户的管理，必须进一步补充一些客户的附属信息。主要包括：客户的联系人信息、水表类型、用户类型、供水范围信息、附属设备信息（如远传装置）、旧表结度信息及新表底数、施工单位（人）信息等。

客户信息资料的建立，应各部门相互协调，统筹安排，各尽职责，共同做好资料的搜集整理工作。建立内部资料登记、审核、传递流程，充分利用信息化的方式，健全客户资料。

施工挂表结束后，所有客户资料要报至表具管理部门验收。负责表具验收的人员除对施工质量和表具安装规范进行验收以外，还需要对客户基础资料进行查验审核，逐一核对是否存在漏项缺项，对照合同查验户名地址是否正确完整，对照现场查看水表底数并记录在客户资料中。验收人员尤其应该对水表号与门牌地址的对应关系进行再次试水抽检核对，避免水表资料差错。

验收结束后，将审核过的资料进行录入、补录、分配用户号、抄表区册等工作。系统录入人员应查看供用水合同核对用户名信息，根据相应的编号规则分配用户号（或由系统自动分配用户号），录入联系人信息，核对表号、口径、地址、户数等信息，选择职业水价分类，登录水表底数及相关附属信息。

6.4.3 客户资料的更新和维护

客户资料在接水环节建立之后，转入抄表收费部门进行日常的维护管理。客户资料在其存续的全生命周期内不断动态变化，需要不间断地进行更新和维护。客户信息资料管理是营销服务工作的基础，关系到服务效率、服务质量、企业的经济效益。

（1）户名更新（过户、使用人信息、联系人信息变更）

建筑物产权变更、房屋买卖等商业行为伴随而来的就是供用水关系的变化，这必然要涉及过户业务，即"水表过户"。

水表过户一般分为对公过户和对私过户。按照过户与被过户的不同，又可分为公对公过户、公对私过户、私对公过户、私对私过户。过户时需要对过户方和被过户方的信息进行核对，严格按照企业的相关规定办理。以下事项在过户时需加以关注：

1）过户时需要缴清所欠水费，避免出现水费纠纷。

2）过户时需要仔细核对门牌地址，避免出现张冠李戴的情况。

3）对公过户，即过户双方都是单位性质的，需双方认可；而被过户方为私人的，通常可以单方面凭产权证等可信信息办理。

4）对公过户前需要对除水费以外的其他信誉状况进行审核，包括规费信息、违章用水信息等。

5）对于物业公司、业主委员会等无产权性质的使用方或代办劳务方的过户需要慎重对待，以免签订无法律效力的供用水合同。

6）无论是哪种情况的过户，都必须以签订供用水合同为最后的程序。

在处理客户用户名变更时，会遇到只变更使用人信息的情况。这种情况以房屋租赁使用为最多，尤其是商业性质用水的租赁行为。这种情况下，通常的处理方式是在客户资料项目中增加"使用人"信息。

无论过户还是变更使用人，要注意收集用户的联系信息。

（2）托收账户的建立与更新（户名变更后的代扣取消）

水费托收可以为供水企业水费回收工作带来极大便利，也可以为用户节省大量时间，提升服务。因此，水费托收账户应在用户申请接水的流程建立。当用户托收账户发生变化时，就必须进行托收账户的更新。

对公单位办理水费托收，对私用户一般办理银行水费代扣。无论哪一类用户，必须建立起相应客户账户资料，以更好地保障企业和客户利益。当过户行为发生时一定会伴随用户托收或代扣信息的变更，要建立流程，做好相关业务的处理工作。

（3）用水性质变更（特种用水管理）

在客户的全生命周期内，用水性质常会发生变化。用水性质与用水价格关联，供水价格则由各地物价部门直接规定，供水企业要按照客户用水的实际情况定价，不得出现水价串规的情况。

一般对用水性质分为两类处理，一类是由高水价的性质改为低水价的性质，另一类则相反。水价调整必须实事求是，至现场进行详细核对，经过严格的流程审批后方可办理。

用水性质变更需要填写水价调整申请表，由系统平台发起相应流程，经审批后，对申请表等纸质资料在系统内完成修改。

（4）水表故障和周期的维修与更换（含扩缩径、水表类型、表位整改与移改提信息维护）

客户资料中最常发生变化的是水表号属性。按照计量监管的要求，为确保计量准确、计量公平，水表自接水安装后必须在一定的使用周期后进行强检更换，此时，客户资料即已发生变更。水表的故障更换同样需要即时变更表号信息。围绕客户表具资料进行更新维护要注意以下问题：

1）水表更换按照规定流程进行，有申报人、申报时间、复核人、复核时间、下单时间等详细信息记录。

2）要详细记录水表更换原因。

3）水表更换资料中需详细记录施工人和施工时间。

4）水表更换工程单填写详细完整，按规定时限进行完工反馈。使用手机 APP 操作时，需进行换表拍照并对照片进行归类整理存档。

5）对于扩缩水表的需要同步更改水表口径信息。

6）水表表位的信息资料同步更新。

（5）用户类别的变更（转管理表）

根据是否进行贸易结算水表进行分类，将用户分为贸易结算用户和非贸易结算用户，对应的水表我们称为贸易结算表和管理考核表，用字母表示为 A 类水表和 B 类水表。贸易结算表中根据结算用水方式的不同可以再进行类别的细分，比如临时表、流动水表、区域供水户等。

总表供水户在进行抄表到户的分户改造时，总表的贸易结算功能消失，但为了做好管网漏控保留总表，此时，需要对此表的用户类别进行变更，由贸易结算表转为管理考核表。

在用户类别进行变更中尤其要注意总表结度的流程管理，包括结度字码、结度人、结度时间等项目的信息记录和更新。

（6）用户服务信息的更新（"三来"）

做好用户投诉、咨询处理的同时，需要建立用户服务台账，将用户服务的相关信息进行记录、整理并归档，以不断提升服务水平。

用户服务应在专门的系统平台上进行操作，将用户服务平台与用户管理平台进行对接，完整地记录用户每一次的服务信息是更新维护的关键。

（7）用户受控管理（信誉、欠费、违章违法）

随着客户数量的增多，有必要对用户进行一些归类，尤其是一些重点用户，如信誉不良、拖欠水费、违法偷水的用户，将用户的各种涉水业务进行关联，建立完整的流程，在业务办理时进行控制。例如，长期欠费客户我们可以限制其接水业务的办理。用户受控管理的客户资料内容包括欠费情况、违章违法偷盗用水行为、各类施工损坏赔偿记录历史，以及用户投诉的无理诉求等信息。

用户受控要经过严格的审批，建立专门的受控资料并对这些信息进行归类整理并归档，以便于调阅。用户受控资料与其他客户资料统一建立索引，以便于快速高效查询。

（8）水量发行数据管理（连续性与见表类型）

每次抄表收费形成一次客户用水记录的动态信息资料，即水量发行和缴费数据信息。抄表员将抄见字码用卡片等媒质进行记录保存，或者使用手机程序直接录入并上传至信息管理系统中，形成连续的用户抄收服务记录。在水量发行信息资料管理中应注意以下问题：

1）同一水表的抄见字码要有连续性，如遇特殊情况需中断字码进行照结等发行的，必须建立台账或做好备注，以便日后审阅。

2）需要记录水表抄见的类别，如正常见表发行、堆埋淹锁暂收发行、水表故障暂收发行、用户自报发行等，必须记录并归类。

3）对水量突增突减幅度较大的要有原因记录。

4）建立非正常水量发行的台账资料，并做好整理和归档保存。

6.4.4　用户的分级分类管理（重点用户管理）

数以十万甚至百万的用户对任何一个企业来说都是重大的管理课题。有必要对客户进行分类管理以提高效率，以将管理的主要精力放在数量极少的重点客户上。所谓重点客户即水量较大或欠费较多，违法用水或投诉较多，以及有特殊服务需要的客户群体。

对用户进行分级分类管理，可以按类型分为"信誉""服务""用户受控""水量"等四个类别，每个类别分若干个子级。

（1）"信誉"分级

信誉分级主要从水费缴纳的角度，对用户的缴费及时性进行分类管理。将收费系统的缴费信息数据，按缴费"信誉"由高到低对用户依次进行排序，分为：及时缴费用户、从未欠费用户、近期欠费次数较少用户、长期欠费用户等。

缴费信誉等级分类的目的是使水费回收管理工作做到科学和高效。在抄收管理系统中，对不同类别的用户定义不同的催收方式、催收频率和催收时间。客户服务员也可以通过信誉等级分类有重点地制定水费催收方案和服务方式。

（2）"服务"分级

服务分级的主要目的是进一步规范客户服务员的服务方式、方法，通过收集用户基础信息数据，包括"三来"等用户历史诉求信息，将用户分为"重点服务对象""特殊服务对象""常规服务对象"等。对不同类别不同等级的客户制定不同的服务规范、工作流程以及工作标准。例如，将"重点服务对象"的见表率标准定为100％，在"特殊服务对象"的水费催缴工作流程中明确要求"将催缴单面交用户"等。服务分级有利于提升服务质量，保证客户满意度。

（3）"用户受控"分级

用户在供用水过程中发生了违约事件，对供水企业造成或可能已造成一定的负面影响，需要进行重点关注，避免造成更大损失。用户受控的原因一般有：长期或大额欠费（含水费和工程规费等）、有严重违规违法用水行为记录的、政府发布的严重违约的失信法人或自然人、有未按约定处理事项记录的等。用户受控一般按影响程度进行等级划分。不同等级的受控用户分别制定相应的工作流程。例如，欠费用户在申请接水时必须进行提示；违法用户在抄表时必须加以重点检查；失信用户在水费缴纳方式上必须办理银行托收和代扣等。通过"用户受控"等级划分，可以很好地将供水各项业务关联起来，及时解决欠费收缴等难题。

（4）"水量"分级

对于居民户表用户而言，根据抄见发行水量数据，以阶梯水量为分界线，突出关注用水量突变和超阶梯水量的用户，依次排序。可以提供超阶梯提醒、内部漏水提醒等服务，从而减少用户诉求，避免产生用水计量纠纷。而水量的突增突减变化对水价职业的变化也起到警示作用，为及时调整水价类别减少、企业损失发挥作用。

对于企业用户而言，可以根据用水量对客户进行排名，对大用户制定更加精细的服务措施，提升服务水平，提高水费回收效率。同时，用水量的分类分级也更多地应用于对抄表和收费业务的管理。例如，重点大水量用户必须安排每月抄表收费，以尽快回拢水费资金；排名前20名的大用户在收费工作中规定"欠缴水费不能超过2次，否则必须实施停水"之类的措施，以确保水费回收。

对用户划分好类别后，还要对分级分类信息进行收集归纳、登录系统。

1）制定用户分级分类规则。

2）对不同的用户类别和等级制定相应的工作流程和规范。

3）制定信息变动处理方法，突出分级分类的动态特性。

4）开发用户分级分类应用系统，对接抄收管理系统。

5）做好用户分级分类数据的收集、补充、完善。

用户的分级分类管理通常是企业的内部管理行为，这些信息资料要做好信息保密工作，不得向用户泄露说明。

分级分类的用户信息，是一个动态变化的过程，应按"专项工作流程"，实时跟踪管理。有的需要实时更新，有的可以按月更新，确保"用户分级分类"服务于企业管理的需要。

6.5　客户服务的目标和供水企业的社会责任

传统的企业管理理论把企业自身利益最大化作为企业追求的目标，随着时代发展和企业自身的不断壮大，企业这一社会组织形式越来越多地承担着社会管理的责任。

城市供水是服务民生的生产性行业，它的存在直接关系到城市经济的整体繁荣和人民生活生命的延续。供水企业既要追求较好的经济效益，以确保生产的持续，又要保证良好的水质、水压，让用户放心满意，追求良好的社会效益。以社会效益为基础，经济效益服务于社会效益是供水企业区别于一般性工业企业的特殊要求。只有正确地认识供水企业所承担的社会效益性质，才能保证和促进供水事业的健康良性发展。城市供水在保障民生这一历史使命下，紧紧围绕"用户满意"，克服种种困难，开源节流，提高效益降低成本，优质供水、奉献社会。

优质供水的含义很广：要确保水质水压优良，进行二次供水改造；围绕降本增效，开展降差控漏工作；围绕供水安全，做好高峰保供和防冻保供工作；围绕服务优良，解决缴费难问题；确保用户满意，做好营销服务等。

因为供水企业在保障民生方面的特殊性质，其客户服务并不局限于"售后服务"。城市供用水的持续不间断，使得"销售活动"也持续不断地进行。因而，售前和售中服务与售后服务同样重要。售前面对的是供水区域内潜在的客户群体，售中是既有的自来水在册用户群体。无论称之为客户还是用户，无论是用水需求还是产品服务诉求，都是供水企业的客户服务对象和内容。

6.5.1　用户"三来"管理

用户的来信、来电、来访简称"三来"。广义上讲，"三来"管理即客户服务管理，狭义上的"三来"管理是对服务环节中用户诉求的分类处理。

时代变迁，人类沟通的方式早已突破了所谓"三来"含义。"来信"时而一两件（意见箱是另一种形式的"来信"）；而"来电"则是以叫做"热线"的集中售后服务形式出现的；"来访"也正被不断涌现的多样便捷的互联网沟通渠道所替代。服务形式总在不断地变化着，但"三来"管理的内容始终没变：通过对用户诉求的分类处理，使用户满意、企业受益。

自来水涉及各行各业、千家万户，和广大用户的生产生活密切相关。用户通过"三来"对供水企业服务工作进行评价，提出需求意见、建议、表扬和批评等诉求。供水企业则从用户的"三来"中，获取用户对水质水压、供应、服务等各方面的信息，作为改进工作、制定计划的依据。

（1）"三来"的分类和处理期限

对"三来"进行分类和规定处理的期限，可以区分用户诉求的轻重缓急，明确职责，对"三来"及时妥善处理，提升服务形象。

1）"三来"的分类

按照用户诉求的目的分类如下：

① 服务需求类。如申请接水、更改户名、缴费水费、供水设施报修、水压低、水质

差、违章违法用水举报等。

②　投诉建议类。如抄表工作质量、服务质量投诉等。

③　咨询类。如业务办理程序咨询、水费政策及用水费咨询，以及表扬、批评等。

2）　各类"三来"的处理期限

"三来"工作以用户满意为宗旨。随着社会的进步，生产力和物质生活的不断发展，人们要求更快更高效地处理一切事务，我们处理"三来"业务的时效也必须不断加快。处理时限要求如下：

①　针对不同类型的用户诉求规定不同的处理时限。

②　按照所涉及业务的复杂程度和实际情况规定相应的处理时限。

③　以用户满意为宗旨，急用户所急，加快三来处理效率。

④　三来接待和处理人员必须按照规定的时限完成相应的工作。为确保服务效率和用户满意，对三来处理时限建立严格的考核标准也显得尤其重要。

3）　处理时限的计算

处理期限是指处理"三来"的部门，从接到用户投诉起至解决用户诉求为止的时间间隔；有回访要求的，截止至回访结束。

①　建立"三来台账"，记录接访、派单、处理反馈、用户回访等时间节点。

②　使用信息平台处理"三来"业务，便于处理时限的节点统计。

（2）"三来"的接报和派单管理

对用户"三来"要设立专门的接报和派单部门，要有专人管理。对用户"三来"要做到件件有记录，处理有结果，查询有下落。

充分发挥信息技术在"三来"工作中的作用，建设呼叫处理系统；使用信息系统和数据平台可以极大加快"三来"工作效率。

业务接报处理规范：

1）　统一服务形象，遵守企业着装挂牌上岗等对外服务要求。遵守服务纪律。

2）　接听用户来电统一规范，使用文明礼貌用语。

3）　用户来访，耐心解答，语言亲切，不推诿。

4）　用户来信认真处理，事事有结果，件件有答复。

5）　接待用户礼貌热情、耐心周到，不擅离岗位，不做与工作无关的事。

6）　真诚服务，不以权谋私。

（3）"三来"业务接待人员的职责

1）　记录诉求人的诉求时间、姓名、联系电话等信息。

2）　详细记录诉求内容。向诉求人解答一般性咨询疑问，解决一般性诉求。

3）　通过"三来处理工作单"或"三来平台"等方式进行派单工作。

4）　做好"三来工作单"的催办和销单工作。

5）　对诉求处理结果进行反馈；做好用户回访工作。

6）　登记"三来"接待台账；定期分类统计"三来"数据，对"三来"工作进行总结分析，形成工作简报。

7）　对用户"三来"资料进行整理归档。其中涉及业务变更的"三来工作单"归入客户资料档案。

（4）"三来"的处理

"三来"的处理，是"三来"业务流程中重要的一个环节，是解决生产管理中的问题，提升管理水平的关键，也是企业不断提升服务形象的重要体现。

仔细阅读用户的来信和业务接待人员的工单记录，了解用户的意见、诉求。

查阅并记录所涉及的有关资料，如用户反映用水量过高或过低，则应查阅去年同期或近月的用水量。

查阅有关的业务规定，以便答复用户。

1）"三来"处理的方式和要求

处理时应该根据"三来"的性质分别采用上门、电话、书面等方式答复用户。书面答复用户，应经领导批准，采取慎重态度。

处理的要求：

① 工作人员做到仪表大方，举止文明，态度和蔼，语言规范。

② 采用上门方式处理时，应将结果直接答复"三来"诉求人。

③ 核对用户反映的问题，对涉及的时间、地点、人物、数据和事情的经过做好记录。

④ 服务需求类工单按企业规定快速办理；投诉建议类工单做好记录并向用户进行结果反馈。咨询类工单必须按政策规范解答。

⑤ 将调查的情况及自己的意见书写在工作单的"拟办或处理情况"栏内，并签上姓名填写日期，交有关领导审阅。

2）"三来"处理后的审核

如果工作人员的业务知识、工作能力、责任心得不到保证，势必影响"三来"的处理质量和服务质量。为了保护用户的利益，维护公司的形象，对一些重要的"三来"必须经过有关负责人审阅后，才能归档或反馈给上级或其他部门。

6.5.2 客户服务呼叫热线系统的运行管理

"三来"工作是客户服务管理的重要内容，是检验客户服务人员工作质量的窗口。通过用户诉求，可以找到管理改善的突破口和企业的创新发展方向。随着用户群体的不断扩大，用户服务诉求的不断提高，"三来"工作管理的要求越来越高。只有建立完善的用户诉求处理流程，建设配套的用户"三来"处理系统，才能发挥"三来"工作的窗口指导作用。

由于用户诉求渠道主要以"来电"为主，基于这一诉求渠道所建立起来的用户"三来"管理系统一般被称为"供水热线系统"。负责热线系统运行工作的主要岗位是用户接待处理岗，其运行管理则根据企业管理架构不同由相应的部门承担。随着企业内部分工的逐渐细致具体，用户接待和诉求处理会由不同部门的不同岗位负责。热线运行管理的主要内容就是将这些不同部门、不同岗位人员所承担的工作流程化、高效化，以满足客户服务的需要。

从用户把诉求通过热线反映到热线运行管理部门，到热线管理部门派发工单至相关的处理部门，再由处理部门按分工不同在不同的业务科室或不同的生产班组进行分派传递，形成了完整的"三来"处理流程。我们把热线管理运行的中的各个部门（科室、班组）称为站点，第一个接到用户诉求的为"一级站点"，以下依次为"二级站点""三级站点"

等。串联这些站点，使用户诉求可以畅通无阻快速传递派发并处理的是"热线运行管理系统"，也叫做"工单运行管理系统"。为使热线运行管理系统高效运作，各企业需要开发相应的信息平台。信息系统是工具，是确保系统高效运作无误的载体，也是为用户服务提供数据记录、统计、分析的最有效手段。信息平台、各站点职责、工单管理制度、工单派发反馈流程、工单管理考核体系等共同形成了完整的"热线运行管理系统"。

（1）热线系统各站点职责

1）一级站点

① 接听用户来电，进行用户诉求的咨询解答、工单派遣、跟踪管理、工单回访，相关数据、信息的统计分析以及资料归档等工作。

② 接听用户来电，全面受理用户关于供水业务方面的咨询求助、报漏报修、投诉建议、举报等各类诉求。

③ 做好用户关于用水知识、供水政策法规、水质、涉水价费、供水服务等常见问题的咨询解答。

④ 将各类诉求根据职责划分在规定时限内准确派遣至相关二级站点。

⑤ 做好用户诉求工单的跟踪管理，督促指导二级站点做好对外服务工作。

⑥ 做好用户回访工作，反馈有针对性的回访信息。

⑦ 做好业务统计、分析，定期编发简报。

⑧ 与政府"12345"政务热线对接，及时高效处理用户相关诉求，提升服务满意度。

2）二级站点

① 按照部门职责分工受理并处理一级站点派遣的各类工单，按照热线系统运行管理的要求快速高效处理用户诉求，确保用户满意。

② 有三级站点的，按照工单运行处理的要求派发工单并监督其处理用户诉求。

③ 做好用户诉求的数据分类统计和分析，向站点所在部门提供管理决策依据。

④ 按要求做好用户回访，并向一级站点反馈相关信息。

3）首接负责制

为确保用户诉求能够得到快速的接待和处理、不发生推诿现象，大多数企业都出台了"首问负责制"的管理规定。首问负责制主要内容是面对用户的投诉、咨询、建议等诉求，第一个接待的人员能够自己处理的，必须负责记录、解答和处理，直至用户诉求得到解决，自己不能处理的，必须负责转交有关部门或相关人员解答和处理，并负责对用户的诉求是否得到解决进行跟踪回访。即使在服务机制健全，对外宣传得力，以及拥有更加专业化的热线管理系统的今天，首问负责制依然在对外服务管理中有着重要意义和作用。然而，随着服务形式的不断转变，供水热线已成为企业与用户沟通的主要渠道。首问负责制的内容必须不断完善，其所管理和覆盖的范围也需要不断扩大。

首接负责制就是对首问负责制的补充完善。主要针对热线工单运行管理系统发挥作用，是服务质量的根本制度保障。内容如下：

热线系统运行管理制度中明确，二级及以下子站点执行首接负责制：

① 对于各子站点单位职责范围内能够独立处理的诉求，应按照本规范要求及时办结；需其他二级站点协办的，由首接站点牵头，组织其他二级站点，按照规范要求及时办结。

② 首接站点如遇对其职责范围有异议的任务工单，必须按首接负责制规定通过协办

等方式按流程办理，不可退单或自行销单，待办结后再依照相关规定进行申诉。

（2）工单运行处理规范

供水热线各类工单的处理应遵守以下通用要求：

1）对工单办理和流转的时限作出明确规定。对确因特殊原因无法在规定时限内完成的，提出工单延期的处理规范，以及阶段性处理或"跟踪解决"的处理方式。

2）各类工单记录应填写规范，语法词句准确，对于事件处理应有详细的过程及处理结果。工单回复脚本应针对诉求问题，言简意赅、通俗易懂。

3）热线系统建立用户诉求答复处理知识库。一级站点应根据知识库中的答复脚本予以回复。对知识库中尚未涉及的内容或用户对话务员按知识库提供的脚本所作的解释不认可而形成的工单，一级站点应派遣至相关站点处理。

4）对于派遣类工单，一级站点应准确记录用户地址、联系电话及联系人，详细记录事件情况及用户诉求，立即将工单下派至相关二级站点。二级站点在收到工单后应及时和诉求人联系。同时对特殊工单、加急工单、催办工单和一般工单分别设定用户联系时限要求。

5）二级站点对于接办工单需现场处理的，应与诉求人约定时间，严格按照国家法律、规范、标准及供水企业的相关规定进行处理，并详细记录处理情况及结果。

6）需要其他站点协办的，首接站点应作为牵头部门，对协办的必要性进行审核。确属需要协办的，应派发协办工单会同协办单位共同处理，并对协办站点的工单办理情况进行跟踪督促，对工单回复进行扎口管理。执行首接负责制。

7）特殊工单应按以下要求处理：规定时限内（含申请延期）无法完成或需要对外协调的工单，经相关界定的审核手续后，可确认形成"疑难工单"。同一用户针对同一问题反复投诉且诉求内容没有变化，如因同一原因造成大面积用户投诉的，如爆管、停水、管调等原因导致用户无水或水压低等突发事件所产生的同类诉求，经审核确认后形成"雷同工单"。疑难工单和雷同工单应明确相应的处理要求和规范。

8）对规定时限内无法完成的工单做出工单延期的相应规范。各站点需按延期规定严格执行。延期规定主要包括延期申请次数、时间、理由以及审核确认程序。

9）工单催办：是指一级站点对于诉求人再次来电要求尽快办理以及即将到期未办结的工单进行催办和提醒。二级站点应对催办工单充分重视并及时处理。为提高解决用户诉求的效率。

10）工单回访：是指由一级站点通过与诉求人联系，了解派遣工单的办理情况和用户满意度调查，以促进二级站点提高服务质量。工单回访应遵守以下要求：

① 工单回访通常须由一级站点归口负责。一级站点在回访时必须如实填写相关情况。

② 回访应对工单处理的及时联系、作风满意、结果满意三个方面进行记录。多次回访确因用户原因而无回访结果或用户对满意度不发表任何意见的，属有效回访，可列入"基本满意"范围。

③ 如出现无理由的水费减免等无理诉求，二级站点处理完毕并详细回复一级站点后，一级站点可以不进行回访，并可将其列入"基本满意"范围。

④ 回访中，如遇到用户提出新的诉求，一级站点应根据诉求目的做相应处理。

对于不属于供水企业职责范围内的且已派至二级站点的上级派单，二级站点应调查核实，注明责任单位并告知诉求人，经审核确认后做相应的销单处理。

（3）热线系统的日常管理

各站点工作人员在日常对外服务过程中，应严格遵守国家法律法规及公司各项制度，严格按岗位规范操作。应定期对站点工单进行分析（一般每月不少于一次），梳理热点、难点问题，制定合理的应对措施和解决方案。定期开展岗位培训，强化客户服务人员的服务意识及技能，提升工单办理质量和满意度。

1）热线系统设备的日常维护应由企业的信息管理部门专职负责。

2）一、二级站点的日常统计工作应遵守以下规定：

① 一、二级站点应及时统计各项服务指标完成情况，并进行整理、分析。

② 对工单处理中的典型问题进行梳理分析并形成简报。

③ 各站点应定期召开热线运行工作例会，对热线工作进行总结和分析，针对对外服务工作中出现的具体情况商讨应对措施。

3）知识库的日常更新应遵守以下规定：

① 二级站点针对出现的新问题，需一级站点统一解释回答的，应及时更新知识库内容，按企业制定的程序审核通过后上线采用。

② 二级站点至少每半年应对知识库内容进行一次重新梳理、更新。当相关法律法规或企业制度发生更新调整时，相关二级站点应立即将最新内容上报一级站点，如因二级站点未及时上报导致一级站点在处理工单时使用了过期或错误信息，应按照相关规定对二级站点进行考核。

③ 对于急性抢修、爆管等突发事件应采取多种手段及时报备；对于突发事件工单处理过程中的事件变化情况，也应及时报备。

④ 二级站点应根据工作职责，在系统中及时发布相关信息，如欠费停水、计划停水、拆迁信息等，信息填写应规范完整及时准确，确保信息的时效性和准确性。

（4）热线运行中的考核管理

为确保供水热线高效有序运行，在工单运行规范的基础上，需要制定相应的考核措施。在信息系统的辅助处理下，热线系统各项运行指标可以快速统计分析，制定相应的考核条款。考核方式上一般由一级站点对二级站点的工单运行处理和用户服务，以及投诉管理进行百分制的评价考核。

主要的考核指标有：

① 及时签单率。及时签单就是要确保用户诉求快速流转。其计算方法是：及时签收工单总数/当期派发工单总数。

② 及时发起协办率。进一步控制协办工单的周转速度。计算公式：及时发起协办工单总数/当期发起协办工单总数。

③ 按时办结率。对工单处理时效的考核指标。计算公式：（按时办结工单数＋按时协办工单数）/（办结工单总数＋超期未办结工单数＋协办工单总数＋超期未办结协办工单数）。

④ 办结提速率。进一步加快工单处理的考核指标。计算公式：$1-[\sum($工单实际办结时间/工单初始可用时间)/$办结工单总数]$。

⑤ 及时联系率。确保工单处理时效的考核指标。计算公式：（及时联系工单数×2＋

未及时联系工单数×0)/办结回访工单总数。

⑥ 作风满意率。对工单处理过程中服务规范和子站点的服务管理水平进行考核，确保服务水平的提升。计算公式：（作风满意工单数×5＋作风基本满意工单数×3＋作风不满意工单数×1)/办结回访工单总数(含视同回访工单)。

⑦ 结果满意率。提升企业服务水平的核心指标。计算公式：（结果满意工单数×5＋结果基本满意工单数×3＋结果不满意工单数×1)/办结回访工单总数(含视同回访工单)。

⑧ 基本知识库报送完整率。用于确保全面提高客户接待岗位人员业务水平和提升用户服务水平的一项考核指标。计算公式：报送完整数/当期应报送总数－纠错扣分(备注：纠错扣分为热线管理人员发现知识库填写错误所扣的分值)。

⑨ 知识库实时更新率。知识库更新内容主要包括：计划停水、临时停水、欠费停水等信息，机构职能及职能调整情况、成员单位工作人员变动情况及联系方式、重要法律、法规调整答复口径及解读、常见民生类问题咨询等。

二级站点的考核管理由热线运行管理领导机构组织实施，呼叫系统自动计算各二级站点的考核指标得分及站点排名情况，按年度考核。同时，要分月度和季度归集考核情况，供各站点实时分析工作成效。全面、细致、具体的考核管理有助于确保供水企业服务水平的全面提升。

6.6 客户服务目标及供水企业的社会责任

供水客户服务员主要围绕企业的社会责任，加强企业民生理念的宣传和推广，实现客户服务质量的不断提升。而客户服务的直接目标是实现客户满意、企业受益的双赢结果。

供水企业的产权结构和区域垄断特性在一定程度上限制了企业服务水平，也一度成为企业经济效益快速提升的阻碍，或进一步涉及水质水压的安全问题。在供水企业内部管理上，无论是水质水压、管道抢修还是抄表收费，存在很多重技术轻服务的现象。纵然技术进步与服务提升两方面有时互为因果，但服务提升的内在动力是正确的服务理念而非技术进步。

很多供水企业一直把服务品牌和形式作为提升服务质量的重要手段。有的提出了"优质供水，奉献社会"的服务宗旨，打造了"一条龙接水服务""供水热线"等服务品牌，有的建立了"一滴水"爱心基金，坚持领导接待日服务、"夏涌清泉"高峰保供广场服务等多样化的服务形式，主题突出、内容丰富。尽管如此，仍不足以顺利实现"让用户满意，使企业受益"的目标。实际上，在面对用户快速提升的服务需求时，还必须有一个能适应时代发展的并用以指导每一次具体工作的服务理念，这种理念必须包含着科学发展观的思想，必须能够成为我们企业文化的核心内容。我们所熟知的服务理念有："用心服务，用情服务，以人为本""用户满意"等。所有这些理念的立足点都是客户，固然也可以指导供水企业的客户服务工作，然而，在社会责任方面，供水企业不同于一般企业的目标。在面对经济效益和社会效益的取舍时，在面对基础设施建设的高投入和低回报时，在面对民生问题的获利与公益时，供水企业更如医院学校这样的机构，很多时候扮演着社会公益的角色。因而，当我们在谈到客户服务目标时说"用户满意，企业受益"时，含义丰富。其中涵盖的社会效益的意义要多于经济效益。从这个层面说，供水企业是社会服务型的企业，其经营活动的目的不是为了谋取更大的利润，而应理解为其所有经营活动取得的经济效益要服务于其社会责任。供水企业扩大再生产的能力是民生需求的保障，其所提供的客户服务更加注重社会效益这一结果。

（1）服务作风满意率评价内容

在竞争性行业里，企业管理和服务质量提升的原动力来源于对市场的占有欲望和企业利润的追求。作为供水企业，一旦完成了供水管道等基础设施建设，自来水这种特殊商品就在某种意义上控制了市场，而其价格形成机制也与参与市场竞争的商品不同。企业无法自由选择客户，客户也无法自由地更换产品供应商。如此，供水企业的产品质量提升和服务改善的动力就需要依赖行业监管。监管主体或者是政府机构，或者是行业协会等团体组织。

1）行业作风的政府监督

对于处于公共服务行业的供水，政府通常会将其与政府机构一起纳入政府作风管理体系内。有的设立专门的作风监督机构，有的由某个政府部门牵头负责，有的由企业上游政府主管部门负责。主要标准是行业内的服务作风是否能够满足广大市民正常的生产生活需求以及人民对美好生活的向往需要，并以不断提高服务水平和服务质量为目标。监督形式有：市长信箱（热线）、行业作风民主评议、政府政风热线、政府聘请的行业作风监督员进行监督考评等。

2）企业作风监督员

企业作风监督员一般是由企业出于自身服务提升的需求而聘请的社会上具有一定影响力的人物对企业工作作风进行监督。其主要工作内容包括服务督导、定期明察暗访、总结评价、服务指导等。作风监督员每年选聘，定期更换，以确保公平公正、监督有效。

3）12345 政风热线监督

12345 政风服务热线针对政府工作进行监督考核改进，为市民提供解决问题的窗口渠道。各地供水企业基本上均被纳入这一监督体系。政风热线对其二级站点平台的下派工单处理情况进行考核督办。行风作风属于重点考核项目，一般会进行排名考核。

4）新闻媒体监督评议

新闻媒体受众面广，传播较快，无论是正面还是负面报道均会对企业产生重大影响，是极为有效的监督平台。媒体曝光通常会被列入企业的重大经营管理指标。所谓媒体也包括网络门户和移动网络媒介。

（2）服务作风满意率评价体系

1）服务作风要求

① 服务环境及硬件要求

服务窗口环境美观，形象统一，卫生达标，符合对外服务行风作风要求。服务大厅设置便民设施，做好供水政策和业务办理流程等宣传措施，努力为用户提供舒适安心便捷的服务环境。

② 企业业务办理要求

企业对外业务办理按对外承诺的时限和要求进行。力求高效率地满足用户需求，提供便捷的服务。积极推进无柜式服务、一站式服务，利用先进行的技术和网络平台提供"一次进门""一键直达"式服务。

③ 制度完善

完善企业的对外服务承诺制度，建立健全首问和首接负责制、投诉查实处理制度、签单回访制度等相关服务制度并贯彻落实。

④ 接电接访处理要求

接电接访态度符合规范要求，不发生推卸责任的现象。工单派发反馈回访流程闭环，台账齐全完整。用户诉求工单处理时限符合规定，高效满意。

⑤ 便民服务要求

建立完善的领导接待日等高层接访制度；定期深入开展现场便民服务活动；加快推进互联网＋供水等无柜式便民举措，切实推进用户服务网点建设。

2）用户评价系统

① 业务回访。对外服务进行全面的作风回访，收集用户意见。主要形式包括电话回访、短信回访、微信回访等。

② 窗口服务评价系统。为对外服务窗口各项业务办理提供服务评价渠道。主要形式有窗口服务评价器、意见箱（簿）等。

③ 供水热线服务评价系统。对每个诉求工单进行作风服务评价。

3）服务作风监督考核

① 民主评议。由政府或企业定期开展民主评议作风调查。对作风满意率进行考核。

② 12345 政风热线考核指标。由政风热线统一建立作风满意率考核制度。

③ 企业内部服务考核指标。企业内部通过各个评价系统对服务作风满意率进行统计考核。

④ 建立作风满意率评价标准。利用语音、视频、三方通话等各种技术手段对服务全过程进行监控，对作风不满意的诉求工单和业务工单进行调查。作风满意率达到 100%。

（3）服务结果满意率评价

用户诉求的满意评价包括作风满意率和结果满意率两个方面。"作风满意率"是对服务过程中的态度、方式进行评价，"结果满意率"是对用户诉求的问题是否得到解决进行评价。

1）用户合理诉求的界定

① 用户的诉求属于企业对外服务承诺范围。

② 用户的诉求属于企业业务受理的范围。

③ 用户的诉求符合行业的服务规范。

④ 用户的诉求符合企业管理提升和管理改进的需要。

⑤ 用户的诉求缘由是因企业工作失责造成用户利益受损。

⑥ 用户提出的诉求符合法律法规和相关政策的规定。

2）用户超常规诉求的界定

① 企业无责的情况下，用户提出无理的经济补偿要求。

② 用户的诉求不属于企业业务受理范围，或超出企业的受理能力。

③ 用户的诉求可能造成企业违反法律法规，或违反企业管理制度。

④ 用户的诉求可能对企业造成重大经济损失。

3）有责工单的界定

当出现结果不满意时，必须进行责任界定，从判断用户诉求是否合理入手，对企业的履职情况进行评估，继而界定工单是否有责。当确定为有责的结果不满意工单时，需按既定程序发回重办，努力达到用户诉求，挽回服务形象，为用户办实事。

① 成立有责工单界定小组；建立有责工单的管理考核制度。

② 确定不满意工单的责任界定和二次派发办理流程（12345 政风热线结果不满意工单界定处理流程如图 6-11 所示）。

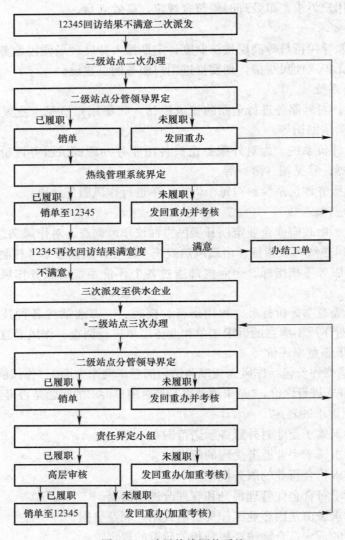

图 6-11　政风热线评价系统

（4）为服务结果负责的服务理念

在进行客户服务时，服务规范和管理考核制度只能从用户一般性需求的角度提出一些最基本的行为准则和衡量标准。这个标准不可能面面俱到以至于可以用来衡量所有的服务结果，经常导致在"用户满意"和"企业受益"之间不断地进行取舍，无法兼顾。因而，不能只是不断地根据结果反复地修改规范和制度；反过来，供水企业员工应该根植一种"为结果负责"的服务理念，培养正确的服务意识观，能够自觉践行"以客为尊"的服务宗旨。只有将服务规范的缺失与用户超常规诉求之间的矛盾，转化为服务能力不能满足企业服务理念的需要之间的矛盾，继而建立起基于改善这种新型矛盾为指引的服务考核体系，才是减少投诉、提升服务的根本途径。

大中型供水企业的用户数量往往超过百万，每个员工所面对的每一个用户，往往有着不同的服务需求，如何才能使用户和企业双方都满意，正是服务管理迫切需要解决的问题。努力掌握各种业务技能，学习更多的专业知识和更全面的服务技巧，都是必要的工作。然而不管怎样，我们都还需要一个内在的驱动力，来促使服务的整体提升。这个驱动力要能够带动我们进行观念转变，使员工尽快地由被动服务转变为主动服务。

任何一种服务理念所包含的内容和思想都应该是广泛且深刻的。服务理念要用来指导并改进具体的服务工作，而不是空喊口号。它要能为员工践行服务宗旨提出方法论。为结果负责的服务理念应成为企业文化的一部分。

让我们在不断纠结于无理诉求与合理诉求，不断纠结于全民的法律意识与我们的服务意识，纠结于制度建设与执行力，纠结于让用户满意与对员工的理解认可，纠结于服务成本与服务价值的时候，换一种思维，换一个角度：让提升服务的手段不再是一味地加大硬件投入，不再是一成不变的素质教育或考核激励，不再千篇一律地运用优胜劣汰的管理方法，也不再是不着边际的空喊口号，而是要用正确的企业文化进行熏陶和感染，为企业的对外服务工作注入一种能够不断前进的动力，产生蝴蝶效应。这改变的或许并不仅是服务工作本身。

供水企业的服务理念转变反过来一定作用于员工的服务行为。供水客户服务员队伍只有及时转变观念，以市场需求为导向，建立正确的客户服务目标体系，才能切实履行好供水企业的社会责任。

第 7 章　水费账务处理

7.1　水费与固定资产

7.1.1　水量与水价的管理

"水量"又称为"售水量"，是企业"主营业务收入"所对应的水量。以当期抄见发行的水量、补发行水量、非抄见补发行水量、当期核减/退水量作为计算依据进行汇总所得出。

当期的抄见发行水量由抄表人员根据实际抄表字码数据导入"营业收费系统"（以下简称"营收系统"）；补发行水量、非抄见补发行水量、当期核减/退水量由各业务操作部门根据实际业务需要办理并录入"营收系统"；月末由财务人员根据"营收系统"所有数据进行导入、汇总、核查，最后编制"售水量发行报表"（表 7-1）。

××水务公司售水量发行统计表 表 7-1

		××办事处			××办事处			补发行			总计
		居民表	非居民表	合计	居民表	非居民表	合计	××办事处	××办事处	合计	
抄见水量											
核减											
实发											
其中	1.42										
	2.13										
	4.26										
	1.57										
	1.67										
	2.65										

在表 7-1"售水量发行统计表"中，按照各办事处/营业所、居民用户水表/非居民用户水表、抄见水量、非抄见水量、核减/退（统称"核减"）、水价等进行了分类。请注意，所有构成当期/当月水量发行的数据均为当年数据。

自来水通过各营业部门、网点销售，最终要以货币形式实现它的价值，这也是自来水企业收入的主要来源，同时，是自来水企业考核的重要指标之一。销售收入即"主营业务收入"，是营业部门根据抄表计量，按照规定水费单价计算的应收款，也是上文中"水量"落实在货币上的体现。

月末，财务人员除编制出上文中的"售水量发行统计表"后，还需编制"水量收入"表，见表 7-2。

水量收入 表 7-2

项目	水量	收入	备注
一类水			
二类水			
三类水			
四类水			
五类水			
收入小计			

表 7-2 中，按照水量、收入、各用水类别（水价）进行了分类，各个项目一一对应，体现了水量与水价，水量与收入（金额）、收入（金额）与水价之间的互相勾稽关系。

7.1.2 固定资产的初始计量

（1）概念

固定资产是指企业为生产产品提供劳务、出租或者经营管理而持有的、使用时间超过12个月的、价值达到一定标准的非货币性资产，包括房屋、建筑物、机器、机械、运输工具以及其他与生产经营活动有关的设备、器具、工具等。固定资产是企业的劳动手段，也是企业赖以生产经营的主要资产。从会计的角度划分，固定资产一般被分为生产用固定资产、非生产用固定资产、租出固定资产、未使用固定资产、不需用固定资产、融资租赁固定资产、接受捐赠固定资产等。

在自来水企业中，与行业最息息相关、最重要的固定资产之一就是水表。固定资产一般具有使用年限较长、单位价值较高的特点。而各类水表使用年限一般都较长，根据行业规则，不同类型的水表使用年限不同，为了保证使用的安全性和准确性，到了一定使用年限需要强制报废。很多水表单位价值相当高，如大口径水表、远传水表、电磁水表。自来水企业的水表品种多、数量大、价值高，符合固定资产的定义条件。

（2）固定资产的初始计量

1）固定资产初始计量的原则

固定资产应当按照成本进行初始计量。

固定资产的成本，是指企业购建某项固定资产达到预定可使用状态前所发生的一切合理、必要的支出。这些支出包括直接发生的价款、运杂费、包装费和安装成本等，也包括间接发生的，如应承担的借款利息、外币借款折算差额以及应分摊的其他间接费用。

对于特殊行业的特定固定资产，确定其初始入账成本时还应考虑弃置费用。弃置费用通常是指根据国家法律和行政法规、国际公约等规定，企业承担的环境保护和生态恢复等义务所确定的支出，如核电站核设施的弃置和恢复环境等义务。对于这些特殊行业的特定固定资产，企业应当按照弃置费用的现值计入相关固定资产成本。

2）不同方式取得的固定资产的初始计量

① 外购固定资产

企业外购固定资产的成本，包括购买价款、相关税费使固定资产达到预定可使用状态前所发生的可归属于该项资产的运输费、装卸费、安装费和专业人员服务费等。外购固定资产分为购入不需要安装的固定资产和购入需要安装的固定资产两类。以一笔款项购入多项没有单独标价的固定资产，应当按照各项固定资产的公允价值比例对总成本进行分配，分别确定各项固定资产的成本。

购买固定资产的价款超过正常信用条件延期支付，实质上具有融资性质的，固定资产的成本以购买价款的现值为基础确定。实际支付的价款与购买价款的现值之间的差额，应当在信用期间内采用实际利率法进行摊销，摊销金额除满足借款费用资本化条件应当计入固定资产成本外，均应当在信用期间内确认为财务费用，计入当期损益。

② 自行建造固定资产

自行建造固定资产，按建造该项资产达到预定可使用状态前所发生的必要支出，作为入账价值。其中，"建造该项资产达到预定可使用状态前所发生的必要支出"，包括工程用物资成本、人工成本、交纳的相关税费、应予资本化的借款费用以及应分摊的间接费用等。企业为在建工程准备的各种物资，应按实际支付的购买价款、增值税税额、运输费、保险费等相关税费，作为实际成本，并按各种专项物资的种类进行明细核算。应计入固定资产成本的借款费用，应当按照"借款费用"的有关规定处理。

企业自行建造固定资产包括自营建造和出包建造两种方式。

第一种，企业为在建工程准备的各种物资，应当按照实际支付的买价、不能抵扣的增值税税额、运输费、保险费等相关税费，作为实际成本，并按照各种专项物资的种类进行明细核算。

工程完工后剩余的工程物资，如转作本企业库存材料，按其实际成本或计划成本转作企业的库存材料。存在可抵扣增值税进项税额的，应按减去增值税进项税额后的实际成本或计划成本，转作企业的库存材料。

盘盈、盘亏、报废、毁损的工程物资，减去保险公司、过失人赔偿部分后的差额；工程项目尚未完工的，计入或冲减所建工程项目的成本；工程已经完工的，计入当期营业外收支。

第二种，在建工程应当按照实际发生的支出确定其工程成本，并单独核算。

企业的自营工程，应当按照直接材料、直接人工、直接机械施工费等计量；采用出包工程方式的企业，按照应支付的工程价款等计量。设备安装工程，按照所安装设备的价值、工程安装费用、工程试运转等所发生的支出等确定工程成本。工程达到预定可使用状态前因进行负荷联合试车所发生的净支出，计入工程成本。企业的在建工程项目在达到预定可使用状态前所取得的负荷联合试车过程中形成的、能够对外销售的产品，其发生的成本，计入在建工程成本，销售或转为库存商品时，按其实际销售收入或预计售价冲减工程成本。

在建工程发生单项或单位工程报废或毁损，减去残料价值和过失人或保险公司等赔款后的净损失，工程项目尚未达到预定可使用状态的，计入继续施工的工程成本；工程项目已达到预定可使用状态的，属于筹建期间的，计入管理费用，不属于筹建期间的，计入营业外支出。如为非正常原因造成的报废或毁损，或在建工程项目全部报废或毁损，应将其净损失直接计入当期营业外支出。

所建造的固定资产已达到预定可使用状态，但尚未办理竣工决算的，应当自达到预定可使用状态之日起，根据工程预算、造价或者工程实际成本等，按估计价值转入固定资产，并按有关计提固定资产折旧的规定，计提固定资产折旧。待办理了竣工决算手续后再作调整。

3）租入的固定资产

融资租赁，是指实质上转移了与资产所有权有关的全部风险和报酬的租赁。其所有权最终可能转移，也可能不转移。在融资租赁方式下，承租人应于租赁开始日将租赁开始日租入固定资产公允价值与最低租赁付款额现值两者中较低者作为租入固定资产入账价值，将最低租赁付款额作为长期应付款的入账价值，其差额作为未确认融资费用。

4）其他方式取得的固定资产

投资者投入固定资产的成本，应当按照投资合同或协议约定的价值确定，但合同或协议约定价值不公允的除外。

非货币性资产交换、债务重组等方式取得的固定资产的成本，应当分别按照"非货币性资产交换"和"债务重组"的有关规定确定。

7.1.3 固定资产的折旧与减值

（1）固定资产的折旧

1）折旧的概念

固定资产的折旧是指在固定资产的使用寿命内，按确定的方法对应计折旧额进行的系统分摊。

使用寿命是指固定资产预期使用的期限。有些固定资产的使用寿命也可以用该资产所能生产的产品或提供的服务的数量来表示。

应计折旧额是指应计提折旧的固定资产的原价扣除其预计净残值后的余额；如已对固定资产计提减值准备，还应扣除已计提的固定资产减值准备累计金额。

企业应当根据与固定资产有关的经济利益的预期实现方式，合理选择固定资产折旧方法。

可选用的折旧方法包括年限平均法、工作量法、双倍余额递减法和年数总和法等。固定资产的折旧方法一经确定，不得随意变更。固定资产应当按月计提折旧，并根据其用途计入相关资产的成本或者当期损益。

当月增加的固定资产，当月不计提折旧，从下月起计提折旧；当月减少的固定资产，当月仍计提折旧，从下月起停止计提折旧。固定资产提足折旧后，不管能否继续使用，均不再提取折旧；提前报废的固定资产，也不再补提折旧。

净值也称折余价值，是指固定资产的原始价值或重置完全价值减去已提折旧后的净额。固定资产净值可以反映企业一定时期固定资产尚未磨损的现有价值和固定资产实际占用的资金数额。将净值与原始价值相比，可反映企业当前固定资产的新旧程度。

企业至少应当在每年年末，对固定资产的使用寿命、预计净残值和折旧方法进行复核。使用寿命预计数与原先估计数有差异的，应当调整固定资产使用寿命。预计净残值预计数与原先估计数有差异的，应当调整预计净残值。与固定资产有关的经济利益预期实现方式有重大改变的，应当改变固定资产折旧方法。固定资产使用寿命、预计净残值和折旧方法的改变应当作为会计估计变更。

2）折旧方法

① 年限平均法

又称直线法，是指将固定资产的应计折旧额均衡地分摊到固定资产预计使用寿命内的一种方法。采用这种方法计算的每期折旧额均相等。计算公式如下：

$$年折旧率＝(1－预计净残值率)÷预计使用寿命（年）×100\%$$
$$月折旧率＝年折旧率÷12$$
$$月折旧额＝固定资产原价×月折旧率 \tag{7-1}$$

② 工作量法

工作量法是根据实际工作量计算每期应提折旧额的一种方法。计算公式如下：

$$单位工作量折旧量折旧额＝固定资产原价×(1－预计净残值率)/预计总工作量$$
$$某项固定资产月折旧额＝该项固定资产当月工作量×单位工作量折旧额 \tag{7-2}$$

③ 年数总和法

年数总和法是将固定资产的原值减去残值后的净额乘以一个逐年递减的分数计算每年的折旧额。计算公式如下：

$$年折旧率＝(折旧年限－已使用年数)÷[折旧年限×(折旧年限＋1)÷2]×100\%$$
$$月折旧额＝(固定资产原值－预计净残值)×月折旧率 \tag{7-3}$$

④ 双倍余额递减法

双倍余额递减法是在不考虑固定资产残值的情况下，按双倍直线折旧率和固定资产净值来计算折旧的方法。计算公式如下：

$$年折旧率＝2÷折旧年限×100\%$$
$$月折旧率＝年折旧率÷12$$
$$月折旧额＝固定资产账面净值×月折旧率 \tag{7-4}$$

采用此法，应当在其固定资产折旧年限到期前两年内，将固定资产净值扣除预计净残值后的净额平均摊销。

（2）固定资产的减值

固定资产发生损坏、技术陈旧或者其他经济原因，导致其可收回金额低于其账面价值，这种情况称之为固定资产减值。如果固定资产的可收回金额低于其账面价值，应当按可收回金额低于其账面价值的差额计提减值准备，并计入当期损益。

对于固定资产减值准备，会计准则规定：企业的固定资产应当在期末时按照账面价值与可收回金额孰低计量，对可收回金额（指资产的销售净价，与预期从该资产的持续使用和使用寿命结束时的处置中形成的预计未来现金流量的现值进行比较，两者之间较高者）低于账面价值的差额，应计提固定资产减值准备。因此计提减值基本思路是，固定资产的账面价值与可收回金额相比。如果账面价值大于可收回金额，需要计提资产减值准备；如果账面价值小于可收回金额，则无须计提资产减值准备。账面价值是指账面余额减去相关的备抵项目后的净值。账面价值不等于净值，固定资产原价扣除累计折旧后为净值，净值再扣除减值准备后为账面价值（净额）。账面余额是指账面实际余额，不扣除作为备抵的项目，如累计折旧、减值准备等，可收回金额的确认采用孰高原则。

7.1.4　固定资产后续支出

固定资产后续支出，是指固定资产在使用过程中发生的更新改造支出、修理费用等。

与固定资产有关的更新改造等后续支出，符合固定资产确认条件的，应当计入固定资产成本，同时将被替换部分的账面价值扣除。固定资产发生的可资本化的后续支出，通过

"在建工程"科目核算。待固定资产发生的后续支出完工并达到预定可使用状态时,再从在建工程转为固定资产,并按重新确定的使用寿命、预计净残值和折旧方法计提折旧。

与固定资产有关的修理费用等后续支出,不符合固定资产确认条件的,应当根据不同情况分别在发生时计入当期管理费用或销售费用。

7.2 水费统计和财务报表

水费统计,是按照实际业务和财务的需要,对于当期各类水量及水费的统计和汇总。水量统计中,"水量"是指关于自来水企业中围绕主营业务收入所对应水量的一切相关水量,包括正常抄见发行水量、补发行水量、核减/退水量、恢复欠费水量等。这些水量的分类、归集、处理,最后形成水费统计报表,交由财务部门进行账务处理和验证、核对。

水费统计的结果由各类水费统计报表来体现。

在大多数自来水企业中,水费统计报表有以下几种:

(1)水量收入发行报表

水量收入发行报表是反映一段时间内自来水企业水量收入的情况,可以按照企业需求以用水类别或其他抄见类别进行区分,便于归纳总结,见表7-3。

某水务公司某月居民用户水量发行收入报表　　　　　　　表 7-3

部门:×收费点　　　　　　　　　　　　　　　　　　发行日期:2018-05-01 至 2018-05-31

用水类别	单价	抄见水量		合计水量	合计金额	收入	
		正常	补发			水量	水费
一类水		3433374	3279	3436653	4966114.17	3436653	4821470.07
自用水				0	0	0	0
一阶梯	1.42	3372636	3279	3375915	4793799.3	3375915	4654174.08
二阶梯	2.13	40577	0	40577	86429.01	40577	83911.66
三阶梯	4.26	20161	0	20161	85885.86	20161	83384.33
折让收入	—	—	—		0.00		0
二类水	1.67	34798	0	34798	58112.66	34798	56420.06
三类水	1.67	166415	353	166768	278502.56	166768	270390.83
四类水				0	0	0	0
五类水	2.65	574		574	1521.1	574	1476.8
六类水	1.57	53701	0	53701	84310.57	53701	81854.92
合计	—	3688862	3632	3692494	5388561.06	3692494	5231612.68
税金合计	175782.19					税金:	175782.19

从表7-3可以看出,水量发行收入报表全部为当期数据,按照不同时期单价分水量、金额进行统计、计算,同时,将收入与税金进行区分,为后续财务人员进行收入的入账处理提供了数据支持。

(2)非抄见补收回收报表(台账)

非抄见补收回收报表(台账)主要反映自来水企业在常规水费抄见发行之外进行的补收水费汇总报表(台账),见表7-4。

非抄见补收水费回收台账　　　　表 7-4

部门：×收费点　　　　2018-05-01 2018-05-31

价格	4月		月		月	
	户数	水量	户数	水量	户数	水量
1.42A0	3	14581				
1.67B0	1	3364				
2.65F0	2	2342				
合计	6	20287				
水费金额	32529.2		0		0	
项目	代收税金		季加 0.05（三）			
金额	95.13		0			
项目	水厂建设费		污水处理费		城市附加	
金额	0		11126.7		0	

合计：44892.23

从表 7-4 可以看出，非抄见补收回收报表（台账）全部为当期数据，按照不同时期单价分水量、金额进行统计、计算，同时，将各项代收费用予以列示。

（3）核减/退台账

核减/退台账反映的是日常业务部门根据实际需要办理核减/退情况的统计报表。当期核减/退数据影响着当期的企业水费收入情况，见表 7-5。

核减/退水量回收台账　　　　表 7-5

部门：×收费点　　　　用户类别：居民用户水表　　　　收费日期：2018-05-01～2018-05-31

类别	2018-01-01～2018-04-30		2017-06-01～2017-12-31		2017-01-01～2017-05-31		2015-01-01～2015-06-27	
	户数	水量	户数	水量	户数	水量	户数	水量
一类水								
二类水								
三类水								
合计								
水费金额								
项目	违约金		季加 0.05（三）		季加 0.1（四）		风险基金	
金额								
项目	水厂建设费		污水处理费		水资源费		省专项费	
金额								

合计金额　　　　趸售总额　　　　制表人　　　　制表时间

核减/退水量回收台账中的数据已不完全是当期数据，还包括往月、往年的数据，按照“收入”核算的思想，只有当年的核减/退数据对本月的收入造成冲减，往年的数据只影响财务报表中的应收账款（水费欠费）。

以上统计报表已构成基本的水费收入模式：

当月水费收入＝当月水量发行收入＋当月补发行收入－当年核减/退收入　（7-5）

这种水费收入模式，也为财务进行水费收入的会计核算提供了依据。

（4）财务报表

财务报表，是把财务会计系统加工生成的历史信息传递给信息使用者的手段。财务报表的使用者主要是作为宏观经济管理者的国家、企业的投资者（管理层）和债权人、股东等。财务报表所提供的历史信息，对企业内部的经营管理部门进行决策和控制也起着重要作用。

财务报表主要包括：资产负债表、损益表、现金流量表、财务状况变动表（或股东权益变动表）和财务报表附注。

1）资产负债表（表7-6）。它反映企业资产、负债及资本的期末状况、长期偿债能力、短期偿债能力和利润分配能力等。

资产负债表 表7-6

单位： 日期： 单位：元

资产	行次	年初数	期末数	负债及所有者权益	行次	年初数	期末数
流动资产：	1			流动负债：	42		
货币资金	2			短期借款	43		
交易性金融资产	3			交易性金融负债	44		
应收票据	4			应付票据	45		
应收账款	5			应付账款	46		
预付款项	6			预收款项	47		
应收股利	7			应付职工薪酬	48		
应收利息	8			其中：应付工资	49		
其他应收款	9			应付福利费	50		
减：坏账准备	10			应交税费	51		
存货	11			其中：应交税金	52		
其中：原材料	12			应付利息	53		
库存商品	13			应付股利（应付利润）	54		
持有待售资产	14			其他应付款	55		
一年内到期的非流动资产	15			持有待售负债	56		
其他流动资产	16			一年内到期的非流动负债	57		
流动资产合计	17			其他流动负债	58		
非流动资产：	18			流动负债合计	59		
可供出售金融资产	19			非流动负债：	60		
持有至到期投资	20			长期借款	61		
长期应收款	21			应付债券	62		
长期股权投资	22			长期应付款	63		
投资性房地产	23			专项应付款	64		
固定资产：	24			预计负债	65		
固定资产原价	25			递延税款负债	66		
减：累计折旧	26			其他非流动负债	67		
固定资产净值	27			非流动负债合计	68		
减：固定资产减值准备	28			上级拨入资金	69		
固定资产净额	29			负债合计	70		
工程物资	30				71		
在建工程	31				72		
固定资产清理	32			所有者权益：	73		
固定资产合计	33			实收资本（股本）	74		

续表

资产	行次	年初数	期末数	负债及所有者权益	行次	年初数	期末数
无形资产	34			资本公积	75		
开发支出	35			盈余公积	76		
长期待摊费用	36			未分配利润	77		
递延税款资产	37			外币报表折算差额	78		
其他长期资产	38			其他综合收益	79		
无形资产及其他资产合计	39			少数股东权益	80		
拨付所属资金	40			所有者权益合计	81		
资产总计	41			负债及所有者权益合计	82		

2）损益表（或称利润表，见表 7-7）。它反映本期企业收入、费用和应该记入当期利润的利得和损失的金额及结构情况。

损益表（利润表）　　　　　　　　　　　　　　　　表 7-7

企业名称：　　　　　　　　　　日期：　　　　　　　　　　单位：元

项目	行次	本年金额		上年同期金额	
		本月数	累计数	本月数	累计数
一、营业收入	1				
其中：主营业务收入	2				
其他业务收入	3				
减：营业成本	4				
其中：主营业务成本	5				
其他业务成本	6				
营业税金及附加	7				
城市公用附加	8				
销售费用	9				
管理费用	10				
财务费用	11				
其中：利息支出	12				
利息收入	13				
汇兑损益	14				
资产减值损失	15				
加：公允价值变动收益（损失以"-"填列）	16				
投资收益（损失以"-"填列）	17				
二、营业利润（亏损以"-"填列）	18				
加：营业外收入	19				
其中：补贴收入	20				
减：营业外支出	21				
其中：非流动资产处置损失	22				
三、利润总额（亏损以"-"填列）	23				
减：所得税费用	24				
加：未确认投资损失	25				
四、净利润	26				

项目	行次	本年金额		上年同期金额	
		本月数	累计数	本月数	累计数
归属于母公司所有者的净利润	27				
少数股东损益	28				
加：期初未分配利润	29				
其他转入	30				
减：以前年度损益调整	31				
五、可供分配的利润	32				
减：提取法定盈余公积	33				
当期分配利润	34				
六、可供投资者分配的利润	35				
减：应付优先股股利	36				
提取任意盈余公积	37				
应付普通股股利	38				
转作资本（或股本）的普通股股利	39				
七、未分配利润	40				

编制人：　　　　　　　　　　　　　　　　　　　　　　　　　编制日期：

3）现金流量表。它反映企业现金流量的来龙去脉，当中分为经营活动、投资活动及筹资活动三部分，见表 7-8。

现金流量表　　　　　　　　　　　　　　　表 7-8

单位：　　　　　　　　　　　　　　　　　　　　　　　　　　单位：万元

项目	行次	金额
经营活动产生的现金流量：	1	
销售商品、提供劳务收到的现金	2	
收到的税费返还	3	
收到其他与经营活动有关的现金	4	
经营活动现金流入小计	5	
购买商品、接受劳务支付的现金	6	
支付给职工以及为职工支付的现金	7	
支付的各项税费	8	
支付其他与经营活动有关的现金	9	
经营活动现金流出小计	10	
经营活动产生的现金流量净额	11	
投资活动产生的现金流量：	12	
收回投资收到的现金	13	
取得投资收益收到的现金	14	
处置固定资产、无形资产和其他长期资产收回的现金净额	15	
处置子公司及其他营业单位收到的现金净额	16	
收到其他与投资活动有关的现金	17	
投资活动现金流入小计	18	

续表

项目	行次	金额
购建固定资产、无形资产和其他长期资产支付的现金	19	
投资支付的现金	20	
取得子公司及其他营业单位支付的现金净额	21	
支付其他与投资活动有关的现金	22	
投资活动现金流出小计	23	
投资活动产生的现金流量净额	24	
筹资活动产生的现金流量：	25	
吸收投资收到的现金	26	
取得借款收到的现金	27	
收到其他与筹资活动有关的现金	28	
筹资活动现金流入小计	29	
偿还债务支付的现金	30	
分配股利、利润或偿付利息支付的现金	31	
支付其他与筹资活动有关的现金	32	
筹资活动现金流出小计	33	
筹资活动产生的现金流量净额	34	
汇率变动对现金的影响	35	
现金及现金等价物净增加额	36	
期初现金及现金等价物余额	37	
期末现金及现金等价物余额	38	

4）所有者权益变动表（表 7-9）。它反映本期企业所有者权益（股东权益）总量的增减变动情况，还包括结构变动的情况，特别是要反映直接记入所有者权益的利得和损失。

所有者权益变动表　　　　　　　　表 7-9

编制单位：　　　　　　　　　　　　　　　　　　　　　　　单位：元

项目	本年金额						上年金额					
	实收资本（或股本）	资本公积	减：库存股	盈余公积	未分配利润	所有者权益合计	实收资本（或股本）	资本公积	减：库存股	盈余公积	未分配利润	所有者权益合计
一、上年年末余额												
加：会计政策变更												
前期差错更正												
二、本年年初余额												
三、本年增减变动金额（减少以"-"号填列）												
（一）净利润												
（二）直接计入所有者权益的利得和损失												

续表

项目	本年金额						上年金额					
	实收资本（或股本）	资本公积	减：库存股	盈余公积	未分配利润	所有者权益合计	实收资本（或股本）	资本公积	减：库存股	盈余公积	未分配利润	所有者权益合计
1. 可供出售金融资产公允价值变动净额												
2. 权益法下被投资单位其他所有者权益变动的影响												
3. 与计入所有者权益项目相关的所得税影响												
4. 其他												
上述（一）和（二）小计												
（三）所有者投入和减少资本												
1. 所有者投入资本												
2. 股份支付计入所有者权益的金额												
3. 其他												
（四）利润分配												
1. 提取盈余公积												
2. 对所有者（或股东）的分配												
3. 其他												
（五）所有者权益内部结转												
1. 资本公积转增资本（或股本）												
2. 盈余公积转增资本（或股本）												
3. 盈余公积弥补亏损												
4. 其他												
四、本年年末余额												

　　5）财务报表附注一般包括如下项目：企业的基本情况、财务报表编制基础、遵循企业会计准则的声明、重要会计政策和会计估计、会计政策和会计估计变更及差错更正的说明和重要报表项目的说明。

　　（5）水费统计与财务报表的关系

　　水费统计是编制财务报表的重要基础之一，水费统计报表是财务报表的重要依据之一，财务报表中的收入体现水费统计中的业务数据。两者是互相关联、互相验证的关系。

7.3　会计学与水费账务关系

7.3.1　财务核算的特点、内容和科目设置

（1）财务核算的特点

一般来说，在自来水企业中，营业所负责对水表的抄见、水量的发行、水费的回收处理，不具备法人资格，不进行独立核算。因此，营业所的财务核算有以下几个特点：

1）作为非独立核算的机构部门，财务核算的内容只反映经营成果的会计要素（包括收入、费用，有的不包括利润）。相应的账务处理中的会计科目设置：应收账款、主营业务收入、管理费用、应交税费（应交增值税及附加）、其他业务收入、营业外收入、本年利润、其他业务成本、营业外成本等，不设置所有者权益、未分配利润等独立法人企业应设置的会计科目。

2）财务核算的程度仅包括会计核算全过程中的部分环节，财务核算只包括自来水销售、确认收入、确认费用、确认税金等环节，不包括之前的自来水产品生产和之后的利润分配等过程。

3）在自来水销售部门的会计核算流程重点一般为：自来水收入的确认、应收账款的核算、各种费用的配比、税金的核算以及营业外收入/成本与其他业务收入/成本的确认。

4）营业所的水费账务处理以营业收费系统的报表数据为依据，账表、账实、表实之间两两对应，互相验证。

5）账务处理的结果为企业提供数据支持，反映企业的经营状况，企业照此进行分析对比，对于自来水销售收入的提高、应收账款的回收以及费用的合理合规利用都起着指导作用。

（2）财务核算的内容和科目设置

1）水费销售收入

水费销售收入主要是自来水收入，应设置"主营业务收入"科目，用于核算当期的销售收入金额和数量。

2）应交税费

应交税费中包括应交增值税及附加（城市建设税和教育费附加），2016 年国家税务总局的"营改增"税制改革后，已不存在"营业税"项目。

3）销售成本

自来水销售成本包括销售费用、管理费用、财务费用等，相应地设置"销售费用""管理费用""财务费用"科目分别核算。

各企业可以根据自己单位的实际情况在一级科目下再进行细化区分，设置二级、三级等科目，以满足核算的需要。

4）产品销售利润

产品销售利润为产品销售收入减去产品销售成本及费用、税金后的净收入，采用"本年利润"科目进行核算。

此处的利润只是本营业所作为产品收入这一个环节的利润情况，是整个自来水企业总利润的一部分。

有些地区的自来水企业，其营业所不再进行单一自来水销售环节利润的核算，而由集团公司进行统一合并核算。

5）水费销售之外的收入与成本

有些地区的自来水企业在销售自来水之外，还收取自来水缴费卡的补卡费用，这部分收入就列入"其他业务收入"进行核算，相应的企业购买自来水缴费卡的费用就列入"其他业务成本"科目。

企业收取的用户缴纳的用水违约金，应设置"营业外收入"进行确认。

6）应收账款

应收账款作为自来水企业中最重要的考核指标之一，由企业纳入"应收账款"科目进行核算，同时应按年限进行区分，以便于后期进行账龄分析。

7.3.2　财务核算的顺序

（1）确认销售收入

根据权责发生制原则，自来水收入以销售行为的发生时点作为收入确认的时点，在营业收费系统中生成此时点的水费收入报表，并以此作为账务处理的依据。在确认自来水收入的同时，确定了对应的应交税费（增值税），分录如下：

借：应收账款

　　贷：主营业务收入

　　　　应交税费——增值税

应收账款与主营业务收入在进行账务处理时应考虑到水量，作为业务数据在财务报表中的准确、完整体现。

（2）应收账款的回收

销售收入产生后，自来水用户通过各种缴费途径进行了水费的缴纳，使应收账款得以回收，业务上水费欠费得以消减。财务人员根据营业收费系统中的回收报表进行应收账款回收的财务处理。分录如下：

借：现金；

　　银行存款

　　贷：应收账款

在很多地区的自来水企业中，会存在营业部下设若干办事处的情况，每个办事处为一个收费点，所有收费点的账务处理由营业部统一进行核算。在此，可以按照如下分录进行操作：

借：现金；

　　银行存款

　　贷：其他应收款——收费点

借：其他应收款——收费点

　　贷：应收账款

在上面两个分录中，"其他应收款——收费点"作为一个中间科目，进行了抵消，在当期月末应该为 0。这样做，看似繁琐，实则把各收费点的业务报表情况与实际货币收取及欠费情况进行了对应验证，便于检验各收费点报表的准确性。同时，由于庞大的资金收入与众多不同类别、不同年份的应收账款明细项，这样的拆分，便捷了财务人员的凭证编制。

（3）成本的确认

一般情况下，产生成本费用时计入相应的科目，当期结束时结转如本年利润科目，期末销售费用、管理费用和财务费用均无余额。

以管理费用为例，分录如下：

发生时：

借：管理费用

　　贷：现金；

　　　　银行存款

结转时：

借：本年利润

　　贷：管理费用

上文提到，在有些单位，其营业所不再进行单一自来水销售环节利润的核算，而由集团公司进行统一合并核算。在这种情况下，企业设置"其他应付款——基层往来"科目，相关费用结转入此科目，集团公司与之做对应的方向，月末核对一致，分录如下：

发生时：

借：管理费用

　　贷：现金；

　　　　银行存款

结转时：

借：其他应付款——基层往来

　　贷：管理费用

（4）结转利润

期末，在销售收入、费用、税金都已经记录完整、清楚后，进行借贷方抵消后的差额即为本期利润，分录如下：

结转收入：

借：主营业务收入

　　贷：本年利润

结转税费：

借：本年利润

　　贷：应交税费——增值税及附加

结转费用：如上文，即：

借：本年利润

　　贷：销售费用；

　　　　管理费用；

　　　　财务费用

7.3.3　成本控制

自来水企业的成本控制除了一般企业日常内部成本的耗费外还有一部分是自来水在销售、管理中发生的相关的财务费用。在上一节中已提到，可采用对应的会计科目进行核算。

建议采用按年预算，按月配比提请资金计划的模式，根据每年的预算，按照每期的实际工作状况进行成本费用的配比，提前进行资金计划的申报，当期按照资金计划进行成本费用的支出。

资金计划可以保证10%的浮动率，这样既考虑了突发情况，又满足了实际需要，同时避免了资金的闲置或浪费。

7.3.4　财务核算信息的运用

财务核算信息的产生是一个连贯不停的过程，既是对过去经营和经营成果的归纳总结，也是下一个生产经营及销售环节政策制定的依据。

财务指标、财务报表、财务分析等从财务角度分析了企业的运营状况，这些财务数据和报告为企业发现问题、解决问题、更好地完成上级指标发挥着重要的作用。

7.4　水费账务与财务的关系

7.4.1　水价的构成

水费单价即"水价"，一般来说，由纯水价、污水处理费、水资源费及各项税金等合并组成。

水价，按照使用的职业类别的不同，分为民用水和非民用水。民用水中，我国绝大多数地区实行阶梯水价的计价模式。"阶梯水价"的基本特点是用水越多，水价越贵。阶梯水价采取以家庭为单位，一定人口范围内的家庭，用水量每上一个阶梯，单价上浮一定幅度的计价方式。目的是为了充分发挥市场、价格因素在水资源配置、水需求调节等方面的作用，拓展水价上调的空间，增强企业和居民的节水意识，避免水资源的浪费。非民用水中，各地的自来水企业根据自身情况划分为行政事业、特种用水等各种类别，其水价体现行业特点，各不相同。

7.4.2　水费账务与财务的关系

水费账务与自来水企业财务管理密不可分。自来水企业的财务处理中有相当一部分科目与水费业务一一对应，记账方式采取"借""贷"平衡的原理，财务处理的依据是水费账务的各项原始数据和月度汇总表，体现了自来水企业的主营业务状况。

当期的水费由抄表人员抄录并导入系统中后，自来水的水量发行已事实存在，即当期自来水已实现销售。从资金运动的角度来看，销售表现为从产品——自来水到货币资金的转化过程。只有产品——自来水已转交用户使用，企业的经营成果才得到承认，企业的销售行为才实际发生，从而转化为货币资金的行为才能实现，这个过程的循环往复推动企业不断进行可持续再生产及自身发展。所以说，自来水的销售及销售收入的回收，对自来水企业的再生产和持续发展壮大很重要。销售的及时与收入回收的及时，可以推动以上流程的更快进行。

为了进行水费销售和收入的核算，保证数据的及时、准确、有效的处理，自来水企业的财务部门都会对自来水主营业务进行专项核算，有些地方的自来水企业财务部门专门设置了水费会计和账务会计进行分工核算，其主要工作内容是开账、收账、销账、结算余额、核对欠费报表（具体业务内容见第 8 章），分工核算可以起到互相监督、稽核数据的作用。对水费进行专项核算可以及时、全面、准确地反映水费收入、欠费情况的增减变化，对于回收水费、加强资金周转、提高企业经济效益有很大帮助，同时，对于企业后续经营方针的制定可以起到指导作用。

目前，全国各地自来水企业处理水费账务主要采取手工处理和计算机处理的方式。

7.5　收款

7.5.1　收款方式

目前，"应收账款期末余额"即期末水费欠费总额是自来水企业内部的重要考核指标，同时，也影响着企业的资金周转速度和运营情况。当期水费抄见发行后，需将欠费及时收回。如何更加快速有效地进行水费的回收是自来水企业需要思考和探索的问题。

目前，自来水企业可以采用的收款方式大致有：自来水企业自行收款、第三方代为收款、网上收款、用户通过网上银行直接汇款。分述如下：

（1）自来水企业自行收款

自来水企业的自行收款目前有两种情况，即网点柜面收费和上门收费。

1）网点柜面收费

为了方便用户及时缴纳水费，自来水企业通常在供水范围内根据地区设置营业网点或柜面收取水费。每个营业网点或柜面除收取本地区的水费外，还可以兼收供水范围内其他地区的水费。

目前，网点柜面可供选择的收费方式有：支票、现金、POS 机刷卡、微信支付宝等移动支付。

收款人员根据营业收费系统（以下简称"营收系统"）中用户已出账单收取用户款项，唱收唱付，钱款当面结清。同时，根据用户采用的现金、支票、POS 刷卡、微信支付宝等缴费情况在营收系统中选择类别，分类收费。如果用户缴纳的是支票，建议用户在支票背面下角用铅笔留下联系方式，便于退票时加以联络以追缴水费。收费员需要在营收系统中录入用户出票银行和支票号。收款后打印发票，并在发票上加盖"收讫"字样印章后递交给用户。发票存根联由收款人员保存。

当天收款结束后，通过营收系统打印个人当天收费报表，由每位收款员核对现金、支票、POS 机、微信支付宝收款情况是否与实际一致。将当天收入的现金填写"现金缴款单"，将收取的支票填写"支票进账单"，用专用包裹封装好，等待银行收账人员上门收取，或自行前往开户银行进行缴款入账。将以上单据回执与当天的 POS 机刷卡单和个人收费报表归集、整理好，作为当天的收费凭证上交财务进行会计处理。

收缴用户支票时有时会发生退票的情况，造成退票的原因大致有：对方银行存款不足；账号与户名不相符；金额大小写不相符；支票进账单与支票金额不相符；使用的笔墨不符合银行要求等。

对于用户支票退票，由经办网点和经办收款人员进行水费追缴，一般当月退票，次月需追缴完毕。存在往期欠费或退票未处理的用户，原则上不可进行下一期水费收费。对于长期退票且追欠困难的用户，业务人员应及时办理"恢复欠费"手续，重新确认应收账款，以免造成欠费已收回的假象，同时加强追欠力度。

随着移动支付的大力发展，自助缴费机也在进入民生领域。自助缴费机的收款模式有刷卡、微信支付宝移动缴费、现金缴费等，用户可以在自助缴费机上进行缴费及发票打印操作。该机器功能全面、占地较小、操作便捷，既方便了用户，又减少了柜面排队的状况，使柜员收费压力大大降低，同时能提高服务质量。

2）上门收费

由于供水范围内有些小区还没有进行抄表到户改造，在改造前期，需要将往期水费收缴完毕，自来水企业通常采用定时定点上门收费的方式进行收款。即自来水企业提前通知某小区上门收费的时间和地点，在约定时间内摆摊收取水费，这种收费方式可以主动将往期欠费进行追缴回收，同时，便于后期用水改造的进行。

（2）第三方代为收款

第三方代为收款主要为银行代收和第三方零售渠道代收的方式。主要依托于其遍布的网点和便捷的渠道。

各大商业银行通常网点较多，尤其是农商银行、邮储银行等更是深入到城乡的每个角落，这些银行网点往往又承接着代收水、电、气等公用事业费用的便民任务。自来水企业的收费点无法做到遍地开花，且高峰时期柜面压力巨大，受时间、地点及用户主动性限制较高，资金回收及利用效率低。为了方便用户缴费并及时收回欠款，自来水企业通常委托银行等金融机构代为收取水费。自来水企业和银行约定固定的收费期间和钱款划账时间。

个人和企业都可以通过银行办理代扣代缴水费业务，只要用户账户中余额充足，就可以在第一时间进行扣款、销账，银行按照实际收款情况定时将款项汇入自来水企业的指定账户，同时提供收费报表供自来水企业进行账务核对。

有些公司比如某市水务集团有限公司，由于城市发展较快，水表用户增长也较快，而公司的网点设置已远远不能满足实际需要，用户付款难的情况比较突出。公司就委托一些商业网点，比如连锁型超市等零售渠道来收取水费，合作方式与银行代收基本相同。连锁型超市一般深入居民区，缴费人群多为家庭主妇或年长者，在缴费期间内，可以就近选择网点缴费，大大利于欠费的消减和资金的回收及再利用。自来水企业根据协议支付给上述企业一定的手续费。

利用第三方代为收取水费的模式，一方面降低自来水柜面收费压力、降低水费收取的运营成本（收费的人工工作量其实并未减轻，只是转嫁给第三方，且支付的手续费远低于由自来水企业自行收费的成本），另一方面加快了欠费的消减、缩短了资金的回收期限、提高了资金的周转率，进而提升了资金的使用效率。

（3）网上收款

随着网上支付的发展，支付宝、微信电子钱包、电信翼支付等收费方式异军突起，并且突破传统缴费方式的定时、定点的局限性，为用户缴费、自来水企业收缴欠费提供了便利。

这种收费方式，由自来水企业与运营商直连，在运营商的平台上嵌入水费收费模块，可以使用户直观地看到所欠水费金额，不受时间、地域限制，随时随地发起缴款行为。用户缴款后，其所欠水费实时销账完毕。自来水企业可以根据自身情况和后期规划发展，将电子发票构建入水费收费模块，这样，用户足不出户可以完成缴费、销账、拿票的一系列行为，快速便捷。

网上支付，正在逐渐发展成一种极具潜力的缴费方式，不仅仅是简单的"支付"行为，更可以给企业提供后期分析的大数据支持，是企业直接面向用户的最前沿平台。自来水企业可以在自己的手机 APP、微信公众号、第三方网络 APP 等网络平台上获取用户信息，推送用水通知、欠费通知、电子发票、水费异常处理情况等。用户可以从中获取自己的欠费信息、往期缴费情况、直接申诉用水异常情况、查询处理结果等，对自来水企业和用户实现了双赢。

网上支付的发展，给企业运营提供了新的机遇与启示，在未来的工作中，可以根据长、短期规划预设不同的通道，使不同业务、不同流程之间可以相辅相成、融通共畅。

（4）用户通过网上银行直接汇款

随着纸质媒介的逐渐隐退，支票等传统支付方式在渐渐没落，越来越多的用户采取网上银行直接汇款（以下简称"网银汇款"）的方式将水费直接汇入自来水企业的账户中，同时，用户带网银汇款回执前来，自来水企业在查询钱款确实到账后予以销账并开具自来水费发票。一般情况下，企业与银行的数据交换之间有时间差，可以请用户在汇款后的三个工作日后前来进行欠费核销，这样企业可以对错漏账目进行查找纠错，避免因时间差或数据交换造成钱款差错的发生。

网银汇款依赖于用户的自主行为，自来水企业需及时对账，对于银行收取企业未入账的钱款查找原因，并安排业务人员通知用户销账并打印自来水费发票，以便于消除欠费和确认收入。

7.5.2　自来水发票

（1）自来水企业冠名纸质发票

长期以来，在用户缴纳水费后，自来水企业给用户提供其自印冠名纸质发票，发票内容为：购买方（用户）户号、户名、地址、用水期间、用水数量及金额、水价类别、委托代收费用（水资源费、污水处理费、垃圾费等）情况、结余情况及水价阶梯情况等。随着国家税务总局税制改革的推进和增值税电子普通发票的推广，自来水企业冠名纸质发票正在逐渐退出使用范围。

（2）增值税电子普通发票

为进一步适应经济社会发展和税收现代化建设需要，根据《国家税务总局关于推行通过增值税电子发票系统开具增值税普通发票有关问题的公告》（国家税务总局公告 2015 年第 84 号）的有关规定，越来越多省市的自来水行业开始取消自制冠名纸质发票，而推行增值税电子普通发票业务。自来水企业的增值税电子普通发票是指通过增值税电子发票系统开具的，符合国家税务总局 2015 年第 84 号公告的票样和编码规范的增值税电子普通发票。适用范围为自来水企业供水范围内的一切用户，适用发票类型为增值税普通发票，不包括增值税专用发票，其法律效力、基本用途、基本使用规定等与税务机关监制的增值税普通发票及原自制冠名纸质发票相同。在推行增值税电子普通发票后，自来水企业将不再提供原自制冠名纸质发票。

增值税电子普通发票，是通过增值税发票系统升级版开具、上传，通过电子发票服务平台查询、下载的电子增值税普通发票，区别于传统纸质发票，是在原有加密防伪措施上，使用数字证书进行电子签章后供购买方下载使用。增值税电子普通发票的发票代码为12位，编码规则为：第1位为0，第2～5位代表省、自治区、直辖市和计划单列市，第6～7位代表年度，第8～10位代表批次，第11～12位代表票种（11代表电子增值税普通发票）。发票号码为8位，按年度、分批次编制。增值税电子普通发票的开票方和受票方需要纸质发票的，可以自行打印。

根据国家税务总局对于增值税电子普通发票的开票要求，单位用户在缴费时需提供准确的用户号、单位名称、统一社会信用代码（或税号）联系人手机号和账号及开户行、邮箱等信息，否则将无法开具增值税电子普通发票。

对于自来水企业来说，增值税电子普通发票不需要纸质载体，没有印制、打印、存储和邮寄等成本，企业可以节约相关费用。对于用户来说，消费者可以在发生交易的同时收取电子发票，并可以在税务机关网站查询验证发票信息，降低收到假发票的风险。同时发票随用随打印，对打印机和纸张没有限制，对打印次数没有限制，不用再担心发票丢失影响维权或报销，解决了纸质发票查询和保存不便的缺陷。推行电子发票，对降低纳税人经营成本，节约社会资源，方便消费者保存使用发票，营造健康公平的税收环境有着重要作用。企业通过增值税发票系统升级版开具增值税电子发票后，数据实时连接税务部门，税务人员可以及时对纳税人开票数据进行查询、统计、分析，及时发现涉税违法违规问题，有利于提高工作效率，降低管理成本。税务机关还可利用及时完整的发票数据，更好地服务宏观决策和经济社会发展。增值税电子普通发票业务对于购、销、监管等各方都是共赢，适合大力推广，如图7-1所示。

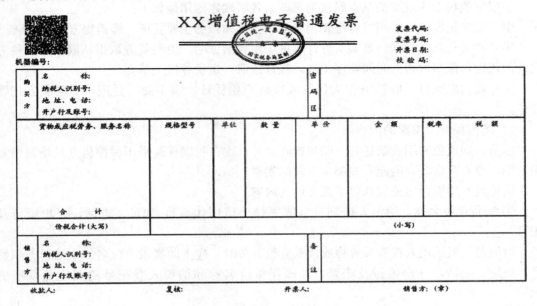

图 7-1 增值税电子普通发票

（3）增值税专用发票

1）增值税专用发票的开具要求

增值税专用发票是由国家税务总局监制设计印制的，只限于增值税一般纳税人领购使用的，既作为纳税人反映经济活动中的重要会计凭证，又是兼记销货方纳税义务和购货方进项税额的合法证明；是增值税计算和管理中重要的决定性的合法的专用发票，是增值税一般纳税人销售货物或者提供应税劳务开具的发票，是购买方支付增值税额并可按照增值税有关规定据以抵扣增值税进项税额的凭证。企业用户在缴纳水费之后往往需要获取增值税专用发票进行相关税费的抵扣。

增值税专用发票必须按下列规定开具：

① 项目填写齐全，全部联次一次填开，上、下联的内容和金额一致。

② 字迹清楚，不得涂改。如填写有误，应另行开具专用发票，并在误填的专用发票上注明"误填作废"四字。如专用发票开具后因购货方不索取而成为废票的，也应按填写有误办理。

③ 发票联和抵扣联加盖单位财务专用章或发票专用章，不得加盖其他财务印章。

④ 自来水企业为企业用户（包括公司、非公司制企业法人、企业分支机构、个人独资企业、合伙企业和其他企业）开具增值税普通发票时，应在"购买方纳税人识别号"栏填写购买方的纳税人识别号或统一社会信用代码。不符合规定的发票，不得作为税收凭证。

⑤ 购货方收到电子发票后，发生销货退回、销售折让、应税劳务取消，需开具红字电子发票的，应与蓝字发票一一对应，一次性全额红冲。

自来水企业可以在非报税期间安排时间给予缴费企业开具增值税专用发票，由于其反映的价格是不含税价在开票时，非税项目由于无法抵扣，需要以增值税普通发票的形式开具。

一般增值税专用发票的基本联次为三联，各联规定的用途如下：

第一联为记账联，是销货方核算销售额和销项税额的主要凭证，即销售方记账凭证。

第二联为税款抵扣联，是购货方计算进项税额的证明，由购货方取得该联后，按税务机关的规定，依照取得的时间顺序编号，装订成册，送税务机关备查。

第三联为发票联，收执方作为付款或收款原始凭证，属于商事凭证，即购买方记账凭证。

2）增值税专用发票的内容

以前，增值税专用发票还有三联和四联之分。现在我国普遍采用税控机开具增值税专用发票，没有存根联，因此一般都是三联的发票。

增值税专用发票主要包括以下几方面的内容：

① 购货单位名称，纳税人识别号（统一社会信用代码），地址、电话，开户银行及账号。

增值税一般纳税人在购买货物或接受应税劳务时，应主动提供单位名称，纳税人识别号，地址、电话，开户银行及账号，并确保单位名称和纳税人登记号的相应关系准确无误。

② 商品或劳务名称、计量单位、数量、单价、金额等。

销售单位在开具增值税专用发票时，应正确填写商品或劳务名称、计量单位、数量、单价、金额，不得漏填或随意填写。同时，供应两种不同税率的应税项目，且合并开具发票的，其商品或劳务的名称、计量单位、数量、单价、金额，必须按不同税率分别填写。对供应的货物既有应税货物，又有免税货物的，供应的免税货物应单独开具普通发票，不得和应税货物合并开具增值税专用发票。

③ 销货方单位名称，纳税人识别号，地址、电话，开户行及账号。

增值税一般纳税人在销售货物或提供应税劳务开具增值税专用发票时，应主动填写单位名称，纳税人识别号，地址、电话，开户银行及账号，并确保单位名称和纳税人登记号的相应关系准确无误。

④ 字轨号码。

销货单位开具增值税专用发票时，应按发票上的字轨号码的顺序和日期的顺序从前往后使用，不得跳号使用，不得拆本使用。

⑤ 开具时间。

⑥ 开票单位的发票专用章。

（4）企业用户开具增值税专用发票的流程如下：

1）首次申请开票

所开具的增值税发票名称与系统产权人相同的客户需提供：营业执照复印件、税务登记证复印件，组织机构代码复印件或者三证合一的营业执照复印件，且每份复印件上加盖公章。客户需写一份书面申请，注明户号、单位名称、税号、地址、电话、开户行、银行网点及账号，并加盖公章。凭以上信息至自来水企业开票柜面领取增值税开票申请单。

所开具的增值税发票名称与系统产权人不相同的客户需提供：除上述所需材料以外，还需携带水费分割单并加盖产权单位公章。

如产权单位与开票单位不一致且产权单位不存在，需凭工商局证明至自来水企业营业厅柜面申请过户，待产权人变更后，再申请增值税开票业务。

2）非首次开票

客户需提供：自来水发票、所开具的增值税发票名称与系统产权人不相同的客户需提供盖有产权单位公章的水费分割单，出示给开票人员，由开票人员根据表格进行发票分割。

7.6 水费销账

7.6.1 销账操作过程

销账工作即是对于每天由网点柜面、第三方代收、网上收费以及用户通过网银汇款等各种途径收取的账款，按照相应的用户信息和水费欠费信息进行欠费核销，从而消减欠费、统计和确认当期收入的业务过程。

目前各地自来水企业采用的主要是由营收系统直接销账和人工销账两种方法。

（1）营收系统直接销账

营收系统直接销账主要应用于第三方代收水费和网上收费的情况。用户通过第三方渠道即银行等金融机构或连锁型超市等零售渠道缴纳水费以后，第三方渠道通过与自来水企业的数据交换，实时将缴费信息传递回自来水企业的数据库中，从而在营收系统中直接核销欠费。在规定的收费期间内，第三方渠道将代为收取的水费款项汇入自来水企业指定的银行账户中。

根据自来水企业与第三方渠道签署的协议，由第三方渠道提供对账专员和对账报表，月末双方账目核对一致后，由自来水企业作为收入进行账务处理。出现长款与短款情况，双方共同查找原因，并予以纠正。

营收系统直接销账优点：

及时、准确地与第三方数据进行对接、核对，不需要人工手工进行比对、核销，大幅提高操作速度。

快速查找差错并纠正，省却人工销账的繁琐步骤。

自动生成报表，便于进行财务核算。

销账资料可以随时、快速打印，便于查找核对。

（2）人工销账

当用户到营业网点柜面、用户通过网银直接将水费款项汇入自来水企业的账户时，需要收费人员进行人工销账。

人工销账时，要注意以下几点：

1）是否有往期水费欠费，如有往期水费，请用户将往期水费结清后缴纳当期水费，原则上不跨越期间销账。

2）将当期水费欠费金额告知用户，同时收取用户相应金额或支票，支票需在营收系统中录入开户银行和支票号，若用户是网银汇款用户，要检查用户汇款单回执上时间是否与欠费期间一致。

3）接受用户缴纳的现金、支票、POS 机刷卡缴费或网银汇款回执时唱收唱付，尤其对于用户网银汇款回执上的金额要仔细核对，金额不一致时，在确认汇款期间和收款账号无误的情况下，对于多款开具暂收款，少款要求用户补齐或不予销账，支票退票后及时在营收系统中加以备注或恢复用户的欠费状态，后续进行欠费追缴。

4）水费发票原则上只开具一次，系统显示发票状态为"已开具"并备注了发票编号的缴费状态不再进行发票的补打，用户缴费后确未打印发票的，可以进行发票打印。

7.6.2　收费日报及欠费汇总表

（1）收费日报

收费日报表是以一个收费工作日为期间的销售水费收入的汇总报表，它是对于当天销账工作的总结，显示当天销账过程的结果。无论通过营收系统直接销账还是人工销账，在当天的销账工作结束后，都必须打印或填写收费情况日报表。

以下以某市水务公司的实际操作为例，说明收费日报表的样式和种类：

1）收款人当天收费凭证（见表 7-10）。

×收费点收费凭证   表 7-10

制表时间   流水号：   收费日期：

收费方式	笔数	金额	票据使用情况
现金			
POS			
支票			
合计			
支票送出			
支票回收			
暂收送出			
暂收回收			
微信			
支付宝			

收费人：   收账人：   会计：   时间：

这张报表左边列示了收费人当天收费方式、笔数、金额、保证金和暂收款情况，若收款人有其他未尽事宜，可以在右边空白处加以备注填列。下方签名栏中是收费人和账务交接人的交接情况。这张报表于每天收费工作结束后由收费人打印，与实际收款情况核对无误后于现金进账单回执、银行支票进账单回执、POS机刷卡单回执以及用户网银汇款回执等附件归集完整后，交予收账人从而转交水费会计进行账务处理。

2）个人开票收据清单

表 7-11 主要列示了收费人员当天开票的清单。表中列示了业务流水号、票据类型、票据号码、开票项目、票据状态、作废原因、用户号、金额和费用所属年月等信息。收费人员可以利用此报表进行具体开票信息的核对。

个人开票收据清单   表 7-11

序号	流水号	票据类型	票据号码	开票项目	票据状态	作废原因	用户号	金额	费用年月
1									
2									
合计									

制表人：   制表日期：

3）个人收费清单

表 7-12 主要列示了收费员当天收款项目的明细。以"水费收款"为例，表中列示了流水号、票号、户号、所属收费点、所属收费期间、水费金额、违约金、垃圾费金额、实收金额和收款方式。除了"水费收款"外，收费人员还会收取用户的保证金、暂收款、补收水费、水费充值、结度水费以及补卡等一系列费用，同时，也会进行暂收款、支票多款等项目的退还、转出业务。收费人员可以通过这张报表进行上述各项业务的查询与核对。

以上三张收费日报，是收费人员日常工作中所用到的最基本报表，它们互相勾稽、互相验证，既体现了收费人员的收费情况，也为后续财务部门进行水费收入的账务处理提供了依据。

×收费点个人水费收费表　　　　　　　　　　　　　　　　　　表 7-12

收款人：　　　　　　　　　　　　　　　　　　　　　　　　　　　　　收费日期：

序号	流水号	发票号码	用户号	收费点	费用年月	水费	违约金	垃圾费	实收金额	收款方式
1										
2										
3										
合计										

4）欠费信息情况表

水费欠费，即水费应收账款，是衡量自来水企业经营成果的重要指标之一。每月期末的"欠费信息情况表"全方位列示了自来水企业当月的水费欠费情况。以下以某市水务公司的实际操作为例，说明"欠费信息情况表"的样式。

表 7-13 清楚地列示了水费欠费期间、类别、水价、户数、水量、基本水费、代收水费、水费金额、垃圾费金额以及总金额。同时，这张报表按照营业网点或办事处进行统计，按所属网点或办事处的水表类型进行分类。

欠费信息情况表　　　　　　　　　　　　　　　　　　　　　表 7-13

收费点：　　　　　　　　　　　电脑欠费日期：　　　　　　　　居民用户 用户类型 水表

年度	类别	水价	户数	水量	基本水费	代收费用	水费	垃圾费	总金额
	…	…	…	…	…	…	…	…	…
…	…	…	…	…	…	…	…	…	…
2018 年往月	A0	3.1	1546	17260	24509.2	28996.8	53506	8810	62316
	A0（1）	3.81	17	439	935.07	737.52	1672.59	0	1672.59
	A0（2）	5.94	6	583	2483.58	979.44	3463.02	0	3463.02
	C0	3.9	40	2405	4016.35	5363.15	9379.5	0	9379.5
	G0	3.25	10	172	270.04	288.96	559	0	559
	B0	3.9	1	3	5.01	6.69	11.7	0	11.7
	小计	—	1620	20862	32219.25	36372.56	68591.81	8810	77401.81
2018 年上月	A0	3.1	1434	22344	31728.48	37537.92	69266.4	30	69296.4
	A0（1）	3.81	4	318	677.34	534.24	1211.58	0	1211.58
	A0（2）	5.94	2	1637	6973.62	2750.16	9723.78	0	9723.78
	B0	3.9	16	5861	9787.87	13070.03	22857.9	0	22857.9
	小计	—	1456	30160	49167.31	53892.35	103059.66	30	103089.66
2018 年当月	A0	3.1	1434	22344	31728.48	37537.92	69266.4	30	69296.4
	A0（1）	3.81	4	318	677.34	534.24	1211.58	0	1211.58
	A0（2）	5.94	2	1637	6973.62	2750.16	9723.78	0	9723.78
	F0	4.9	9	6142	16276.3	13819.5	30095.8	0	30095.8
	G0	3.25	5	1663	2610.91	2793.84	5404.75	0	5404.75
	小计	—	1454	32104	58266.65	57435.66	115702.31	30	115732.31

欠费信息情况表是一张动态报表，随着收费的进行反映实时欠费情况，月末收费结束后的统计数据则反映当期期末的实际欠费信息。所属办事处或者网点可以依据此报表

信息进行欠费分析，合理制定追欠计划，及时进行欠费追缴。财务人员可以根据这张报表进行当月水量发行与回收数据的核对，为企业水费回收提供财务方面的数据分析和建议。

（2）收费资料归档

以上销账方式打印出来的报表均为一式两份，分别为留存联和记账联。留存联由销账的个人按照销账顺序进行保存，月末归集装订成册。记账联与当日收费凭证一起上交财务部门进行账务处理，由财务人员作为记账附件进行归档保存。

（3）期末欠费汇总与财务的关系

水费期末欠费，从财务的角度来说，即"应收账款期末余额"，是衡量自来水企业水费回收情况、财务运转情况的重要经济指标之一。从数值上说：本期水费期末欠费＝上期水费期末欠费＋本期水费发行金额－本期水费收回金额。自来水企业财务应于每月末最后一个工作日收费工作结束后，进行当期水费欠费的统计、整理，并编制欠费分类报表。以下以某市水务集团有限公司的业务操作情况详细阐述：

1）营收系统生成水费期末欠费表

月末最后一个工作日的收费工作结束后，由工作人员在营收系统中生成"欠费信息情况表"，表格样式见表7-13。这张报表是根据当期水费回收情况，由营收系统自动生成的欠费报表，可以作为当期水费期末欠费核对的重要依据。

2）手工编制"欠费汇总情况表"

营收系统生成的"欠费信息情况表"列示出如水价类别、水量、金额等最直观的数据，若要进行进一步分析、比对，还需要财务人员进行相应的数据录入和处理。

财务人员可以将"欠费信息情况表"中的数据录入手工编制的"欠费分类情况表"中。

表7-14将不同营业网点（即收费点）或办事处按照统一的抄表类型汇总起来，每个年份的各种不同单价下所欠水量和金额情况一目了然。可以便于各收费点或办事处间同期、同类型、同单价的欠费情况的对比，查找原因，探索追缴方法。

欠费分类情况表   表 7-14

项目	单价	年度	收费点1		收费点2		收费点3		合计	
			水量	金额	水量	金额	水量	金额	水量	金额
民用水		2017								
民用水（非居民）		2017								
非居民生活用水		2017								
特种用水		2017								
折让欠费		2017								
合计										
民用水		2018								
民用水（非居民）		2018								
非居民生活用水		2018								
特种用水		2018								
折让欠费		2018								
合计										
总计										

3）手工编制"欠费账龄明细表"

上文所述表 7-14 编制完毕后，可以进一步编制"期末欠费账龄明细表"。

表 7-15 从欠费期间即账龄和欠费单价的角度将所有期末欠费进行汇总归类，可以清楚看到每种单价下每个年份的欠费情况，便于财务人员进行账龄分析，也便于业务人员有的放矢地制定欠费追缴计划。

期末欠费账龄明细表　　　　　　　　　　　　　表 7-15

序号	水价类别	合计账面值		年份			
				2018 年		2017 年	
		数量	金额	数量	金额	数量	金额
1	一类水						
2	二类水						
3	三类水						
4	四类水						
	合计						

4）手工编制"期末欠费汇总明细表"

以上所有表格编制完毕后，进入"期末欠费汇总明细表"的编制。

表 7-16 中清楚列示了办事处、抄表类型、欠费所属期间即账龄，以及所欠水量和金额等数据信息，给财务人员和业务人员以全面的参考，为后续欠费的追缴、财务收入情况分析提供了详实的数据依据。

期末欠费汇总明细表　　　　　　　　　　　　　表 7-16

序号	项目		账面值		账龄			
					2018 年		2017 年	
			数量	金额	数量	金额	数量	金额
1	收费点 1	居民用户水表						
2		非居民用户水表						
3		合计						
4	收费点 2	居民用户水表						
5		非居民用户水表						
6		合计						
7	收费点 3	居民用户水表						
8		非居民用户水表						
9		合计						
10	汇总	居民用户水表						
11		非居民用户水表						
12		合计						

上述四种期末欠费报表，从表格内容上看是一个依次深入、循序渐进的过程，同时互相勾稽、互相验证。编制各种期末欠费报表便于我们做好分析、加强追缴、完善管理，是每月必不可少的工作流程。

7.7 水费财务账

（1）违约金

用户缴纳逾期的水费欠费只能前往自来水企业的营业网点或柜面缴纳，同时还应缴纳一定金额的违约金。

自来水企业与用户签订的用水协议上都规定"用户应按期缴纳水费，逾期缴纳者按××‰收取违约金……"。每逾期一天，根据实际欠费金额按一定比例收取，以此类推。一般情况下，当期违约金总额不超过当期实际欠费金额。

用户来缴纳逾期水费时，营收系统中会自动测算出用户需缴纳的违约金金额，在收取用户费用后，水费发票上同时在备注中打印出收取的违约金情况。

自来水企业收取违约金不是手段，目的是为了制约用户的逾期缴费行为。违约金收取比例的制订需要结合当地及周边的相关公用服务类收费的违约金比例、当期银行贷款利率，以及当地居民收入和消费数据等信息，适当时候召开听证会探讨、协商、公示。

违约金收取情况，可以从一个侧面反映出企业水费回收的情况，企业欠费回收及时率高则当期违约金收取较少，反之则较高，两者呈反向关系。

（2）报损与报溢

1）报损

报损是指应收的水费，因种种原因，如无经济来源、死亡、被捕、外迁、小区改造早已完毕等，经调查确实无法再实施回收的可能性，并得到相关部门的证实，填写报告，按照一定流程请相应级层领导批准后，可以报损。凭报损的一系列附件材料在营收系统中作相应的调整，并交予财务部门进行账务处理。

报损一般由经办人按照实际批复的水量和金额填写报损凭证，报损凭证一式三联，一份留存联由经办人自行保管，一份记账联由财务人员进行账务处理，一份业务联由信息部门作为修改营收系统欠费数据报表的依据。

2）报溢

报溢是指应收账款以外的长期无人暂收款作为公司溢收入。例如偶尔发生的用户错误汇款、用户联系不上、长期进入暂收款、无法退款等情况。由于时间过长，在实际操作中已成为事实上的自身收款。在这种情况下，可以上报相关部门，经批准后作为溢收入处理，并进行相关业务和财务处理。

报溢一般由经办人按照实际批复的水量和金额填写报溢凭证，报溢凭证一式三联，一份留存联由经办人自行保管，一份记账联由财务人员进行账务处理，一份业务联由业务部门进行业务处理。

报损和报溢，是自来水企业在实际运作中出现的正常现象，财务、业务等部门一定要同步做好相应处理，以保证账实、账账相符。

（3）调整与减免

1）调整

业务人员在日常工作中有时候存在失误与偏差，或抄表过程中存在时间差，或表具自身问题造成快慢偏差，或用户自身的问题造成水量计量不准确等情况，而使售水量虚增或虚减，这时应在查明原因后进行纠错。例如采取补发行或冲减售水量及相应金额、调整水表读数、恢复用户欠费等措施。

2）减免

减免分为核减和核退两种情况。

① 核减

实际发生的售水量，因用户用水设备漏水，如管道漏水、水表漏水、友林漏水、水箱或马桶漏水等造成的用户用水量超高，用户感到缴费有困难，按照自来水企业的相关规定，漏损部分可以给予一定量的核减。核减当期时，影响售水量和水费收入，核减往期时，则不影响售水量和收入。

办理水费核减时，应由相关业务人员核实情况后填写水费核减申请表，注明用户号、用户名、核减期间、用水类别、核减水量和金额、核减垃圾费金额等信息。各级层按照权责范围进行审核、确认、签字，用户对最后结果进行签字确认。水费核减申请表一式三联，一份留存联由业务人员自行保管、一份记账联由财务人员进行账务处理、一份业务联由上级部门汇总留存。

② 核退

抄表人员在工作中存在失误与偏差、误抄误录等，造成用户水量超过实际用水量偏差较大，按照自来水企业的相关规定，超过实际使用部分可以给予退款。核退当期时，影响售水量和水费收入，核退往期时，则不影响售水量和收入。

办理水费核减时，应由相关业务人员核实情况后填写水费核减申请表，注明用户号、用户名、核退期间、用水类别、核退水量和金额、核退垃圾费金额等信息。各级层按照权责范围进行审核、确认、签字，用户对最后结果进行签字确认。水费核退申请表一式三联，一份留存联由业务人员自行保管、一份记账联由财务人员进行账务处理、一份业务联由上级部门汇总留存。

（4）暂收款与退款

1）暂收款

暂收款是指自来水企业暂时留存在账面上无法销账的用户款项。暂收款原则上不作为收入记账。

进入暂收款项目的情况有以下几种：

① 用户缴纳的支票多款；

② 用户所欠水费金额巨大，在与自来水企业协商一致后按期缴纳一定数额的费用，待满足销账条件后进行核销，此时尚未核销的金额；

③ 用户重复缴费或在银行委托收款过程中重复扣款；

④ 用户自行汇入自来水企业账户却未告知，且经多方查找无法联系到用户的款项。

发生上述第①、②种情况，需要收费人员在收到此类款项时在营收系统中的收费界面或暂收款界面予以录入操作，同时打印暂收款单据。暂收款单据一式两份，一份由用户保管作为缴费依据，一份由收费人员归集入当天的账目中上交财务进行账务处理。用户的支票多款转成暂收款后可以退还给用户，也可以在下一个缴费期间抵扣当期的水费欠费。用户分期缴纳暂收款项，待满足抵扣一定期间水费的条件后由业务人员办理暂收款销账手续，在营收系统中进行暂收款转出并核销水费操作，打印暂收款转出单据上交财务进行账务处理。

发生上述第③、④种情况，自来水企业发现后需积极联系用户进行后续处理，用户重复缴费或重复扣款后已入企业账户的，可以协商退还多款或将多款核销下一笔欠费或存入用户的账户作为预存水费留待以后核销。在尚未找到用户或未协商出一致的方案时，此类款项作为暂收款留存企业账户。

2）退款

收到暂收款且查明原因与相关用户后，应对暂收款做相应处理。若用户的暂收款无法进行销账或列为预存水费，则需对此笔款项做退款处理。

退款时需要用户提供暂收款单据或重复缴费的凭证如银行扣款电子回单或银行对账单等，待自来水企业财务核对自身账务确认无误后，办理退款手续。若用户暂收款单据遗失，需请用户提供说明并盖公章上交自来水企业，待企业核查自身账目确实含有此笔暂收款后可为其办理退款手续。

退款时需写明事实依据，何时入暂收款等，便于备查。经办人和各级负责人审核、确认、签字后由用户签字认可。流程完备后可为其办理退款。相关单据交由财务进行后期账务处理，同时，收费员需要在营收系统中对此笔暂收款做冲回操作。

（5）预存水费

预存水费指用户在自愿情况下可以将一定金额存入自己在自来水企业的户号中，作为缴纳以后期间的水费，待下一个期间缴费时由应收系统自动扣取。预存水费可以视为特殊的暂收款。自来水企业的营收系统中设有预存水费模块，记录预存水费收取情况和销账情况。财务系统中设有预存水费科目，用户缴纳预存水费和预存水费销账时进行增加或扣减的账务处理。

预存水费可以由用户自行存入一定的金钱，也可以在用户的认可下将用户前期的暂收款或支票多款等转存入预存水费项目。

自来水企业在收取用户预存水费时要在营收系统中做好记录，同时留存完备的用户资料，用户预存水费不够时，营收系统自动触发后台发送信息给用户，提醒用户及时补足钱款。

用户预存水费从一定程度上避免了用户延期缴费问题，同时可以提高企业水费回收情况。

（6）轧账

财务会计以一个自然年为一个完整的会计期间，以一个自然月为一个结账期间，在每个自然月的月末进行当期的水费核算，即结账。结账时账面上的数据要与应收系统当月底的报表一致，同时核算这个差额是否符合实际，这个过程称为轧账。不一致的要找出原因，发现错误要及时纠正，直到轧平为止。

为了保证账务的及时、准确、有效，建议从月中开始可以进行轧账，对于本次期间内有问题的账目逐笔查找原因，并及时纠正，这样可以避免月末因时间仓促如遇特殊情况来不及出报表的问题，方便快捷、时间充裕。

营收系统中可以设置这样两种报表，以作轧账依据：

1）收费点收费总项目汇总表

表7-17列示了某收费点的某收款人员当天收款的类别情况，包括代收其他收费点的

水费情况，以便月末与对方对账。这张表由不同收费点的收费人员每天打印，与当天的收费日报表一同归集上交到财务部门。根据收费项目的不同，财务人员可以进行不同的账务处理。同时，这张报表作为收费点收费的依据留待核对。

××收费点收费总项目表

表 7-17

收费人：

收费时间：

收费项目	收费点 1		收费点 2		收费点 3		合计	
	笔数	金额	笔数	金额	笔数	金额	笔数	金额
水费								
水费充值								
分期付款								
非抄见补收								
拆表结度								
水表结度								
暂收服务								
合计								

2）柜台水费收入汇总表

表 7-18 由财务人员每天打印，表中列示的数据为根据各收费点当天收费情况的汇总。财务人员据此进行账务处理。

某水务公司柜台水费收入汇总表

表 7-18

办事处：

用户类别：

收费员	收费点 1	收费点 2	收费点 3
	金额	金额	金额
甲			
乙			
丙			
丁			
应收水费			
本期结零			
实收金额			

实收合计：

结零合计：

收费点总项目汇总表、柜台收费收入汇总表都以"收费点"为依托，两张报表数据完全相同，则收费点收费没有问题，若两张报表数据存在差异，则需要进行检查核实，找出原因，进行纠错或调整。通过"收费点"这个中间项目，两张报表相互勾稽、相互验证，为财务进行轧账和相关的账务处理提供了依据，也对各网点间的收费情况进行了监督。

（7）水务账务报表

每月底，在所有轧账工作结束后，应编制水费账务月报表。水费账务月报表是每月水费账务处理全过程的最后一个环节，也是最重要的一份报表。它反映了自来水企业当月售水情况和回收情况的最终结果，是企业财务部门进行登账的依据。

水费账务报表由水费收入（主营业务收入）报表和水费应收账款报表共同组成。水费收入报表反映了自来水企业当期销售自来水的水量和金额，而水费应收账款报表则反映了企业应收回的欠费情况。

样表分别如下：

1）主营业务收入报表

表7-19列示了当月所有水费单价下的收入（发行）核减/退情况，按当年、往年分列，同时计算出收入金额、税金等数据。这张报表作为财务人员进行账务处理的依据，并据此与营收系统生成的报表进行数据比对和纠错。

主营业务收入明细表　　　　　　　　　　　　　　表 7-19

部门：　　　　　　　　　　　　　　　　　　　　　　　　　　　　　　日期：

单价	水量			金额
	发行	往年核减	合计	
一类水				
二类水				
三类水				
四类水				
收入合计				
营业收入				
税金				

2）水费应收账款报表：在上文"7.6.2 收费日报及欠费汇总表"中已加以列示，在此不再赘述。

7.8 水费催缴

水费催缴是对超过付款期限而尚未付款的用户催促其付款的过程，是保证供水企业水费回收的一项重要工作。

（1）水费账单

每月抄表后，通过水费开账产生水费账单，水费账单标明抄表周期内用户所产生的用水量和应缴水费。

1）水费账单送发的方式

① 手工开账后上门送发

采用手工开账可在抄表时当即将水费账单开好交给用户。采用计算机处理水费账务的，抄表后由计算机营收系统软件进行处理并打印出账单，然后交抄表员送交用户。

手工开账及上门送发是传统的水费账单送达方式，在社会信息网络技术不发达、供水企业信息化建设没有很好开展时通常采用的方式。这种方式适用于供水企业的用户数较少，用户要求提供纸质账单的情况。随着国家城镇化建设的推进，抄表到户工作的开展，城市房地产开发的兴起，供水企业用户数激增，另外社会的信息化程度和人力成本越来越高。传统的水费账单送发方式呈现效率低、渠道单一等弊端，越来越不适应社会的服务要求和供水企业的发展现状。

② 电子账单推送

抄表后由计算机营收系统软件进行水费账务处理，而后通过短信、电子邮件、供水企业微信号等方式推送电子账单给用户。用户也可以通过供水企业的供水热线、供水企业的网上营业厅、供水企业微信公众号、供水企业的手机 APP 软件或其他代收机构的相关软件查询水费账单。

电子账单便于随时查阅，并可以随时掌握和分析历史用水量的走势和水费缴纳情况。供水企业在提供电子账单的同时，提供便捷的电子缴费通道，便于用户查阅后及时缴费。

2）送发账单的要求

无论是传统的手工开账方式还是电子化账单的推送，都必须做到及时、准确、妥善。

① 直接送交。应将账单直接送给用户，或者投入用户信箱内。

② 邮寄账单。应正确清晰写明用户的地址、邮政编码，属企事业单位的，还应写上户名。

③ 电子账单。应通过相关媒体或其他方式向用户公示电子账单的推送载体，电子账单推送要及时，同时要保证信息畅通。

（2）欠费及催缴流程

水费欠费是指超过约定付款期限而尚未缴纳的水费。

1）欠费的成因分类

① 用户遗忘缴费。

② 用户对用水量有异议，需要协调沟通后进行缴费。

③ 用户因自身原因坚持不肯付费的。

2）催缴的流程

① 首先要按供水企业的相关规定准确及时地统计出欠费明细，认真分析欠费的成因。

② 催缴人员对欠费资料要进行核对，避免差错。

③ 催缴人员上门催缴或通过网络进行电子化催缴。

④ 催缴人员要收集并做好催缴过程的各种记录（包括影像及其他电子信息），并按供水企业的相关规定做好存档。

3）催缴时应注意的问题

① 首先对用户要文明礼貌，态度和气，要注意方法。

② 核对欠费情况，弄清欠费原因。

③ 对遗忘缴费的应催促其尽快付款。对因自身原因坚持不肯付费的用户应向其宣贯说明供水企业的规章制度，仍然催缴无效的，再根据有关规定处理。

④ 对用户已付款而公司尚未收到的，应从用户的付款收据中摘录其付款日期、收款单位、收款人，及时向有关方面查询。

（3）水费回收率及欠费统计分析

1）水费回收率

水费回收率是实收水费与应收水费的比值。

$$水费回收率＝实收水费÷应收水费×100\% \tag{7-6}$$

水费回收率反映了供水企业水费收入的管理水平，水费回收率公式中，应收水费与实收水费的差额反映了水费欠费的数额大小。水费回收率与水费欠费金额呈反向关系。

水费回收率根据统计管理周期的不同可分为水费当年累计回收率和水费当月回收率。

2）欠费统计分析

做好欠费统计分析是进行科学有效水费催缴的前提。欠费可以按欠费年限、欠费职业、欠费单价、欠费所属区域、欠费金额大小等进行分类统计（表7-20）。

某供水企业某年欠费统计表　　　　　　　　　　　　　　　表7-20

年度	类别	水价（元/t）	户数	水量（t）	基本水费（元）	代收费用（元）	水费金额（元）	垃圾费金额（元）	总金额（元）
2017年	A0	3.04	529	1443175	2049308.5	2206355.341	4255663.841	387185	4642848.8
	B0	3.82	35	10805	18044.35	23142.91	41187.26	0	41187.26
	C0	3.82	191	118765	198337.55	250928.27	449265.82	0	449265.82
	F0	4.8	28	17355	45990.75	37313.25	83304	0	83304
	G0	3.19	55	34600	54322	55347.54	109669.54	0	109669.54
	小计	—	838	1624700	2366003.15	2573087.311	4939090.461	387185	5326275.5

表7-20中，年度栏表示了欠费所在的年度；类别栏表示了欠费的用户职业类别，其中A0表示居民类中的居民用水、B0表示行政事业类用水、C0表示企业工商类用水、F0表示特种用水、G0表示居民类中的非居用水；水价栏表示了欠费的到户价格，基本水费栏表示其中供水价格的欠费额。

通过统计欠费所在的年度，可知欠费年限，欠费年限越长，欠费回收的概率就越低，供水企业的债权追偿的可能性就越小，从财务角度说，成为坏账的可能性就越高。所以供水企业根据欠费年限的不同，制订不同的欠费管理办法，对年限长的欠费应加大力度催缴，制订切实有效的解决方案。

不同职业性质的欠费大小可能反映了供水企业供水区域内各类别用水户和用水量比例差异，但更可能的是反映各职业用户与供水企业间供用水矛盾。这些矛盾可能缘于供水企业制订的接水、服务等政策和自身的工作质量，也可能缘于该地区供用水配套政策不到位等因素。表7-20中，居民类中的居民用水（类别A0）的欠费数额占总体欠费的87%，居民用水欠费如此之高，可能反映该供水企业居民户抄表质量问题、缴费渠道不多、缴费便捷度不够；也可能是该地区政策配套原因或供水企业自身政策原因，居民总表供水户的抄表到户工作没有顺利开展，因总分表误差等各种状况，居民总表遗留的欠费较多。

供水企业的供水区域形成一定规模后，通常会根据管网结构分布、服务半径和用户数将供水区域划分成多个分公司或办事处模式的部门，部门的欠费大小不一反映了部门欠费管理水平的高低，反映了各部门所辖用户的缴费差异。

总之，通过欠费的统计分析可以掌握供水企业水费管理现状、欠费结构、欠费成因等信息，为供水企业科学合理制订供用水政策，有的放矢地进行水费催缴，制订水费回收计划和方案提供了决策依据。

（4）欠费催缴方式

供水企业可以采用的欠费催缴方式有常规催缴、企业内部受控、诉讼和社会信用体系等。

1）常规催缴

按照上文送发水费账单的模式，向用户送达水费催缴单或水费催缴信息，了解用户欠费的原因和缴费计划，尽量以说明教育为主督促用户缴纳欠费。因用户自身原因拒绝缴费的，继续送发水费催缴单，记录、收集、留取水费催缴过程的资料和影像，送达欠费停水单等，可依据国家和地方的相关供用水法律法规、供水企业与用户签订的供用水合同相关条款及供水企业的相关制度规定加大催缴力度直至实施停水。如果用户缴费困难但愿意承担欠费的，供水企业也可以与用户签订水费还款协议，宽限缴费期，约定还款计划、还款方案。

2）企业内部受控

供水企业建立内部受控管理系统，将与供水企业发生各项业务往来中故意拖欠费用或不诚信的用户，列入企业受控名单，在其清缴相关费用后，才受理其相关涉水业务。

供水企业营销部门通过将故意欠费用户录入企业内部受控管理系统，一旦该用户再次与供水企业发生涉水业务，由于受控信息在供水企业内部互通，涉水业务受理部门就会要求用户首先缴清欠费。

3）诉讼

对欠费数额巨大的用户，供水企业委托企业法律顾问，向人民法院提请水费民事诉讼。通过人民法院判决或调解实现欠缴水费回收。

供水企业发起水费诉讼主要依据的法律是合同法，对供用水双方而言，就是签订的供用水合同。供用水合同中约定了供用水双方的主体，应承担的相关责任和义务。所以供水企业应做好供用水合同的起草、审核、签订、保存。

① 供用水合同属于公用事业格式合同，通常会受到政府相关行政部门的监审，需要向社会公示。供水企业在不违反相关法律法规的基础上，应在合同条款中尽量合理争取自身的利益。

② 供用水合同签订要规范，字迹清晰，合同条款中需要填写或指定内容以约定双方责任义务的不得留白，合同签订日期要准确填写，不得空缺。

③ 供用水合同应作为供用水企业的重要档案，长期妥善保存。

供水企业希望水费诉讼来解决水费欠费的另外一个重要前提是必须建立规范的水费欠费催缴流程和制度，必须要按法律诉讼的要求提供欠费催缴的相关证据。水费催缴人员要严格按照法律诉讼的要求和规范做好催缴记录的收集、整理和保存。

供水企业应认真总结每一个诉讼案例，从中提炼企业内部管理存在的问题和需要提升的方向，并由此修订供水企业内部管理制度，使之能适应法律法规的要求，使企业能跟上和适应国家现代化法治建设的进程和要求。

4）社会信用体系

社会信用体系也称国家信用管理体系或国家信用体系。社会信用体系是以相对完善的法律、法规体系为基础；以建立和完善信用信息共享机制为核心；以信用服务市场的培育和形成为动力；以信用服务行业主体竞争力的不断提高为支撑；以政府强有力的监管体系作保障的国家社会治理机制。

它的核心作用在于记录社会主体信用状况，揭示社会主体信用优劣，警示社会主体信用风险，并整合全社会力量褒扬诚信，惩戒失信。可以充分调动市场自身的力量净化环境，降低发展成本，降低发展风险，弘扬诚信文化。

社会信用体系的建设从征信、用信、守信三个方面开展。水、电、气等公用行业的缴费信息作为重要的信用数据纳入征信数据库。同时供水企业也可以查询公共信用信息服务平台，及时掌握水费欠费用户的信用状况，以便及时有效地制订相关催缴方案。

供水企业要按照社会信用体系的征信数据规范要求完善水费欠费用户的基础信息，申报至征信数据库的水费欠费用户必须与供水企业签订供用水合同，对其有相应的催缴记录。

利用社会信用体系进行水费追缴，供水企业催缴成本低、效率高，是今后水费欠费催缴的一个重要方法和发展方向。

第 8 章　供水营销重要经营指标的分析预测

8.1　售水量

供水企业销售出去的水量简称售水量，即供水企业供到用水户的水量。售水量与用户数量变化、用户消费习惯、社会经济发展水平、气候变化、供水企业产销差管理水平密切相关。

8.1.1　售水量分类统计

售水量根据有无收益可分为无收益水量和收益水量；根据有无计量可分为计量水量和非计量水量；根据水价类别可分为居民类用水、非居民类用水和特种用水；根据用户的职业类别可分为居民生活用水、学校用水、事业单位用水、建筑施工用水、制造业用水等；也可以根据城市的行政区划或供水区域进行统计。

（1）收益水量和无收益水量

收益水量主要是指收费的合法用水，包括收费计量用水量和收费未计量用水量。收费计量用水量主要是供水企业装表计量的用户抄见水量；收费未计量用水量没有表具计量，根据管道直径、压力、用水时间运用公式推算所得的用水量，需要与用水单位进行协商或通过双方合同约定。

无收益水量主要是指未收费的合法用水，包括未收费已计量用水量和未收费未计量用水量。如消防救火取水，如果消防栓上安装了计量水表，那么发生的抄见水量就属于未收费已计量用水量；如果消防栓上没有安装计量水表，那么救火过程中发生的水量就属于未收费未计量用水量。

（2）水价类别分类

"十二五"以来，各地的城市物价部门对水价类别进行了整理，比较通行的分类规则是将水价分为三类，即居民生活用水、非居民生活用水和特种用水。居民生活用水的用户包括居民一户一表用水、居民合表用户和执行居民用水价格的非居民用户（如学校用水）；非居民生活用水的用户包括各类企事业单位和新型服务业的用水户；特种用水的用户主要包括建筑施工、洗车、桑拿洗浴等。

（3）职业类别分类

职业类别分类是对水价类别分类的进一步细化，使供水企业变更水价有章可循，同时也能客观反映一个地区各行业用水的状况。各地对每一水价类别内的职业细分的标准不同，大致可分为居民、学校、福利机构、事业单位、政府机关、制造业、新型服务业、酒店餐饮、建筑施工、车辆冲洗业、桑拿洗浴等。

（4）按区域分类

用户按行政属地归类后，可以按城镇的行政区域进行分类统计水量，掌握各行政区域内用水量变化有利于污水收集系统的建设、分析区域内的用户用水特性。供水企业根据管道分布特点，结合城市区域、供水服务半径划定独立的供水区域。按各供水区域进行分类统计水量，有利于开展降差工作，科学下达相关经营考核目标。

8.1.2 售水量的分析预测

售水量产生水费收入，水费收入是供水企业的主营收入来源。另外，售水量也是影响供水企业产销差率的最重要的因素，所以售水量的分析预测显得尤为重要。

通过售水量的统计分析，可以掌握以下信息：

1）掌握售水量变化的趋势；

2）掌握售水量波动的原因；

3）客观因素对售水量的影响；

4）抄见质量对售水量的影响；

5）售水量管控的方向。

供水量产生售水量，所以在售水量分析时，应参考供水量的变化值。不同季节、气候变化对售水量的影响较大，而相邻的抄表周期内，用户群的用水状况基本一致。有些特殊事件的发生也会对售水量的变化产生比较大的影响。居民生活用水和非居民生活用水的用水特点也不一样。所以在售水量分析时可以使用以下方法：

1）参考供水量对比分析法。通常售水量应与供水量同向同比例变化，因为先用水后抄见的供水销售特性，供水市场变化、气候变化、特殊事件等影响因素首先会在供水量中体现出来，通过数据分析，如果发现后续月份的售水量不跟随供水量同向同比例变化，供水企业就要尽快找到影响售水量同比变化的因素，并加大售水量管控力度。

2）同比分析法。即参考同期售水量进行对比分析。通过同比分析法可以掌握售水量在各个年度相同时点的变化情况，同比分析法可以排除季节因素的影响。

3）环比分析法。即参考上一抄表周期售水量进行对比分析。通过环比分析可以掌握售水量在各个月度的变化情况，环比分析法可以更直观地表明阶段性的变换，但是会受季节性因素影响。

4）特殊事件分析法。这里的特殊事件是指突发的影响供售水量变化的事件。包括供水市场出现大的变化、供水区域内承办大型活动、自然灾害等。

5）户均水量分析法。户均水量是指每一家庭平均每日、每月、每年的生活用水量。户均水量分析的对象是抄表到户的居民用户，因为抄表到户后，一个家庭基本上对应一块水表，水表的示数变化反映了家庭的用水量。影响供水区域整体户均水量的因素主要有气候变化、经济发展水平、居民用水习惯、空置房率等。在供水企业居民售水量分析中还会用到有效户均水量概念，有效户均水量是指不包含抄见零水量用户后的户均水量，反映了剔除空置房影响后居民用户真实的用水量信息。

6）其他

下面举例来诠释如何使用以上的方法来分析售水量，并通过售水量分析来得到相关的结论。

【例 8-1】 某市供水企业城南分公司的 2016 年 1～6 月份的售水量数据如下：

售水量分析表（万 t）　　　　　　　　　　　表 8-1

月份	2016 年		2015 年		供水量同比	售水量同比
	供水量	售水量	供水量	售水量		
1	4456	3418	4167	3468	289	-50
2	4039	3367	3483	3223	556	144
3	4405	3210	4112	2776	293	434
4	4188	3432	4045	3248	143	184
5	4293	3427	4234	3353	59	74
6	4231	3720	4146	3675	85	45
累计	25612	20574	24187	19743	1425	831

根据表 8-1 的数据，可以用到以下几种分析方法：

1）同比分析法。从表 8-1 看出，售水量同比有较大幅度的增长。结合供水市场变化、气候变化、其他特殊事件的影响，分析同比增长的合理性。

2）环比分析法。表 8-1 中，售水量在 2、3 月份最小，从 4 月份开始逐步增长。1、2 月份存在春节放假的因素，气温较低，2 月份的天数较短，加之先用水后抄见的供水销售特性，2、3 月份售水量应该较小，3 月份开始天气转暖，售水量逐步上升，一直要持续到夏季高峰供水之后，这属于正常售水量特点。通过环比分析可以及时发现售水量月度异常波动，及时处理和解决影响售水量变化的因素。

3）参考供水量。从表 8-1 数据看，供水量的增量远大于售水量，供售情况突破常规，必然存在一些特殊事件影响供售水量的变化。

4）特殊事件法。表 8-1 中，售水量在 2～4 月份超常规变化，主要是因为供水量在 1～3 月份超常规变化。根据 2016 年的气候变化可知，2016 年 1 月底华东地区出现百年不遇的极寒天气，对供水管网和水表的影响巨大，导致以上现象的发生。通过表 8-1 的数据，可以大致掌握极寒天气对供售水量的影响程度。另通过 5、6 月份的同比数据分析，大致可以判别供水企业在极寒天气后的供水管网维修工作已经使供水状况恢复常态。

售水量预测是在对以往售水量分析的基础上开展的，售水量预测有年度售水量预测和月度售水量预测。年度售水量预测主要是为了确定供水企业年度经营考核目标，制订售水量计划。月度售水量预测是为了科学分解落实年度售水量计划，及时发现售水量管理中存在的问题，做到"早发现、早解决"。

年度售水量预测的参考依据有：

1）年度供水市场的变化；

2）年度供水企业设定的产销差率目标；

3）往年的供售水量；

4）特殊因素的影响（闰年、天气变化等）。

月度售水量预测的参考依据有：

1）年度售水量的计划；

2）根据以往年份售水量分析数据，推算各个月份所占全年售水量的比值；

3）供水市场变化对具体月份的影响；

4）特殊因素的影响。

【例 8-2】 某市供水企业 2015 年底的售水量为 4.53 亿 t，供水量为 5.36 亿 t，2016 年供水企业开拓新的供水市场，将向该市所管辖的某县乡镇供水，预计日供水量新增 5 万 t/日，供水企业设定 2016 年产销差目标为 14%，请预测该市 2016 年的售水量。

解： 2015 年的日供水量=5.36×10000÷365=146.8 万 t/日

2015 年的产销差率=(5.36−4.53)÷5.36×100%=15.49%

2016 年为闰年，全年为 366 天（闰年因素的影响）。

2016 年预计全年的供水量=5.36+(5×366+146.8)÷10000=5.56 亿 t

2016 年设定的产销差率目标为 14%。

2016 年预测的全年售水量=5.56×(1−14%)=4.78 亿 t

2016 年售水量相比 2015 年的 4.53 亿 t，同比增加了 0.25 亿 t。

2016 年供水量相比 2015 年的 5.36 亿 t，同比增加了 0.20 亿 t。

【例 8-3】 根据【例 8-2】中预测的售水量计划，请预测 2016 年各月份的售水量计划。

解： 首先对 2016 年之前年份的售水量数据进行统计分析，取前三年各月份售水量占年售水量比值的平均值作为参考，见表 8-2。

2013～2015 年各月份售水量占年售水量的平均比值　　　　　　表 8-2

月份	月售水量占比
1	8.08%
2	7.51%
3	6.47%
4	7.57%
5	7.81%
6	8.56%
7	8.20%
8	9.21%
9	9.49%
10	9.08%
11	9.26%
12	8.76%
合计	100.00%

【例 8-2】中预测的 2016 年全年售水量计划为 4.78 亿 t，按照表 8-2 的比例，2016 年各月份的售水量计划见表 8-3。

2016 年各月份预测售水量计划　　　　　　表 8-3

月份	月售水量占比	售水量计划（万 t）
1	8.08%	3863
2	7.51%	3590
3	6.47%	3091
4	7.57%	3617
5	7.81%	3734
6	8.56%	4092
7	8.20%	3921

续表

月份	月售水量占比	售水量计划（万 t）
8	9.21%	4402
9	9.49%	4537
10	9.08%	4340
11	9.26%	4424
12	8.76%	4189
合计	100.00%	47800

按以往年份的月售水量分布情况来进行月售水量预测的数据并不精准，按照本节中所述月度售水量预测的方法所述，还要参考供水市场变化影响的月份、特殊因素的影响。

仍以【例 8-3】为示例，2013～2015 年这三年均非闰年，而 2016 年为闰年，在预测时就要考虑此因素的影响。由于抄表的滞后性，多增加一天的售水量应该在 3、4 月份体现出来，为了计算方便，假设多增加一天的售水量全部在 3 月份体现出来，那么表 8-3 应该调整为表 8-4 的形式。

理论上 1 天售水量的占比＝1÷366＝0.27%。

2016 年调整后的月售水量计划 表 8-4

月份	月售水量占比	月售水量调整 步骤 1（×99.73%）	月售水量调整步骤 2 （3 月份增加 0.27%）	售水量计划（万 t）
1	8.08%	8.06%	8.06%	3852
2	7.51%	7.49%	7.49%	3580
3	6.47%	6.45%	6.72%	3212
4	7.57%	7.55%	7.55%	3607
5	7.81%	7.79%	7.79%	3724
6	8.56%	8.54%	8.54%	4081
7	8.20%	8.18%	8.18%	3910
8	9.21%	9.19%	9.19%	4390
9	9.49%	9.47%	9.47%	4525
10	9.08%	9.05%	9.05%	4328
11	9.26%	9.23%	9.23%	4412
12	8.76%	8.74%	8.74%	4178
合计	100.00%	99.73%	100.00%	47800

还有可能存在其他特殊因素影响，均可以参照以上的方法进行月度售水量预测的修正。

8.2　产销差率

8.2.1　产销差率及影响因素

产销差率，也被称为"未计量水百分率"，是产销差水量与供水量的比值。供水企业提供给城市输水配水系统的自来水总量与所有用户的用水量总量中收费部分的差值定义为产销差水量。

产销差水量主要由未计费水量、失窃水量、漏失水量和由于水表精度误差损失水量组成。影响产销差率的主要因素便是由产生以上四部分产销差水量的因素组成的。

（1）未计费水量

未计费水量主要包括消防用水、园林绿化环卫用水、市政用水和供水企业自耗水量。随着供水企业管理水平的提升，目前对园林绿化环卫用水、市政水已逐步规范，已经实施挂表计量收费。供水企业自耗水量主要指管道施工清洗管道用水量、二次供水小区泵户的清洗、增压站的水池清洗等。消防用水主要指城市救火或消防演练用水。

（2）失窃水量

失窃水量主要包括用户偷盗水量、黑户用水量及人情水量。用户偷盗水主要表现为用户私开消火栓用水、私自在供水管网上接水、故意损坏计量水表等。产生黑户用水的主要原因除了用户自身偷盗的行为外，还可能是供水企业自身管理不善，如抄表到户过程中遗漏用户或改管时未切断原供水管道等。人情水量的产生主要是由于供水企业自身人员管理和抄见管理工作不到位，员工的职业操守出现了问题导致的。

（3）漏失水量

漏失水量主要包括破管损失水量、抢修损失水量和供水设施漏损水量。破管损失水量主要有供水管道明漏、暗漏、渗漏水量。抢修损失水量主要指供水管道爆管抢修过程损耗的水量。供水设施漏损水量主要指阀门、消火栓等供水设施使用过程中漏失的水量。

（4）水表精度误差损失水量

造成水表精度误差的主要原因有水表选用精度不高、设计选型不当、安装不规范、使用不当、管道水中存在杂质等。减少水表精度误差的主要措施有选用高精度计量性能的水表、根据用户的用水量及用水特性选择正确水表口径和水表类型、正确安装水表、对水表采取相应的防护措施等。

8.2.2 产销差率的计算

产销差率＝（供水量－售水量）÷供水量×100％

产销差率根据计算周期的不同又可以分为月度产销差率和年度累计产销差率。在计算产销差率时，我们必须要注意以下几方面的问题：

1）供水量是连续的，而售水量的产生主体上依赖水表抄见。供水企业的供水市场和用户群达到一定规模后，水表抄见周期不可能完全与供水量的统计周期同步，通常自来水都是先用水后抄表收费。所以售水量统计周期相对供水量统计周期不同步，通常有一定的滞后性。

2）因为售水量和供水量的统计周期不同步，所以统计周期越长，产销差率的计算数据越真实接近实际的产销差率。通常每月产销差率的计算数据波动很大。

3）未来随着水表远传技术越来越成熟，远传产品的成本越来越低，供水企业实现远传水表的全覆盖后，供水量与售水量就可以实现真正意义上的同步。在没有突发因素的影响下，月度产销差率和年度累计产销差率的计算数据就是供水企业真实的产销差率。

8.2.3 产销差率的分析预测

产销差率数据的大小综合反映了供水企业整体的管理水平高低，影响着供水企业的经济效益。水资源是我国比较重要和紧缺的资源，从国家倡导节能型社会的要求出发，降低供水产销差率作为一个地区节能性指标之一，越来越受到政府和社会的关注。降低产销差率不仅仅是供水企业内在的要求，同时也是供水企业的一种社会责任。

产销差率分析的主要目的是通过产销差数据的变化掌握供水企业产销差水量的大小、变化，并结合管网维修、查处违章用水、水表检定等相关数据，确定产销差水量的主要来源、成因，为供水企业进行管理决策提供方向。

由于售水量数据和供水量数据可能存在不同步，月度产销差率数据波动比较大，产销差分析的主要方法采用同比分析法。下面结合范例进行说明。

【例 8-4】　某市供水企业 2016 年 5 月和 2017 年 5 月的供售水量及产销差数据见表 8-5。请进行产销差率数据分析。

供售水量及产销差数据分析表　　　　　　　　　　　　　　　　表 8-5

月份	售水量（万 t）	供水量（万 t）	月度产销差率
2016 年 5 月	5000	6000	16.67%
2017 年 5 月	5200	6200	16.13%

根据表 8-5 的分析数据，可以得到以下的初步结论：

1) 2017 年 5 月供水量同比增加 200 万 t，产销差水量保持在 1000 万 t，而月度产销差率同比下降了 0.54%。说明在保持影响产销差各因素不变的前提下，供水量与产销差率呈反向关系。

2) 2017 年 5 月售水量同比也增加 200 万 t，与供水量的同比增量一致，售水量增量并没有受产销差率的影响。说明一年来影响产销差的相关因素有向好的趋势。

3) 2017 年 5 月售水量同比增量与供水量同比增量相等。说明一年来该供水企业水表整体抄见质量管理方面有所提升。

4) 一年来在线水表计量特性应该无大的波动，水表精度误差至少无扩大的趋势。

5) 产销差水量同比保持在 1000 万 t，主要还应该是供水设施的漏损水量，供水企业的工作重点仍然应该是检漏、修漏。

产销差率的预测主要目的是为了科学制订未来供水企业生产经营目标和未来供水企业降差管理工作的方向。

产销差率的预测主要是参照历史产销差率数据、供水市场的变化、产销差影响因素的管控情况变化来进行预测。

【例 8-5】　某市供水企业 2012~2016 年的供售水量及产销差数据见表 8-6。2017 年由于供水市场进一步整合，预计日供水量将增加 4 万 t/日。同时供水企业依托老城改造的契机，2016 年底完成了一批老旧管网的更新，经评估将减小漏水量 200t/h。请预测 2017 年供水企业的产销差率。

供售水量及历年产销率数据表　　　　　　　　　　　　　　　　表 8-6

年份	售水量（万 t）	供水量（万 t）	年度产销差率
2012 年	12000	14000	14.29%
2013 年	12800	15000	14.67%
2014 年	13800	16000	13.75%

续表

年份	售水量（万 t）	供水量（万 t）	年度产销差率
2015 年	14300	16500	13.33%
2016 年	15000	17000	11.76%

1）2012～2016 年，供水企业年度累计产销差率呈下降态势，供水企业在产销差管理控制下成效显著。

2）2012～2016 年，供水量逐年增长，产销差水量稳定在 2000 万～2200 万 t。2016 年产销差水量同 2012 年产销差水量相同，但供水量增长了 3000 万 t，产销差率由 14.29% 下降至 11.76%，印证了【例 8-4】中所说的观点，即在保持影响产销差各因素不变的前提下，供水量与产销差率呈反向关系。

3）预测产销差率，首先要预测供水量的变化。2017 年供水量预计＝17000＋4×365＝18460 万 t。当然气候变化也会对供水量产生较大的影响，这里暂不考虑这方面的因素。

4）要考虑影响产销差率的重要因素变化情况。由于 2016 年底对老旧管网实施了更新，使管网漏失水量得到了进一步的有效控制。根据评估数据可知，2017 年将减少管网漏失水量＝200×24×365÷10000＝175.2 万 t。

5）假定其他影响产销差率的因素不发生重大变化，那么预计 2017 年的产销差水量＝2000－175.2＝1824.8 万 t。

6）预计 2017 年的售水量＝18460－1824.8＝16635.2 万 t。

7）预测 2017 年的产销差率＝（18460－16635.2）÷18460×100%＝9.89%。

8.3 水费应收账款

应收账款是指企业在正常的经营过程中因销售商品、产品、提供劳务等业务应向购买单位收取的款项，包括应由购买单位或接受劳务单位负担的税金、代购买方垫付的各种运杂费等。

应收账款是伴随企业的销售行为发生而形成的一项债权。因此，应收账款的确认与收入的确认密切相关。通常在确认收入的同时，确认应收账款。

应收账款表示企业在销售过程中被购买单位所占用的资金。企业应及时收回应收账款以弥补企业在生产经营过程中的各种耗费，保证企业持续经营；对于被拖欠的应收账款应采取措施组织催收；对于确实无法收回的应收账款，凡符合坏账条件的，应在取得有关证明并按规定程序报批后，做坏账损失处理。

水费应收账款是指供水企业在正常的经营过程中因销售自来水应向用水单位或个人收取的款项。

自来水销售收入是供水企业的主要收入来源，也是供水企业赖以生存的资本和基础。供水企业在强调供水市场扩大、售水量增长的同时，也会相应增加供水企业的应收账款。占用企业的运营资金，影响企业的资金周转，从而为企业带来风险。

（1）影响水费应收账款回收的部分因素

1）供水企业缺乏有效的水费应收账款管理机制。

① 供水企业的水费销售环节一般是通过营业部门实现的，营业部门只关注如何通过

抄表收费实现更多的水费收入，对销售的水费收入是否能有效回收缺乏重视，财务和销售不能有效地配合。

② 营业部门对欠费用户未采取有效地催欠手段，使欠费用户欠费数额越来越大，存在无法回收的风险。

③ 供水企业没有建立欠费用户信用管理体系，致使供水企业相关业务部门没有及时掌握欠费用户的基本信息，没有采取相应的限制措施，造成同一欠费用户可以不受约束再继续申请在其他地址用水。

④ 供水企业的法务管理体系不完善。供水企业的供用水合同签订不完善，保管不力，致使法律诉讼缺乏依据和支撑。另外，催欠过程未按法务规范收集必要的证据，欠费超过诉讼时限等，都会使企业利益得不到法律保护，给企业带来不必要的损失。

⑤ 供水企业未建立水费应收账款回收的有效考核体系。只有建立有效的奖惩机制，制订科学的回收计划，以结果为导向进行考核，才能激发部门和员工的工作积极性和主动性，才能实现水费应收账款及时回收。

2）供水企业未提供便捷的用户缴费渠道

随着城镇供水区域的扩大，抄表到户的普及，供水企业的用户数越来越多。随着经济水平的高速发展，用水居民生活节奏加快，金融工具创新的推进，使得居民对缴费的便捷度要求越来越高，如果供水企业不能提供便捷的用户缴费渠道，必然会引发用户的投诉，并且会影响水费应收账款的回收：

① 供水企业的自营收费营业厅的布局不好。供水企业未按供水区域合理布局营业收费柜台，或者营业厅太少，未满足需要上门缴费的用户群体的需求。

② 供水企业没有很好地借助社会公共资源完成水费收缴。随着国家金融事业的大发展，现金缴费和上门缴费的用户群体越来越少，大众都迫切希望公共事业收费单位能与金融机构、电商、网络运营商等机构深度合作，提供便捷可靠的电子化支付模式。这就需要供水企业在水费收缴模式上跟上时代节奏，创新思维，节约成本，借助社会公共资源完成水费的回收。如果没有提供很好的创新电子化收费渠道，必然会影响供水企业的水费应收账款回收。

3）抄表到户的实施情况不好

由于历史原因，供水企业管辖范围内的许多居民小区仍属于集中供水的模式，供水企业按总表发生的水费向居民小区收费，由小区的物业或管理机构按照居民分表计量示数向居民收取水费，汇总后上缴供水企业。由于总表以后的小区供水管网年久失修，物业管理在管网维修方面缺乏专业性、及时性和主动性等原因，导致总分表之间的误差不断加大，物业、企业难以按总表水费全额收缴，导致集中供水小区的欠费数额越来越大。另外，随着《物业管理条例》的出台，物业企业不再愿意主动为供水企业代收代缴水费。许多供水企业的欠费主体组成部分就是集中供水小区的欠费。如果供水企业不能主动出击，加大抄表到户实施的力度，必然使水费欠费数额越来越大，加大供水成本，影响供水企业的经济效益。

（2）水费应收账款回收的管理对策

1）供水企业制订科学有效的水费应收账款管理体系

① 供水企业应将水费应收账款回收指标纳入企业重点经营管理指标，尤其应作为供水企业营业部门的年度重点生产经营目标。供水企业的财务、企管、营销、法务等多部门

应紧密配合，促进水费快速有效地回收。

② 供水企业营业部门应建立健全水费回收催缴的相关流程，细分各类欠费用户群体，形成科学有效的个性化用户催缴方案。

③ 供水企业应建立用户的用水信用管理体系，对欠费失信用户在供水企业内部做好信息联动管理。同时供水企业应积极将用水信用管理体系纳入社会信用管理体系，提供数据，借助社会信用体系管理的强大力量，促使欠费用户尽快缴清水费。

2）供水企业提供多种便捷的缴费方式

① 通过与银行的协同配合，大力发展代扣、托收、电子托付、集中代收付等用户。用户缴费方便、快捷、省时间、免排队。供水企业做好这部分用户的水费告知义务，使用户明白消费。

② 采取网上银行、支付宝、微信等电商合作缴费方式。网上缴费现如今越来越多地被人们接受，已经成为一种流行的缴费支付潮流。

③ 与其他公用事业单位互相开放柜台，通过超市等密集型布点的零售企业进行代收水费，缩小服务半径，加快需要上门缴费的用户群体的水费回收。

④ 开发供水服务网上营业厅、微信公众号等，做好供水企业电子商务建设，充分利用互联网技术，既使用户有好的供水服务体验，又能让供水企业快速收缴水费。

3）加大改造力度，尽快实现抄表到户

抄收管理到终端是供水管理的必然趋势，供水企业应充分合理地利用相关政策，通过自筹资金和政策补贴结合的模式，加快集中供水小区的抄表到户改造工作，做好老旧增压小区的二次供水改造，与终端用户签订供用水合同，规范供水企业和用户的供用水职责，实现水费的及时回收。

8.3.1　水费应收账款与水费回收率的关系

体现水费回收情况的水费应收账款指标主要有水费期末应收账款；水费回收率考核指标主要有水费当年累计回收率和水费当月回收率。水费期末应收账款和水费回收率都是供水企业进行水费回收考核的重要指标。

水费期末应收账款＝水费期初应收账款＋本期新增水费数额－本期回收水费数额

水费期初应收账款是期初时所有未回收水费金额，即期初欠费总额，含往年欠费和当年欠费。

本期新增水费数额是本期通过抄表开账新增的水费数额。

本期回收水费数额是本期回收的往年欠费、当年欠费及当期水费的总额。

（1）水费回收率

水费回收率是实收水费与应收水费的比值。

水费回收率＝实收水费÷应收水费×100％

1）水费当年累计回收率

水费当年累计回收率＝实收的当年水费÷所有应收的当年水费×100％

水费当年累计回收率反映了当年水费回收的情况。

2）水费当月回收率

水费当月回收率＝实收的当月水费÷应收的当月水费×100％

水费当月回收率反映了当月水费回收的情况。

（2）水费期末应收账款指标与水费回收率指标的共同点

1）都是反映供水企业水费回收情况的指标。

2）都需要在某一截止时点进行统计分析的指标。

3）水费回收率实际上就是反映了一段时间内水费应收账款回收情况。

（3）水费期末应收账款指标与水费回收率指标的区别

1）水费期末应收账款与水费回收率通常呈反向关系。水费期末应收账款数额小，水费回收率高；水费期末应收账款数额大，水费回收率低。

2）水费期末应收账款是指截止某一时点未回收水费的绝对金额，不仅仅是管理分析指标，也是一个重要的财务指标数据。水费回收率是指截止某一时点回收水费所占应收水费的比例，是一个"率"的概念，反映水费回收的管理指标。

3）水费期末应收账款反映了当期回收往年欠费、回收当年欠费、当期水费的水平，是比较全面和综合反映水费回收状况的指标，不仅仅体现了水费当年累计回收率和水费当月回收率指标的管控水平状况，还体现了供水企业对历史欠费的管控状况，出现坏账、死账的可能性大小。水费回收率主要反映某一水费开账时间区间段内的水费回收情况，通常是反映近期水费回收管理水平，如水费当年累计回收率和水费当月回收率。

4）水费期末应收账款和水费回收率实际体现了"金额"和"率"、绝对数和相对比例之间的关系。每期的水费回收率不变，水费期末应收账款可能并不相同，主要是因为水费期末应收账款组成中还包含了当期新增的水费和回收历史欠费的子项。通常水费期末应收账款和水费回收率呈反向关系，但并不绝对。

8.3.2　水费期末应收账款的统计分析

进行水费期末应收账款和水费回收率的统计分析是供水企业的营销部门每月必须要开展的重要工作，目的在于通过回顾以往水费回收的状况，总结经验，查找不足，为今后更科学、更合理、更迅捷地完成水费催缴和回收找到出路，指明工作方向。

（1）水费期末应收账款统计的参数

1）截止日期

水费期末应收账款定义的是截止某一时点全部未回收水费的总额。因为水费回收是个动态发生的过程，所以统计截止日期是个非常重要的统计参数。

2）统计年月

水费期末应收账款虽然是截止某一时点的水费欠费总额快照，但是它的变化也反映了当期水费催缴工作的水平和成果，所以统计年月这个参数也是必要的，说明了本期水费期末应收账款到底是哪个月的水费期末应收账款，通过同比和环比数据的分析，反映在这个年月期间水费回收的情况。

3）欠费时间属性

欠费时间段的不同，意味着水费催缴工作难易度不同。同时欠费时间越长，成为坏账、死账的可能性越大。所以供水企业在分析水费期末应收账款时，通常会将欠费分为往年欠费、当年欠费、当年往月欠费、当年本月欠费等更加细分的统计，还会将往年欠费按照欠费账龄逐年统计。

4）部门

大型供水企业通常会按照城镇行政区划设立营销机构，如产供销一体化的分公司，或者营销部门下设办事处等。通过分析各部门期末应收账款的数据，掌握各部门欠费特点、水费回收管理水平，合理制订各部门水费期末应收账款和水费回收率指标，发现其水费回收管理方面的不足，督促其完成水费回收，确保供水企业的水费尽快回收，欠费额降低到合理的水平线上。

5）水价类别

不同水价类别欠费的用户特点不同，催缴方式也不尽相同。供水企业对各水价类别水费的回收要求也不相同。所以按水价类别来统计分析水费期末应收账款是很有必要的。

（2）水费期末应收账款和水费回收率统计分析常用方法

水费期末应收账款和水费回收率统计分析常用方法有同比分析法和环比分析法。

1）同比分析法

同比一般情况下是今年第 n 月与去年第 n 月比。同比分析主要是为了消除季节变动的影响，用以说明本期期末应收账款与去年同期期末应收账款对比而达到的相对欠费减少的速度。

2）环比分析法

环比是本期统计数据与上期比较，例如 2015 年 8 月份与 2015 年 7 月份相比较。环比的水费期末应收账款的增减是报告本期期末应收账款与上一期期末应收账款的差，表明水费期末应收账款逐月的发展程度。

【例 8-6】 表 8-7 是某市供水企业水费抄收统计月报表，请说明当期水费期末应收账款是多少万元？如何组成的？截止当期期末的水费当年累计回收率是多少？水费当月回收率是多少？

水费抄收统计月报（2016 年 8 月）　　　　　　　　　　　　表 8-7

项目			×××供水企业	
			水量（万 t）	金额（万元）
上月欠费	往年累计		2000	6000
	本年累计		350	1050
	合计欠费		2350	7050
应收水费	往年度		2000	6000
	本年	当月	1500	4500
		累计	12000	36000
实收水费	往年	当月	100	300
		累计	800	2400
	本年	当月	1450	4350
		累计	11630	34890
本月欠费	往年度		1900	5700
	本年	当月	50	150
		累计	370	1110
合计			2270	6810

1）当期统计年月为 2016 年 8 月。当期水费期末应收账款的统计截止日期为 2016 年 8 月 31 日。

2）2016 年 8 月水费期末应收账款为 6810 万元。其中往年欠费 5700 万元，当年欠费 1110 万元。

3）期初水费应收账款 7050 万元，本月新增水费 4500 万元，本月回收往年欠费 300 万元，回收当月水费 4350 万元，回收当年往月欠费 1050＋4500－4350－1110＝90 万元。按照前面章节所述的水费期末应收账款计算公式，2016 年 8 月水费期末应收账款＝7050＋4500－300－4350－90＝6810 万元。

4）统计截止日期为 2016 年 8 月 31 日，当年应收水费 36000 万元，当年实收水费 34890 万元，水费当年累计回收率＝34890÷36000×100％＝96.9％。

5）统计截止日期为 2016 年 8 月 31 日，应收 2016 年 8 月当月水费 4500 万元，实收当月水费 4350 万元，水费当月回收率＝4350÷4500×100％＝96.67％。

8.4　其他重要指标的统计分析

供水企业营销部门的经营指标除了售水量、产销差率、水费应收账款、水费回收率指标外，还有水费销售收入、见表率、用户诉求率等其他重要的生产经营指标。

8.4.1　水费销售收入

销售收入也称为营业收入。水费销售收入是指销售自来水而收到的水费。

水费销售收入＝销售水量×水费单价

水费销售收入的变化反映了供水企业对供水市场的拓展情况，也体现了供水企业的管理水平的高低。

影响水费销售收入的因素主要有：

1）用户数。即供水市场的变化，用户数不断增加，售水量就会增加，销售收入就会增加。

2）产销差率。产销差率是集中反映供水企业综合管理能力的一个指标。同等供水量的情况下，产销差率越小，销售收入越高，产销差率与销售收入呈反向关系。

3）水费平均单价。水价的变化是影响水费销售收入的重要因素。基本水价由当地物价部门确定后向社会公布。但供水企业应认真做好用户水价分类，做好用户水价更改的管控，严格做好用户阶梯水价的管理，努力提高水费平均单价。

4）气候变化。实践证明，气温、雨水等气候因素会极大影响售水量的变化，也就是会极大影响水费销售收入。

8.4.2　见表率

见表率也可以称为水表抄见率，是本期实际抄见水表数与应抄见水表数的百分比值。

见表率指标反映了供水企业用户资料管理水平高低和抄表质量的好坏。及时接收新装用户资料、及时安排抄见新装户水表、不发生水表漏抄的现象，保证供水企业水费尽快回收。正常见表，准确抄读，才能真实地体现用户用水量的大小，才能及时发现水表故障等影响计量准确的因素。见表率的高低直接影响了供水企业的销售收入和产销差率，也是供水企业在经营管理中需要重点关注的指标。

见表率＝实际抄见水表数÷应抄见水表数×100％

影响见表率的因素主要有：

1）供水企业有无制订水表抄见的规范、见表率的指标、见表率管理考核的制度以及各项规范制度的落实情况。

2）供水企业有无制订新装用户资料验收、录入、抄见的管理流程和时效要求。

3）供水企业抄收人员队伍综合素质的培养、工作质量的管理情况。

4）供水企业是否制订科学合理水表及表位安装规范，以及接水工程完成后的水表及表位验收工作是否到位。

5）城市建设或其他客观因素影响水表的正常抄见。

提高见表率的手段主要有：

1）供水企业加强抄表质量的管控和监督。现科技日新月异，利用无线网络、照片、视频、手机等载体，开发智能抄表软件，能实时接收现场抄表数据，复原现场抄表面貌；加强抄表数据的审核管理，对数据异常的要再次到现场复核。

2）安装智能远传水表。通过远传实现实时传输数据，避免人工抄见的差错，及时发现水表故障，掌握用户用水特性和动态。

8.4.3　用户诉求率

用户诉求率是统计周期内用户诉求次数与用户数的百分比值。

用户诉求率＝用户诉求次数÷用户数×100％

用户诉求率是一个服务类指标，也是体现供水企业综合管理能力的一个重要指标。

影响用户诉求率的因素很多。供水水质、水压、供水设施安全、供水设施维修的快速响应度、供水工程的质量、抄见质量、服务质量、供用水知识的宣传、用户办理供水业务的便捷度等都会直接影响诉求率的高低。

用户诉求率高，供水企业投入的人力物力就大，供水经济效益和社会效益都会受到很大的影响。反之，用户诉求率低，说明供水企业各项管理及服务工作水平高，用户对供水企业的信任度高，供水企业会赢得很好的社会生存环境和发展空间。

第9章 分区管理（DMA）的运用

分区管理（DMA，District Metering Area）是目前控制城市供水系统水量漏失的有效方法之一，其概念是在 1980 年初，由英国水工业协会在其水务联合大会上首次提出。分区管理（DMA）是指在供配水系统中采取开闭阀门、调节管网或安装流量计等方式，切割分离成若干个独立供配水区域，并通过对进入或流出（使用）这一区域的水量进行计量，并对流量分析来定量泄漏水平，从而利于检漏人员更准确地决定在何时何处检漏更为有利，并进行主动泄漏控制。通过 DMA 把整个供水管网系统划分为若干个小区，划小核算单位，对各区域分开管理，从而达到控制漏损，查找未计量用户，并保证其持续稳定地降低的目的。

9.1 分区管理（DMA）的理论基础

9.1.1 水量平衡表

根据国际水协（IWA，International Water Association）统计，全球每年供水管网的漏损水量超过 320 亿 m^3，此外由于偷盗、缺乏计量或管理腐败，造成约为 160 亿 m^3 的水输送给用户而未生产收益，保守估计每年产生的经济损失为 140 亿美元。

1996 年，国际水协成立了一个供水管网漏损特别工作小组，这个工作小组在三年的时间里对各国的供水系统的水量平衡，包括供水水源、不同用户用水情况、管网水量漏失情况进行了具体考察。2000 年，国际水协公布了蓝页《供水系统的漏损：标注术语和性能测试》。在这次报告中提出了一个相对完整、具有较高实用性的水量平衡定义和分类，统一了各国供水管网水量平衡标准。

国际水协水量平衡标准将性能指标划分为两个层次：第一层次是基础指标，为宏观上的年水量平衡组分，表达供水的效益和效率总体管理状况；第二层次将基础指标进一步细分，能用于比较不同的管网系统。可用于校验压力管理和漏损控制策略的有效性。2006 年，国际水协公布了《供水管网性能指标》，作为第二版的最优实践 IWA 手册，对 2000 年发布的第一版作了改进。这些变化包括修改和拓展性能指标的数目；改变了一些性能指标的参考号码；去除一到三级预归类的重要性。第二版还建议，个体利益相关者对性能指标的选择应依据需求和现实目标的初始定义进行。国际水协的水量平衡标准将供水管网漏损控制的概念推进到漏损管理层面，划分出了物理性漏损水量和管理性漏损水量，为开发水量漏损管理的实用技术和有效工具拓宽了思路，国际水协水量平衡标准表（表 9-1）成为供水系统水量结算和管网漏损控制管理的基本依据。

国际水协水量平衡标准表　　　　　　　　　　　　　　　　　表 9-1

层次	第一层		第二层	
系统供给水量	合法用水量	收费的合法用水量	收费计量用水量	收益水量
			收费未计量用水量	
		未收费的合法用水量	未收费已计量用水量	无收益水量
			未收费未计量用水量	
	漏损水量	表观漏损	非法用水量	
			因用户计量误差和数据处理错误造成的损失水量	
		真实漏损	输配水干管漏失水量	
			蓄水池漏失和溢流水量	
			用户支管至计量表具之间的漏失水量	

（1）水量平衡标准表注释

1）系统供给水量，是指整年度流入供水系统的水量。

2）合法用水量（Authorized Consumption），是指整年度注册用户、供水单位和其他间接或明确授权部门（如政府部门或消防用水）的计量和未计量用水量，它包括了流入用户水表后的转出、漏损和溢流水量。

3）漏损水量等于系统供给水量减去合法用水量，包括表观漏损和真实漏损。

4）表观漏损又称为商业漏损，包括非法用水量和各种计量误差，以及管理不力造成的水量损失。

5）真实漏损又称为物理漏损，是每年所有发生在主干管、蓄水池和用户管段用户直管和管网连接位置直到用户水表的漏损、破管和溢流水量。

6）收费计量用水量包括所有计量并收费的生活、工商业、行政事业、特种用水业的用水量，还包括计量并收费的逽收水量。

7）未收费未计量用水量是指消防、冲洗干管和下水道、清理街道以及霜冻保护等用水量。

（2）水量平衡计算步骤

1）确定系统输入水量。

2）统计计量售水量和未计量售水量，两者之和为收益水量。

3）计算产销差水量，其为系统供给水量与收益水量之差。

4）确定未收费已计量供水量和未收费未计量供水量，两者之和为未收费水量。

5）确定系统合法用水量（有效供水量），其为收费合法水量（收益水量）与未收费的合法用水量之和。

6）计算系统漏水量，其为系统供给水量与系统合法用水量之差。

7）通过合理可行的方法对非法用水和表计量误差作出评估，非法用水与计量误差引起的水量损失之和为账面漏水量。

8）计算管网漏水量，其为系统漏水量与账面漏水量之差。

9）通过合理可行的方法（夜间流量分析，爆管频率、流速，持续时间，模型等）对管网漏水量的组成部分作出评估，将各组成相加并与上一步计算结果进行比较，确定管网漏水量。

（3）开展水量平衡分析

1）搜集管网数据

① 系统供给水量；

② 收费的合法用水量；

③ 未收费的合法用水量；

④ 未授权用水量；

⑤ 用户水表误差和数据处理误差；

⑥ 管网数据；

⑦ 输水干管、配水管道和用户连接管的长度；

⑧ 注册的接户数量；

⑨ 非法连接户的估数；

⑩ 管网平均压力；

⑪ 服务水平（全天 24h、间歇性供水等）。

2）收集水量数据

① 确定系统供给水量；

② 确定授权用水量；

③ 收费（收取费用）的总水量；

④ 未收费（免费）的总水量。

3）估计管理损失水量

① 未计量水量（偷盗水）；

② 水表计量误差（慢跑）；

③ 数据处理出错。

4）计算物理损失水量

① 输水干管的漏损；

② 配水干管的漏损；

③ 蓄水池的漏损和溢流；

④ 用户连接管的漏损。

所有数据都应该在 95％的置信区间之内，对采集的水平衡表中数据的误差范围作出估计。水表、流量计等计量仪表的精度将直接影响水平衡分析效果的准确程度（表 9-2）。

水量损失管理评价指标　　　　　　　　　　表 9-2

指标	级别	单位	计算方法	备注
水资源指标				
无效供水率	L1	％	［真实漏水量/（本地取水量＋外地引入水量）］×100％	仅说明水资源的使用效率，不能作为衡量输配水系统管理效率的指标
水资源为使用率		％		环境指标，不能用户评估配水管网系统的运营管理效率
经济及财务指标				
未计量用水率	L1	％	<u>未计量用水量</u> 系统供水量	未计量用水量即产销差

续表

指标	级别	单位	计算方法	备注
单位成本产销差	L3	%	$\dfrac{未计量用水成本}{年运行成本}$	未计量用水成本是免费供水，表观漏损和真实漏损成本之和
以体积表现的产销差水量		%	$\dfrac{未计量用水成本}{年运行成本}$	可由简单的水量平衡计算得出
以成本表现的产销差水量		%		由未计费水量的各个组成部分计算得出
运行指标				
真实漏损率	L1	L（只户头数＋口径）	$\dfrac{漏损水量}{接户头数}$	当用户头密度＜20/km 干管时，该指标将由干管长度计算。表示为 L/(km 干管·d)；该指标对于间歇性供水系统也使用
表观漏损率	L1	m³/（接户头·a）	$\dfrac{表观漏损}{接户头数}$	当用户头密度＜20/km 干管时，该指标将由干管长度计算。表示为 L/(km 干管·d)
单位有压接户头真实漏损量	L2	L（用户·d·m）	$\dfrac{真实漏损量×1000}{接户头数×365×水压}$	当用户头密度＜20/km 干管时，该指标将由干管长度计算。表示为 L/(km 干管·d)
供水设施漏损指标	L3	—	$\dfrac{真实漏损量}{基底漏损量}$	在良好损漏控制管理下，该指标应接近于1；在不良情况下其值较大；此指标在技术上可实现；最低漏损量等同于不可避免量，UARL；包括系统允许的连接安装密度、客户计量位置、平均压力

　　城市供水系统的物理漏失一般被认为发生在系统的以下各个部分：①输水干管及一级输水系统；②城市配水管网；③连接用户的支管；④输配水系统的管件（比如阀门及计量仪表等）；⑤水池/水塔等渗漏及溢流。根据欧洲的经验，通过水池/水塔等渗漏及溢流量一般都不高，通过输水干管的漏失可占总漏量的10%，通过阀门及计量仪表等管件的漏失可占总漏量的10%，其他的则通过配水管道及连接用户的支管漏掉了。根据明细程度可将水量平衡表的标准格式分为两个层次：第一层次为宏观上的年度供水管网水量平衡单元。平衡计算的主要目标单元为产销差和真实漏损。产销差指供水企业提供给城市输配水系统的自来水总量与所有用户的用水量总量中收费部分的差值。它变现为年度系统供水总量与售水量间的差额。真实漏损指从加压系统到用户测量点的物理漏损量，是系统损失水量与表观漏损量的差额；第二层为第一层的细分单元，用于校验漏损管理策略的有效性。真实漏损量在第二层的分项数据的确定可根据当地实际情况和相关管道属性参数，用基于24h的分区测量法或最小夜间流量法分析得到真实漏损的具体数值。将这些相关函数计算值的各项加和与平衡算法所得值对比，从而确定管网漏损与管道属性之间的相关性。水量平衡表通常需要一年左右的建立，并需对后续相关数据加以观测并完善。

9.1.2 漏损指标

　　为衡量供水管网漏损程度，方便漏损研究和控制工作展开，必须要有一个客观、准确、全面的漏损指标体系。供水行业对供水管网漏损指标的定义较多，各有侧重。各个国家和地区依照本地管网漏损特点和漏损控制要求，对漏损指标的选取和应用各有不同，其中发展中国家的供水行业从管理和经营角度出发，一般采用产销差（或产销差率）作为管网漏损指标。

（1）产销差（率）的计算

产销差也叫无收益水量，英文简写为 NRW（Non-Revenue Water），供水产销差 NRW 和产销差率 $NRWP$（Non-Revenue Water Proportion）的计算方式如下：

$$NRW = SI - RW \tag{9-1}$$
$$NRWP = 100\% \times (SI - RW)/SI \tag{9-2}$$

式中 SI——供水系统总水量（System Input）（m^3/a）；

RW——售水量（Revenue Water）（m^3/a）。

该公式的假设条件如下：

1）系统供水量对某些已知错误已进行了修正。

2）用户抄表记录的收费计量用水量和系统供给水量的统计时间一致。

产销差是供水企业的一个很重要的生产指标，但是受到各方面的压力，以及缺乏知识来严格确定产销差的实际水平，使得很多供水企业对产销差值有所低估。只有对产销差及其构成要素进行定量，并计算出合理的数值，同时将漏损水量改成货币价值来进行衡量，供水企业才能准确了解产销差的实际状况，并采取合理、必要的措施。虽然供水产销差和供水产销差率有着较为广泛的应用，但是它在某些管网情况下无意义，尤其是它们无法反映有较大的非法用水量存在时管网的真实漏损情况，因此国际水协在其漏损控制手册（IWA best practice manual）中建议将产销差和产销差率只作为评定供水企业效益和收入的指标，并称其并不适用于评估供水管网管理效率。

（2）物理漏损量

物理漏损量（TIRL，Technical Indicator Annual Real Losses）是单位运行时间内实际漏损水量与连接点数量的比值，即：

$$TIRL = RL/(NC \cdot T) \tag{9-3}$$

式中 RL——实际漏损水量（Real Losses）（m^3/a）；

NC——连接点数量（Number of Service Connections）（个）；

T——运行时间（d）。

供水管网漏损特别工作小组研究认为实际漏损水量多发生在供水管网节点上，包括主干管的节点。这一结论适用于所有每公里干管上节点数目不少于 20 个的管网，而事实上只有少数农村供水管网的节点密度低于这个标准。因此，工作小组推荐使用传统漏损指标——物理漏损量反映管网漏损情况。

（3）不可避免物理漏损水量（UARL，Unavoidable Annual Real Losses）

漏损管理工作人员在实践工作中发现，在一个复杂庞大的供水管网中，实际漏损水量是无法确定的。在现有操作条件下，只有不可避免物理漏失可以被测定估算。国际水协根据多个国家的实测数据，综合考虑了供水系统平均压力、干管长度、进户管数量等影响因素，得到 $UARL$ 的计算公式：

$$UARL = (A \cdot Lm/Nc + B + C \cdot Lp/Nc) \cdot P \tag{9-4}$$

式中 A、B、C——经验参数，分别为 18，0.8，25；

Lm——管网干管长度（km）；

Nc——接户头数，指从主管网连接到用户计量点或阀门的管线连接点个数，通常一个引入管对应一个连接点（个）；

Lp——进户管长度（km）；

P——管网平均压力（m）。

（4）供水设施漏损指数（ILI，Infrastructure Leakage Index）

国际水协和美国水行业协会推荐的比较先进的漏损指标是供水设施漏损指数。ILI 是当年物理漏损量与不可避免物理漏损水量的比值，是个无量纲数。ILI 反映了当前压力下配水管网对物理漏损量的控制程度，其计算公式为：

$$ILI = CARL/UARL \tag{9-5}$$

式中　$CARL$——当前年物理漏损量；

$UARL$——不可避免物理漏损水量。

ILI 能够合理可靠地估算管网不可避免的漏损量，它不仅能表示出当年的漏损水量，还能估算出在当前工作水压下最大可降低的漏损水量。因此，ILI 受到供水行业的广泛重视。2005 年，世界银行研究所提出了 ILI 分级系统（表 9-2）用以指导漏损管理控制工作，该划分适用于发达国家和发展中国家。

（5）我国供水管网漏损指标

我国供水管网漏损评价指标历经了几次调整。1998 年建设部发布《关于试行城市供水产销差率统计指标的通知》，要求各地在统计管理工作中根据实际情况采用"产销差率"来逐步替代"损失率"作为考核指标。2002 年，建设部公布了《城市供水管网漏损控制及评定标准》CJJ 92—2002，统一了评定标准，定义了产销差率、漏损率、有效供水率和漏损量作为管网漏损评定指标。我国漏损控制评定标准见表 9-3。

世界银行研究所 ILI 分级系统　　　　　　　　表 9-3

发展中国家 ILI 范围	发达国家 ILI 范围	级别	发达和发展中国家真实漏损、管理性能类别的一般描述
<4	<2	A	管网运行管理情况良好，大部分漏损水量都是不可避免的，进一步降低漏损可能并不经济；需进行详细分析，以确定经济有效的改进措施
4~8	2~4	B	具有显著改善的潜力；应考虑压力管理，加强主动漏水控制和管网维护
8~16	4~8	C	不良漏水记录较多；水量丰富且廉价时可以忍受；需要分析管网漏损程度和漏损特性，并强化减漏工作
>16	>8	D	资源利用无效；迫切需要采取漏水控制措施控制管网漏损

我国漏损评价指标　　　　　　　　表 9-4

指标名称	计算公式	单位
产销差率	$(SI-RW)/SI\times100\%$	％
漏损率	$(SI-AC)/SI\times100\%$	％
有效供水率	$AC/SI\times100\%$	％
漏损量	单位管道长度（$DN\geqslant75mm$）单位时间漏损	$1/(km \cdot h)$

注：表中 RW 为售水量，AC 为有效供水量。

（6）其他漏损指标

供水管网漏损指标以水量平衡为基础，不同国家、地区和研究组织对其定义各有不同。除以上几种漏损指标之外，还有无效供水率、未计量用水率、真实漏损率、表观漏损率、单位成本产销差等指标。

9.1.3　最小夜间流量

最小流量通常发生在夜间，称最小夜间流量（MNF，Minimum Night Flow）是评估分区管理（DMA）实际漏损水平的重要指标。供水管网中用户的用水总量是持续变化的，一般用水高峰出现在日间用水比较集中的时段，而夜间用水量则较小。对于某个独立计量区域，在夜间用水量最小的时段内，区域进水口流量与出水口流量之差就是该区域的最小夜间流量。对该区域的最小夜间流量连续监测一段时间（不少于一个月），可以得到最小夜间流量随时间变化的曲线。该曲线是上下波动的，其波动范围的中间值就是该计量区域的 MNF 基准值。

最小夜间流量包括合理夜间用水量和管网漏失量两部分，其中管网漏失量由不可避免的背景漏失量和爆管漏失量两部分组成，如图 9-1 所示。

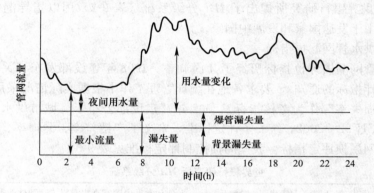

图 9-1　供水管网 24h 流量组成图

最小夜间流量在供水管网的漏损控制中具有重要作用：

1）最小夜间流量是衡量供水管网产销差的重要指标。产销差是最小夜间流量和夜间合理用水量的差值。其中，夜间合理用水量由工商用水和居民用水两部分构成，可以由工商企业营业抄表、区域用水用户总数和每户居民夜间合理用水量确定。

2）最小夜间流量协助漏损水量的评估与漏水点的定位。最小夜间流量数据的处理经常使用比较法和经验法两种方法。前者将测得的最小夜间流量数值与日均供水量比较，后者将实测的最小夜间流量数值与按照工作经验选定参数绘制的用水标准图比较，若比较结果中出现较大的差异，则可以推断该区域管网可能出现异常。结合人工观察与实地勘测，能够在一定程度上评估漏损水量、定位漏水点。

3）最小夜间流量是实现供水管网压力管理的重要手段。最小夜间流量是供水管网压力管理流程中的一部分，用于初步评估管网漏损情况，建立管网模型及其校准工作。

在夜间流量达到最小时的入流测量结果，此时 DMA 区域内用户的用水需求量是全天之中最小的，同时管网中水压最高，这两点共同导致了此时的管网漏损水量最大。由于管网中各个节点的压力是 24h 不断变化的，所以管网的总漏损量不能简单地认为是夜间漏损水量的 24 倍，而要综合考虑流量与压力的关系。一般来说，管网的平均漏损量小于管网的夜间漏损量。漏损值的大小与管网的漏损管理有效程度有关，若管网采用了压力管理，则管网的总漏损量一般为夜间漏损量的 18～22 倍。漏损值越小，说明压力管理越有效，管网漏损控制得越好。

9.1.4 分区管理（DMA）的作用和原理

（1）分区管理的作用

国际水协将总的漏水时间分为三个部分：第一部分 A（Awareness），即漏损的发现时间；第二部分 L（Location），即漏损的定位时间；第三部分为 R（Repair），即漏损的修复时间。

从图 9-2 可以看出，在这三部分时间中，漏损的发现时间（A）占整个漏损时间的近一半，因此缩短漏损的发现时间可以很大程度上降低泄漏量。分区管理（DMA）的方法，将传统的被动控制漏损的模式，升级为主动控制漏损的模式，将更多的目光和工作的重点从传统的缩短漏损定位时间（L）转移到对漏损控制有更大影响的缩短漏损发现时间（A）上。DMA 分区管理能够快速锁定漏损出现的区域，大大缩短漏损的发现时间，使管理者能够迅速作出反应，并指导检漏人员进行漏损的定位工作，做到有目的、有侧重的漏损检测。

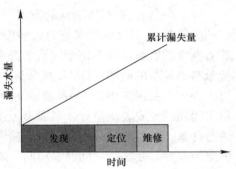

图 9-2　ALR 用户区域漏损时间
与流量关系图

（2）确认无法计量用水和非法用水

在供水管网中各种未计量用水分为无法计量用水和非法用水。

1）无法计量用水。城市供水管网承担着市政、园林、绿化等公益性用水和消防、管道维护、增改管道、抢修爆管等用水需求。这部分用水无序，无法计量。

2）非法用水。城市供水管网中存在着一定程度的非法用水情况，例如私自开启消火栓取水、改变计量表具性能、避开计量表具用水等。这些非法用水行为造成管网部分水量失窃，也是造成管网产销差的原因之一。

分区管理（DMA）通过总分表损漏值，配合夜间最小流量的数据对区域内的用水情况进行分析，可以通过排除漏损和表具普查的方式查找无法计量用水和非法用水。

3）保持管网的压力平衡

压力管理是供水行业认可的、减少输配水管网漏损量最为快速有效的方法。分区管理（DMA）在保证用户正常用水的前提下，通过在区域内加装调压设备，根据用水量调节管网压力为最优的运行状态。压力管理方法的优点显而易见。若管网压力过高，即使积极采取主动检漏、修补漏点的措施，也无可避免地会不断出现新的漏点，造成"补老漏出新漏"的恶性循环；若管网的材质老化或低劣，如果单一地进行修漏，忽视了区域内的管网压力变化，会造成供水管线的爆裂，给供水企业带来更大的损失。因此，区域内压力管理的目的是在确保供水管网满足用户压力需求的前提下降低管网的富余压力，大大降低管网由于压力过高造成漏失的频率和爆管事故发生的可能性，尤其是对降低背景渗漏等不可避免的漏失有很好的效果。

（3）分区管理（DMA）的优势

分区管理（DMA）优势可表现为以下几点：

1）为区域内的供水管网改造和计量器具维护更新、供水规划等提供参考。

2）有助于供水企业职能管理部门及时发现爆管、漏失、未计等事故问题。

3）辅助利用检漏工具对漏点精确定位，便于快速修复，减少水量损失。

4）通过控制一个或是一组 DMA 的水压，使管网在最优的压力状态下运行。

建立 DMA 可以判断出当前的泄漏水平，并随后预定检漏预案。通过监测 DMA 中的流量，识别出新发生爆管的可能性，因此将损漏维持在一个最佳的水平。

（4）分区管理（DMA）的原理

分区管理（DMA）是指通过截断管段或关闭管段上阀门的方法，将管网分为若干个相对独立的区域，并在每个区域的进水管和出水管上安装流量计，从而实现对各个区域入流量与出流量的监测。DMA 概念是在 1980 年初，由英国水工业协会在其水务联合大会上首次提出。在报告中，DMA 被定义为供配水系统中一个被切割分离的独立区域，通常采取关闭阀门或安装流量计，形成虚拟或实际独立区域。通过对进入或流出这一区域的水量进行计量，并对流量分析来定量泄漏水平，从而利于检漏人员更准确地决定在何时何处检漏更为有利，并进行主动泄漏控制。通过实时监控和分析远传流量、压力数据，确定引起区域水量损失的主要因素，是高效控制和降低无收益水量的方式之一。但该技术在应用于我国供水管网漏损控制时仍存在关键参数缺乏、分析预测方法不足的问题，将对分析结果带来一定的干扰。作为供水管网管理系统的结构化运行的一部分，DMA 的发展可使管网管理有计划地运作，这一有计划的方式不可避免地需要更好地了解和控制配水系统，减少消费者的投诉，并加强人力管理。总之，这种行之有效的做法有助于确保供水管理人员达成主要目标，即客户和供应商的收益最大化。国际上已把区域装表法从单纯的检漏技术引入到城市管网管理的大概念中，英国伦敦把管网分成 300 块，日本东京分成 300 块，这对主动监测管网漏损、及时发现问题、有效控制产销差起到积极的作用。

9.2　分区管理（DMA）的设计方案

9.2.1　供水管网区块化

（1）供水管网区块化的目的

我国供水管网漏损率普遍较高，这与一张网铺遍整个城市以确保供水可靠性的设计理念密切相关，没有充分考虑到运行过程中出现的问题，使得管网维护管理和漏损控制面临诸多困难。在这种开放式系统中，确定漏损的具体位置和在什么位置开展漏损控制措施就成为一个很大的难题，实施探测效率低、成本高。所以，将供水系统划分为多个分区，每个分区有一定数量的供水主干管，并在供水主干管上安装流量计对每个区域供水进行计量，实现流量监测，这样才能提升漏损控制的质量和水平，漏损定位才能更加准确地锁定漏损区域。

许多城市管网并没有进行区块化，而是通过高效频繁的检漏和修复来维持管网较低的漏损率。实施管网分区，可以有针对性地进行管网压力调控，通过不同的手段操作管网的运行，降低供水压力，调节供水管网流量分配从而达到降低漏损的目的。通过管网区块化，可以大大提升检漏工作效率，缩短检漏时间，控制漏损严重化，便于开展 DMA。

（2）区块化的内涵

区块化（Distribution Blocking System，DBS）供水是在供配水管网系统中通过关闭阀门或将管段截断，形成虚拟或实际独立区域，将现有管网的供水主干管或干管与供水支管相互分离，改造成为若干个区域，各区块由供水主干管或干管直接供水，通过各区块内的支管向用户配水，实现输水干管与支管的功能分离，在各配水区块内再次进行区块化，逐层分区，直到用户端。各区域的进水管和出水管上安装流量计和其他管网监测设备，对各区块水量、水压、水质进行监测，实现配水系统水量、水压、水质的有效管理。各区块间设置应急联络管确保供水安全性。管网区块化的示意图如图 9-3 所示。

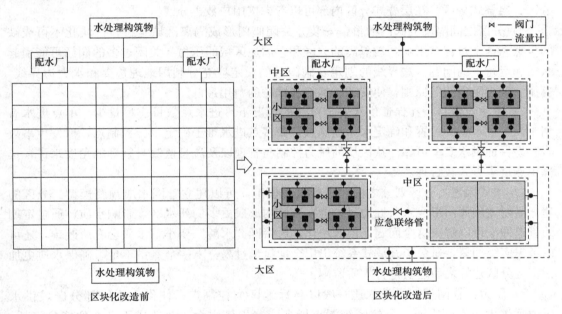

图 9-3 配水系统区块化示意图

（3）区块化现状

国外城市分区供水起步于 20 世纪 80 年代，英国伦敦的给水管网被改造为 16 个区域，并在各区域内再次区块化，不断细化，现已推进到 DMA 的阶段。日本大阪的配水系统由 18 个中型区块和 540 个小型区块组成。台湾自来水公司将供水区域内的 603 万用户划分为 6000 个 DMA 分区来提升漏损控制水平。哈尔滨工业大学的赵洪宾教授在国内最早提出区块化的理念，并对分区原则进行了有益探讨。国内区块化供水起步晚，实施分区供水地区较少，有上海、天津、深圳、南京等城市。上海于 1999 年依据城市中的两条主要河流（黄浦江和苏州河）将原管网划分为市北、市南、浦东和闵行四个大型区块，区块、水厂之间通过双向流量计计量流量，作为费用核算依据。上水奉贤公司在其供水区域之内进行二次区块化，将供水区域划分为 18 个中型区块，并在各中型区块内部继续建立小型分区，实施 MDA 管理，探索更加精细化的漏损控制技术和方法。

（4）区块化的设计原则

供水管网区块化不同于一般概念上的管网并联或串联分区，而是要综合考虑水源性质、数量、位置，城市地形与行政区域，管网规模，经济、社会效益和节能，安全保障、消防和最大时用水需求，各分区进水点数目，水质因素，水量和压力分布，边界的确定以及边界阀门的数量和设置。结合城市发展规划（如规划人口及其分布、规划生活用水量、规划工商业用水量等）对分区的目的进行详细讨论，考虑各城市社会经济发展实际水平，以便达到费用对效果的优化。

1）分区结构和大小：目前对于分区的规模大小大多都是经验总结，有的学者认为分区应该在 2000～5000 户，也有建议分区大小应介于 500～3000 户。外国学者认为理想的分区大小为含有 150～200 个消火栓、2500 根用户管或 30km 供水干管。我国幅员辽阔，管网结构复杂，管线长，基于现状考虑，可按照管线分为三个层次：输水管分区、配水管分区、层叠式分区，在层叠式分区内部可以考虑按用户数再分区。

2）分区之间隔离的阀门数量：安装并关闭阀门形成隔离区域是进行区块化不可或缺的步骤。这个过程会影响到被隔离的分区和它周边区域的压力。关闭过多的阀门可能引起水质和运行上的问题。边界线的划定及阀门数的设定应充分利用地理边界和水力边界线，遵循"最小阻力线"原则，使安装、运行和维护的费用最低。

3）进水点数目：在保证供水安全可靠的情况下，进水点数目应尽量少。单点进水有利于设定进水管的位置和确定水压控制点，而多点进水难于确定水压控制点，但发生事故时容易保证供水安全可靠。从区块的压力控制与管理以及流量监测与管理的角度来讲，选择单点进水方式较合理。

4）水质因素：分区划分之前要进行水质模拟，可以建立管网水质预测模型。分区的建立需要关闭阀门形成永久性边界，会在分区内形成更多的死水区，影响水质，通过定期的管道冲洗可以解决这个问题。但区块化之后管网"水龄"变小，水质会有所改善，还可以考虑多级加氯，避免了开放式系统出厂会加氯量过高，末端余氯量不足，确保水质更加稳定。分区建好之后还要进行水质监测。

5）压力：管网规划设计水压一般以高远地区为控制点，使供水系统部分区域供水压力远远大于实际需要，导致系统漏点增多，漏失量增大以及造成不必要的能量消耗，较高的运行压力对供水基础设施的使用寿命影响也很大，常常是爆管发生的诱因。可根据不同区域对压力不同的需求实施压力分区，也可对个别压力需求较高的区域实施局部二次增压，或设置减压阀对压力进行调控，尽量避免超压过高而引起的水量漏损和能量浪费。

6）成本效益和节能：作为供水企业，任何决策的制定都要考虑到企业的经济效益，在进行分区的划分以及随后的管理、产销差的控制等都要考虑到公司的成本、预期的经济效益和社会效益。

7）消防：进行分区要考虑到消防用水量。阀门的设置，在满足正常压力需求的同时，要进行高峰用水或消防用水的模拟，检验是否能够满足水力条件。

（5）区块化实现漏损控制

由图 9-3 可以看出，给水系统区块化之后，形成了多级阶梯式计量模式，对各区块实施水量监测，通过逐级记录流量的变化，及时发现水量异常之处，排除计量设备异常和临时取用水状况，对新发生的漏损、爆管进行识别和定位，随后制定检漏方案迅速展开检漏计划并及时修复，极大地缩短了漏损识别、定位和检漏修复的时间，降低漏损并持续维持低漏损水平，达到漏损控制的目的。区块化供水形成的多级分区使管网系统简化，各层功能明确，可在各阶层有针对性地进行漏损控制。配水系统区块化概念图如图 9-4 所示，区块化各层级功能及漏损控制功能见表 9-5。

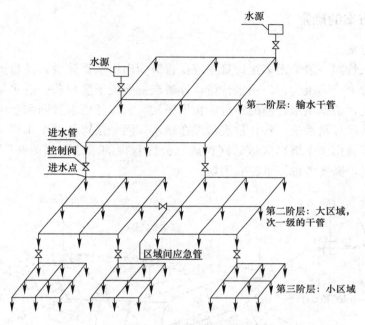

图 9-4 配水系统区块化概念图

分区各层级功能和漏损控制功能　　　　　　　　　　　　表 9-5

阶层	管道与功能	区块功能	漏损控制方向
第一层	主干管（输水）	整个区域综合管理	水锤等爆管漏损
第二层	干管（输水）	均衡流量、压力管理	压力管理
第三层	支管（配水）	DMA 管理、漏损控制	水量平衡管理和检漏

下面对区块化各阶层改善管网漏损状况的功能进行分析：

第一阶层：通常为长距离输水，大管径，高扬程，多起伏，压力波动剧烈，而压力的剧烈波动会引起水锤事故和爆管的发生，造成大量水量损失，按照地面标高变化，实施压力分区，进行局部增压/降压，避免了系统压力过高带来的额外漏损，也避免了系统压力高低起伏剧烈波动，便于实施水锤防护措施，维护管网安全，从而有效降低漏损。

第二阶层：进行管网分区有助于实施长期的管网压力调控，确保分区内进行减压措施，降低背景漏失、降低爆管发生的频率和管网系统发生爆管和漏损时的漏损量。同时，进行压力调控还可以延长管网设施的使用寿命和降低与压力相关的消耗。通常管网优化水力模型都建立在这一层，可以指导漏损控制方案的制定，便于水量、水压管理。这一阶层漏损控制的重点是管网压力管理，分区之后，对于水压过高区域，便于安装减压装置调节水压，减少超压过高而引起的水量漏损。

第三阶层：是漏损管理的基本单元和漏损控制的核心模块，因其直接面向用户，水量的取用都集中在这一层，水量数据充分，通过实施DMA管理，能迅速排除大的漏点，进行系统性的测试以评估管网状况，对流量实时监测以发现漏水的早期迹象，建立水平衡分析系统，检漏效率高。层内管道修复更换、管网改扩建频繁，分区之后这些管段区域归属明确，进行漏损控制针对性强，易于操作，对整个管网系统影响较小。

9.2.2　分区方案的确定

（1）区域方案

现有的供水管网一般采用多级计量系统：首级为出厂水量计量，计量点一般位于二级泵房后的出水管上；尾级为客户用水计量，计量点一般位于客户前的进水管上。在现有管网布局的基础上，根据供水管网的结构，在增压站、大口径输水管网和小口径配水管网之间再增设多个等级计量系统，将计量表具设在输水管网分接口处的配水管网上。这样，整个供水管网系统就由多个级别区域管网构成（分区管理的示意图如图9-5所示）。在设定单个区域管网时，需要考虑以下三点因素：

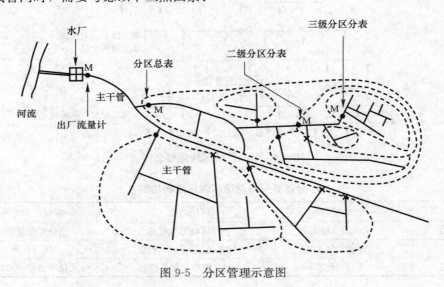

图9-5　分区管理示意图

1）区域规模

规模划分可以依据住户数量的多少被分为3种规模，即大型（用户数量在3000～5000）、中型（用户数量在1000～3000）、小型（用户数量小于1000）。也可以依据区域的供水管线直径进行分类：管径1000mm以上的为大型、管径在500～1000mm为中型、管径在500mm以下的为小型。

2）区域封闭状况

DMA分区方案中要充分考虑区域可封闭计量的情况。通过加装闸门和区域计量水表有效地将整个供水管网分割成为若干个相对封闭的供水区域。

3）区域内压力状况

供水管网中的压力数值是DMA分区计量中一个重要的参考指标。通过对压力数值变化和标准数值的比对，会对分区计量提供帮助，并有效地确定损漏点和查找未计量用户。

DMA 分区有助于及时发现爆管或漏失等问题并加以定位，以便于快速修复，减少损失。通常情况下，还可以通过控制一个或是一组 DMA 的水压来控制管网在最优的压力状态下运行。DMA 分区可以按照独立区域计量原则，结合管网具体实际，将管网分为若干个独立的 DMA 进行管理。依据管理分区的原则，从简化管理的角度出发，将这些区域DMA 进行整合，形成具有明显边界的大区域，这样可以对整个管网进行全局的控制和监测。区域边界多为行政区边界、主干道、铁路，以及大型河流等，因此结构清晰直观，权责明确。随着管理目标的不断提高，可能需要将独立计量区域进一步划分成若干子区域，称为二级分区。每个分区包含的 DMA 的数量，需由经济条件及实际情况决定。若有必要还可以在此基础上进行三级或四级分区。DMA 分区管理的关键是通过某独立区域的流量监测数据变化判断该区域的漏损水平，并随后设计实施管网区域检漏方案，以此将管网漏损水平维持在可接受的范围内。管网漏损是动态的，应从初期就加以控制降低，如果不采取持续的控制手段，一段时间之后漏损水平就会提高。因此 DMA 管理被看做是在输配水管网中降低并持续维持低漏损水平的一种方法。

（2）表具方案

1）水表类型

在总表的选择上，可根据区域的大小、进水的管径选择合适的计量水表，优先考虑无阻力的电子类水表（如电磁式水表、超声式水表）。在分户表的选择上，可以根据用户的用水性质选择相应的计量表具。

① 总表方案

A. 水表类型上根据分区区域的面积、区域内供水的管径合理选择机械类水表、电磁水表、超声水表，同时要考虑供水企业的投入与收益比值及表具重复使用率。

B. 水表口径取决于分区区域内用水量，例如居民单元、楼的管理表可选小口径机械表，同时也要考虑水压状况。

C. 水表计量参数选择合适的量程比（Q_3/Q_1）。既要保证大流量计量准确，小流量（对应夜间最小流量）也必须计量准确，同时优先选择压损小的电子类水表。

D. 加装远传设备是首选。

② 分表方案

A. 结合用分户表的实际情况，如水表已远超周期或受到极寒天气等意外因素影响，当分表的计量准确度存在严重偏差或隐患的，建议进行水表更换。

B. 区域内二级、三级管理表是否需要更换。根据日常抄收管理的分析，对二级、三级管理表的在线使用情况应有判定，根据判定结果决定是否需要更换。

C. 如果条件允许，建议全区域的水表更换为远传水表，加装远传系统。如果条件受限的话，区域内的管理表和用水量大的地表（非居民用水户表）建议加装管理表。

2）水表安装位置

分区管理水表安装位置示意图如图 9-6 所示，总表所安装的位置要考虑到以下几点：

① 管路选择正确，安装后可形成封闭区域。

② 便于抄见和维护，抄表和换表有足够的空间。

③ 安全方便，不易被压占。

④ 分户表不易统一，但是应有一定规律便于抄见和更换。

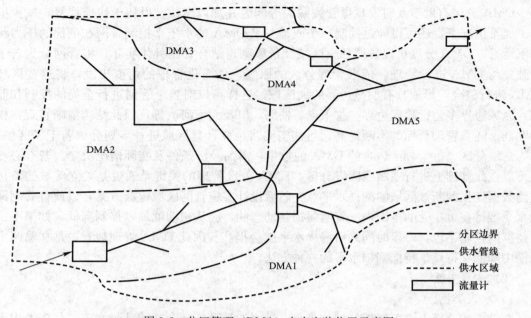

图 9-6　分区管理（DMA）水表安装位置示意图

3）实时监控装置

为便于对区域用水情况进行分析，通常会在总表上加装远传实时监控的装置，方便掌握该区域水量的实时变化。如果条件允许，也可以对区域内分户表中大口径、大用量、非居民用户加装远传实时监控的装置。

漏损控制是进行 DMA 管理最主要的目的。以往供水企业都是被动检漏，发现问题后才去定位、维修，导致泄漏时间很长，总的水损增大。虽然请检漏公司进行漏水普查，能在短时间内取得很好的效果，但是由于漏水复原现象的存在，并不能从根本上达到降漏损的目的。只有通过准确的夜间计量、实时的噪声监测、准确快速的漏水定位和维修、合理的压力管理才能最终达到控制漏损、逐步降低产销差的目的。

DMA 按照管线类型又可以分为三个层次或类型，即输水管 DMA（图 9-6 中的 DMA5）、配水管 DMA（图 9-6 中的 DMA1、DMA2）、层叠式 DMA（图 9-6 中的 DMA3、DMA4，上层中 DMA 的水流入下一层 DMA，从而呈现层叠的形式）。

9.2.3　分区方案的维护

供水系统的变化会对 DMA 运行产生影响，特别是数据解释。可能发生的供水系统变化一般有以下几种情况：

（1）区域边界变化

区域边界重新分配（压力降低或供水区拓展）可能造成边界变化，这就需对受影响的 DMA 边界重新划分。DMA 系统运行的其他部分，例如纪录保持和数据分析，同样可能受到影响，必须采取相应的措施来应对这一变化：

1）更新干管图，显示新 DMA 的边界和穿越管。

2）记录新的关闭的阀门，或改变阀门状态。

① 更新水表记录（水表类型、数字、尺寸等）。

② 检查已有水表是否需要安装一个新的水表或关闭阀门（流量变化和方向）。

③ 更新用户资料。

④ 复核 DMA 流量数据，注意流量方向变化的影响（流入还是流出 DMA），重新评估 DMA 费用数据和需求水平。

（2）新的供水连接

在 DMA 中有两种新的供水，一种是用户数量增加，另一种是边界的水管增加。新用户增加必须加入到 DMA 用户数中，同时对新增加的用户进行分类监测。当相邻 DMA 间供水管穿越边界时，新的水管必须安装水表。如果一根水管穿过边界但不连接两个 DMA，这表明边界扩展，包围了新的配水区域。

（3）管网运行变化

DMA 区域内或 DMA 区域之间的流量变化能明显影响流量数据的解释。流量变化可分为两类：

1）永久变化（长期变化）

① 压力的增加或减少：压力的变化会引起夜间需求测量和漏损的进一步发展。

② 泵房运行变化：增加或减少压力会影响 DMA 水表的流量变化，水泵的启闭会导致流量方向变化。

③ 重新划分分区范围：人口变化或工业变化导致用水量变化，可能影响水表流量范围和流向。

2）短期变化

相对应长期系统变化，压力、流速和流向可能由于在正常运行中短期受影响，主要有：

① 在漏损检测和定位时，用阀门操作临时分割 DMA。

② 正常运行修理、清洗或整修的阀门操作。

（4）设备的维护

DMA 系统的有效运行取决于定期和准确的数据收集，并需要下列规范化的设备维护：

1）水表的维护和快速的修理将减少损失和保证数据准确。

2）定期水表检查，确保水表的准确性。

3）一、二级测量仪器的定期维护。

DMA 水表的维护方法，可以是"更换"或者定期维护。机械类的水表需定期维护和修理，而电磁类抗干扰水表不大需要维护。水表维护必须保证水表适应流量变化范围、安装正确和运行准确。可疑和错误的水表不予以使用，并在水表检测装置上进行检查。

DMA 漏损检测需平衡可用资源和对漏损控制的费用进行经济效益评估。由于供水区域目标是年度平均目标，DMA 检测是一小段时间以及存在爆管发生的不稳定性，因此维持 DMA 漏损检测工作的常态化、DMA 漏损检测数据的收集分析是整个分区管理工作的基础。同时，DMA 系统维护也十分重要，直接影响管网漏损的控制水平，只有严格的系统维护，才能有效降低管网漏损流量。

（5）DMA 问题相关的检测和处理

管网漏损明显偏高的影响因素有很多，第一步是找出导致高漏损问题的原因。建议的措施如下：

1）检查内部水表连接状态

首先进行水量平衡，用总水量和按夜间最小流量得出的损漏应该近似平衡，然后检查所有流量是否被计量，最后所有流量相加进行持续性检查。

2）检查 DMA 基础数据

检查用于计算损漏率的基本数据，包括居民和非居民漏损情况、居民户数、非居民户数和暗漏数据。

3）检查漏损计算

重新计算 DMA 数据和夜间最小流量，可得出暗漏。

4）检查水表误差

如果 DMA 有多个出入口，需计算水表误差，如总的水表误差超过 5%，导致了额外漏损，则考虑重新设计 DMA 以减少水表数或更换误差小的水表。

5）检查边界阀门

按新建 DMA 的方法检查阀门。

6）进行零压力测试

零压力测试可以保证是否有未知连接和 DMA 边界相连。

7）进行 DMA 下跌测试

通过压力测试来校正实际漏损与正常 DMA 压力下的漏损。

8）短期流量记录

来检测实际流量和估计流量的区别。

9）水表准确性

通过更换水表以及水表安装（前后间距、安装要求）位置的检查。

10）非法用水检查

11）修复

报告的爆管是否已经修复。

12）夜间最小水量检查和复核

检查是否在 DMA 中有大量夜间用水人群或大型花园、水箱用水等。

发现漏损需及时修复，并记录修理日期和时间，记录流入 DMA 的流量变化和修理前后的夜间流量，然后可以作整个漏损流量估计。夜间流量应该在修理之后持续检测一个星期。检漏和修复的步骤如下：

① 夜间流量下降同等数量：无需进一步措施。

② 下降但很小：调查夜间用水及是否有压力下降可能性。

③ 没有下降反而上升：查找新的漏损，调查压力下降，考虑管道更新。

④ 下降但重新上升：查找新的漏损，调查压力下降，考虑管道更新。

⑤ 没检测到、但夜间流量高：调查夜间用水，调查压力下降，考虑管道更新。

如果在一个 DMA 区域内存在高频率的爆管问题将严重影响供水水质问题。影响破裂频率的因素有两个：管网压力和压力变化。实际工作数据表明：爆管频率与管网压力的立方成正比。因此降低供水压力，只要能维持正常的服务标准是减少爆管频率的有效方法，同时也应减少每日的压力变化幅度。

9.3 分区管理（DMA）的分析及决策

分析需要大量数据、复杂计算与丰富图表的支撑，且供水管网新漏点随时可能发生，需要不断监测。如果单纯依靠人工已无法达到业务要求，则需要通过能处理海量数据的软件平台来实现顶层的支撑。在计量分区的基础上，需要结合产销差计量管理系统对漏损进行及时监控与分析管理，为探漏队伍划定重点探漏区域，从而快速修复漏损、降低产销差。产销差计量管理系统需实现对所有计量数据的统一管理与关键数据的在线监控与告警，利用最小夜间流量法、总分表差法以及历史数据的大数据分析等手段对已有和新增的漏损进行分析，将结果通过可视化图表进行展示，并对异常流量、用水量变化系数以及水表选型进行智能分析，以辅助工作人员进行决策，有效增强数据分析及深度挖掘，减轻人员负担，实现对漏损控制的有效指导。

分区管理（DMA）案例分析：

DMA 供水结构层次见表 9-6。

案例供水结构层次表　　　　　　　　　　　　　　表 9-6

总表									
二级总表 1			二级总表 2			户表 5	户表 6	地表 1	地表 2
户表 1	户表 2	三级总表 1	户表 3	户表 4	三级总表 2				

1）区域层级

注意：表明了区域内供水管道结构、水表计量层级、用水量层级。层级的梳理为后续的产销差分析提供了依据。

2）区域产销差分析

产销差率＝[（供水量－售水量）/供水量]×100%

产销差水量＝未计费水量＋失窃水量＋漏失水量＋由于水表精度误差损失水量

① 未计费水量＝消防用水＋园林绿化环卫水量＋市政用水＋公司自耗水量（含办公及宿舍用水、施工清洗管道用水量等）

② 失窃水量＝用户偷盗水量＋黑户水量＋人情水量等

③ 漏失水量＝破管损失水量（明漏、暗漏、渗漏水量）＋抢修损失水量＋阀门、消火栓等供水设施漏水等

产销差率的"供水量"在 DMA 中相当于总表水量，如果区域内存在进出水总表，则供水量＝进水总表计量－出水总表计量；如果区域内存在多路进水表的，则供水量＝进水总表计量 1＋进水总表计量 2＋……。

3）计算产销差率的过程

① 换算：需要将总表的水量（供水量）和分表的水量（售水量）换算为同一单位，即都换算为月水量、日水量、时水量，建议演算时换算为月水量或日水量。

② 计算：总分表误差（产销差率）＝（换算后的供水量－换算后的售水量）/供水量×

241

100%。

③ 夜间最小流量：通常指夜间 2：00～4：00 的小时最小流量。因为总表安装了远传系统，所以方便得到夜间最小流量。夜间最小流量在很大程度上表明了相应区域内的管道漏失率。

4）根据分区规模、内部管网情况，对总分误差和夜间最小流量的数值进行分类，并进行比较分析，表 9-7 为 DMA 分区管理中总分表误差和夜间最小流量数据分析表。

分区管理（总分表误差和夜间最小流量）分析表　　　　表 9-7

判断项	现象 1	现象 2	现象 3	现象 4
夜间最小流量	大	大	小	小
总分表误差	大	小	大	小

产销差率计算结果的初步分析：

① 现象 1：区域内部管道上存在较大漏损。

② 现象 2：区域内可能存在夜间较大用水量特征的用户。

③ 现象 3：区域内分表用户数不准确；存在未计费或失窃水量。

④ 现象 4：区域内产销差率低，几乎无漏损水量。

分析后 DMA 管理工作方向：

① 现象 1：检漏维修。

② 现象 2：再普查核实。

③ 现象 3：启闭区域进出阀门，核定区域用户数；区域再普查。

④ 现象 4：无。

9.4　分区管理（DMA）的在用案例

（1）案例一

某水务有限公司地处江苏省中部沿江一座新兴崛起的城市。其南临长江，北依淮河，目前拥有两座净水厂、一座源水厂以及涉及供水服务、工程安装、水表生产、物质供应等多种业务。近年来，供水事业迅速发展，供水能力由 1996 年以来至今增长了一倍；主管网未安装流量计很难进行（DMA）分区计量，对整个供水管理带来很大不便。

1）方案

在主管道及分支管道，采用安装超声测量原理的计量精度高、数据显示稳定、可远传的超声波流量计。

2）分析

① 现场为 $DN300$ 及 $DN500$ 的管道，要求可以监测到较小流量的用水，尤其对管网监测的管道，平时在用水量小的时候可以根据流量的大小，及时发现泄露的情况，降低水量计量漏失率 3%～10%，无压损，降低了电能损耗。

② 由于现场无电源，野外安装，因此要求现场安装的大口径计量表具及远程传输能自供电，且计量表具要故障少，工作稳定，计量精度高，可选用自带电池供电型超声波流量计进行计量。

3）应用效果

经过现场应用，现场在线安装降低了安装施工成本，无可动部件计量更稳定，能显示瞬时流量、瞬时流速、累积流量；加上对管网压力的监测，成为计量监测智能终端，具有模拟实时在线工作方式，为供水企业信息化建设（SCADA、GIS、建模、水力模型、科学调度）提供可靠数据机信息共享，是（DMA）分区计量及大用户计量的最佳选择。

（2）案例二

某县级市水务有限公司为区域供水模式，以湖水为取水水源，全市 1176km² 全部实现联网供水。供水管网约 2132km，服务客户 30 万户，年供水量近 2 亿 m³。水务公司服务地域面积较广，管线较长，管材材质较差（水泥管、UPVC 管、灰口铸铁管、镀锌管、玻璃钢管等占 57.79％），基本无专职的查漏检漏队伍，管网漏失率高，产销差较大。

2007 年，水务公司将漏失率较高的平望镇作为试验区进行了 DMA 分区计量试点工作，并逐步向全市推广，截至 2010 年初，将全市分为 6 个大区，与一级管网整体分为 7 大 DMA 计量区。在前 6 大区域内共安装分区计量 382 处，并有部分流量计安装了远传设备，部分实现了实时监控与泄漏报警。

分区计量是供水区域化管理的基础，是对管理区域内流进的自来水总量和贸易销售实际的水量实施量值的一种管理方法。可以来了解和掌握各区域内需水量、供销差、漏失量、未收费水量等因素，从而降低产销差率，降低供水企业供水运营中的经营管理风险。

1）分区计量的方法与管理

① 通过供水系统分区计量划小核算单位。常在供水管网上安装流量计将整个供水系统划分成若干个供水区域，即划小供水管网系统管理单元，对各区域分开管理，掌握各供水区域的供水量和用水量差值，在此基础上，通过有效手段进行有针对性的测漏工作，同时确定出人为因素造成的损失水量和公用水量，可以有针对性地加强管理，堵塞漏洞，提高管理水平。就市供水管网现状情况和地理条件，现有 10 个中心营业所和 30 个分所。根据"十二五"规划，拟对 30 个分所划块 150 个供水区域，共计 150 台流量仪。

② 提高供水用户计量仪表的科技含量和精度。采用智能化较高的流量计，解决机械表始动流量不计量问题。计量数据通过无线网络做到实时传输，发现问题及时解决，既提高了供水用户计量仪表的科技含量和精度，又减少了人为因素影响机械水表计量（如：拨、砸、调、倒、人工查验不准等）事故的发生。

③ 计量数据管理：建立数据采集、管理软件系统，数据采集软件能够根据使用要求，做到自动实时寻检采集和手动采集，并编制各种需要的报表及打印。另设专人每天对采集的计量数据进行分析、汇总，发现异常及时通知维护人员进行维护，确保计量数据的准确性。

2）区域装表法

在管网的漏损控制方法中，区域装表法是对供水区域主动查漏的有效手段。所谓区域装表法就是把供水区域分成较多的小区，在进入该小区的水管中安装水表，从小区流出的水管中也安装水表，在同一时间跨度内对流入、流出和小区内的用户水表进行抄表，满足：$Q_入 - Q_出 - Q_{用户} = Q_{漏损}$。

如果 Q 漏损未超过允许值，可认为漏损正常不必在该小区进行查漏，如果超过允许值，则可认为该小区有漏损，需在该小区查漏或查无计量用水及其他的管理问题等。

第三篇 安全生产知识

第 10 章　安全生产知识

10.1　外业作业安全生产相关法律法规

安全生产法律体系是一个包含多种法律形式和法律层次的综合性系统，从法律规范的形式和特点来讲，既包括作为整个安全生产法律法规基础的宪法规范，也包括行政法律规范、技术性法律规范、程序性法律规范。按法律地位及效力同等原则，安全生产法律体系分为以下几个门类：

（1）宪法

《宪法》在安全生产法律体系框架中具有最高的法律位阶。宪法中关于"加强劳动保护，改善劳动条件"是安全生产方面最高法律效力的规定。

（2）安全生产方面的法律

1）基础法

我国有关安全生产的法律包括《安全生产法》和与它平行的专门法律和相关法律。《安全生产法》是综合规范安全生产法律制度的一部普通法律，处于第三法律位阶，它由全国人民代表大会常务委员会创制，适用于所有生产经营单位，是我国安全生产法律体系的核心。

2）专门法律

专门安全生产法律是规范某一专业领域安全生产法律制度的法律。我国在专业领域的法律有《矿山安全法》《海上交通安全法》《消防法》《道路交通安全法》等。

3）相关法律

与安全生产有关的法律是指安全生产专门法律以外的其他法律中涵盖有安全生产内容的法律，如《劳动法》《建筑法》《铁路法》《民用航空法》《工会法》《矿产资源法》等。还有一些与安全生产监督执法工作有关的法律，如《刑法》《刑事诉讼法》《行政处罚法》《行政复议法》《国家赔偿法》和《标准化法》等。

（3）安全生产行政法规

安全生产行政法规的创制主体是中央人民政府即国务院，处于第四法律位阶。国务院为实施安全生产法律或规范安全生产监督管理制度而制定并颁布的一系列具体规定，是我们实施安全生产监督管理和监察工作的重要依据。我国已颁布了多部安全生产行政法规，如《国务院关于预防煤矿生产安全事故特别规定》《生产安全事故报告和调查处理条例》和《建设工程安全生产管理条例》等。

（4）地方性安全生产法规

地方性安全生产法规是指由省级（省、自治区、直辖市）人民代表大会及其常务委员会根据本行政区域的具体情况和实际需要，在不同宪法、法律、行政法规相抵触的前提下制定的地方性法规，处于第五法律位阶。较大的市的人民代表大会及其常务委员会根据本市的具体情况和实际需要，在不同宪法、法律、行政法规和本省、自治区的地方性法规相抵触的前提下，可以制定地方性法规，报省、自治区的人民代表大会常务委员会批准后施行。它是对国家安全生产法律、法规的补充和完善，具有较强的针对性和可操作性。如目前我省制定的《河北省安全生产条例》《河北省道路运输管理条例》等。

（5）部门安全生产规章

地方政府安全生产规章行政规章在法律体系中处于最低的位阶，即第六法律位阶。根据《立法法》的有关规定，部门规章之间、部门规章与地方政府规章之间具有同等效力，在各自的权限范围内施行。《安全生产事故隐患排查治理暂行规定》《安全生产违法行为行政处罚办法》等就属于国家总局制定的部门规章。部门规章规定的事项属于执行法律或者国务院的行政法规、决定、命令的事项。地方政府规章一方面从属于法律和行政法规，另一方面又从属于地方法规，并且不能与它们相抵触。当部门规章之间、部门规章与地方政府规章之间发生抵触时，由国务院裁决。

（6）安全生产标准

安全生产标准同样是安全生产法规体系中的一个重要组成部分，也是安全生产管理的基础和监督执法工作的重要技术依据。安全生产标准大致分为设计规范类；安全生产设备、工具类；生产工艺安全卫生；防护用品类四类标准。

（7）已批准的国际劳工安全公约

国际劳工组织自 1919 年创立以来，一共通过了 185 个国际公约和为数较多的建议书，这些公约和建议书统称国际劳工标准，其中 70% 的公约和建议书涉及职业安全卫生问题。我国政府为国际性安全生产工作已签订了国际性公约，当我国安全生产法律与国际公约有不同时，应优先采用国际公约的规定。

10.2　外业作业管理规定

（1）总体要求

1）必须贯彻"安全第一，预防为主"的思想，认真执行外业工作（以下简称"外业"）安全生产管理规定，加强监督检查，并保持相关记录。

2）应定期组织对外业现场安全进行宣传教育与检查；作业组长、安全员应加强日常性的安全生产教育和监督提醒，发现问题及时协调解决，教育和监督检查情况应予记录。使员工充分认识到外业安全生产工作的重要性，树立安全生产意识并能结合具体情况进行自我保护。

3）外业作业中配发的抄表钩等应定期进行保养和检查，发现不合格的应及时报废更新。材料及仪器设备的管理按安全生产有关规定执行，做好防火、防盗工作。

4）管理人员及班组长应关注员工健康，积极组织开展自我健身娱乐活动，确保外业员工保持旺盛的精力和热情，做好抄表工作。

（2）生活安全

1）加强日常用电、行车、餐饮及燃气设备等管理和监督检查，及时发现并消除一切不安全因素，防止火灾、人身伤亡、食物中毒等事故发生。

2）严禁使用大功率耗电设备，严禁私拉乱接用电线路。

3）对于外业使用设备，应明确专人负责和保管，严防私自外借、破坏或丢失。

4）外业员工应加强自我防范意识。

（3）人员作业安全

1）在道路上作业时，要防止各种车辆冲撞，高空坠物。

2）在抄表时，注意轻放表箱盖，防止砸到脚。

3）进户抄见时，先明确房内情况，避免犬类等动物冲咬。

4）抄见出户落地表，注意蚊虫叮咬侵害，掀开表箱正常抄见后，注意将表箱轻轻放回，注意保护人身安全。

5）酷暑严寒天气，应做好防暑和保暖工作，合理安排作业时间，尽量避开高温或严寒时段让员工长时间在室外工作。

6）雷雨天气，不在山顶、大树和高压电线杆下停留，不使用金属杆雨伞，以防雷击。

（4）行车安全

1）外业用车驾驶员应该充分了解所驾驶车辆的性能和技术状况，操作中要思想集中，不得闲谈或吸烟。视线要保持良好，严禁疾驰或转让非驾驶人员驾驶。杜绝酒后开车。

2）行车前必须检查各部机件是否灵敏，油、水是否加够，轮胎充气是否适度，应特别注意检查传动系统、制动系统、方向系统、灯光照明等主要部件是否完好，发现故障即行检修，不许勉强出车。每日行驶完毕应按规定进行保养。

3）路况不清地段宜绕道行驶，不应冒险通过。

10.3　抄表工作事故预防措施

（1）抄表安全操作规程

在日常工作中需要在确保人身安全的情况下完成相关的工作，这不仅仅需要工作执行者在安全意识上的提高，也需要其他相关的岗位的协同和配合。

1）表位设置的合理。水表安装时应充分考虑到水表安装条件和日常维护抄见的条件，避免围挡、深埋、挤压、覆盖等不利于抄见和维护情况。

2）工作中的注意事项。在水表抄见或维护时先要了解表具及表位周边的情况，如是否有猫狗、是否有水坑、是否有电缆等，遇到这类情况及时和用户或相关人员协调处理。

3）严格工作流程。需要准备的工作用品及设备必须携带和正确使用，对于特殊情况必须要按照相关的工作流程执行。

4）处理问题的合理。在工作中发现人身伤害后，应及时报警并和单位进行联系，汇报相关情况。

（2）收费安全操作规程

1）员工将营业收费系统中显示的应收款项金额或其他应缴纳金额告知用户，并向用户收取相应款项。

2）员工收款时应"唱收唱付"，即当面告知用户实际接收用户多少钱款与票据（支票、暂收款单据、押金单据、预存水费单据等现金等值物）。

3）员工应将上述现金及票据等点算清楚，与应收取款项核对无误后进行收取，同时给予用户相应的发票凭证及找零。

4）当天收费工作结束后，员工应打印当日收费报表，并按照"现金""票据"等分类分别进行盘点，做到账实相符。次日将报表与现金、票据等上交财务进行入账及账务处理。

5）员工收取的现金、票据等在未上交前应妥善保管，如放置于保险箱中。

6）月末编制现金盘点表，进行现金盘点。

参 考 文 献

［1］ 管友桥，王峰. 会计学基础［M］. 佛山：南海出版社，2009.

［2］ 李伯兴　周建龙. 会计学基础［M］. 北京：中国财政经济出版社，2010.

［3］ 任天飞. 包装辞典［M］. 长沙：湖南出版社，2015.

［4］ 中华人民共和国住房和城乡建设部. 城镇供水管网分区计量管理工作指南——供水管网漏损管控体系构建（试行）.

［5］ （英）法利等著. 候煜堃等译. 无收益水量管理手册［M］. 上海：同济大学出版社，2011.

［6］ 薛磊，常秒. 城市供水管网漏损控制潜力研究［J］. 环境科学与管理，2006，31（7）：24-27.

［7］ 王海龙. 基于水平衡的供水管网漏损控制技术研究［D］. 西安：长安大学，2012.

［8］ 张志明. 供水管网漏损控制分区装表计量技术和应用［D］. 上海：同济大学，2006.

［9］ 张楠. 城市供水管网分区管理技术优化研究［D］. 天津：天津大学，2012.

［10］ 袁文麟，郑小明，徐兆凯，闫卿. 区域供水管网 DMA 规划方案研究.［J］. 给水排水，2012，38（7）：98-102.

［11］ CJJ 92—2002 城市供水管网漏损控制及评定标准［S］. 北京：中国建筑工业出版社，2002.

［12］ 城镇供水管网分区计量管理工作指南建办城［2017］64 号.